中国学术热点趋势报告

Chinese Academics 2014 – 2015

中国十大学术热点研究课题组 编

上海科学技术文献出版社
Shanghai Scientific and Technological Literature Press

图书在版编目（CIP）数据

中国学术热点趋势报告．2014~2015/ 中国十大学术热点研究课题组编．—上海：上海科学技术文献出版社，2015.11

ISBN 978-7-5439-6860-8

Ⅰ．① 中…　Ⅱ．①中…　Ⅲ．①学术研究—研究报告—中国—2014~2015　Ⅳ．① G322

中国版本图书馆 CIP 数据核字 (2015) 第 2470035 号

责任编辑：夏　璐
封面设计：右序设计

中国学术热点趋势报告 2014~2015
中国十大学术热点研究课题组　编
出版发行：上海科学技术文献出版社
地　　址：上海市长乐路 746 号
邮政编码：200040
经　　销：全国新华书店
印　　刷：常熟市人民印刷有限公司
开　　本：720×1000　1/16
印　　张：20.25
字　　数：330 000
版　　次：2015 年 11 月第 1 版　2015 年 11 月第 1 次印刷
书　　号：ISBN 978-7-5439-6860-8
定　　价：38.00 元
http://www.sstlp.com

作　者

主　　编　金福林　武宝瑞　薄洁萍

课题组成员（以姓氏笔画为序）

万晓琼　王金会　王春磊　王胜强　王　琎　冯　琳
刘　芳　刘明昭　刘　然　李军林　沈　敏　张安民
张洪彬　张　皓　张　曦　武宝瑞　金福林　周　奇
柴　英　钱　蓉　徐亚男　高自龙　盛丹艳　薄洁萍

目　录

下编　2015年度学术趋势展望

序　言

中国十大学术热点评选活动已经连续举办了12年，并发展成为中国学术界具有良好声誉和影响力的品牌，对促进中国人文社会科学的繁荣和发展，发挥了重要的推动和引领作用。

这一评选活动由《光明日报》理论部、《学术月刊》编辑部和中国人民大学书报资料中心共同主办。《光明日报》"立足知识界，面向国内外"，紧跟国家社会发展步伐，在理论上高屋建瓴；《学术月刊》集中反映国家思想文化建设与现代化建设进程的重大理论学术研究成果，占领学术高地；中国人民大学书报资料中心则是国内最具权威性和影响力的二次文献学术刊物之一。三家主办单位在学术理论阵地中的重要地位、在海内外学术界享有的崇高荣誉，奠定了十大学术热点的权威性和高起点。

从2003年创办伊始，中国十大学术热点评选活动就确立了"推动社会主义建设，创建社会关注社会科学、社会科学贴近社会的氛围"的宗旨，并以学术性兼顾理论性、社会性为原则。学术需要书斋钻研，更需要关注现实，面向社会。对当下中国人文社会科学领域的学术研究而言，更是如此。现实社会为学术研究提供了不竭的源泉；立足于现实，学术方有乾坤。中国十大学术热点评选秉承的宗旨和原则，在促进社会关心学术、学术走向社会、推动学术创新上发挥了重要作用，使其成为中国人文社科领域学术研究的重要风向标之一。

中国十大学术热点对年度人文社科领域学术研究成果的梳理，以聚焦热点的方式回顾和总结了年度学术研究进展。它不仅记录了中国人文社科领域的学术发展脉络，也与中国经济发展和社会建设的轨迹具有高度的一致性，在一定程度上折射出现实社会变革中的焦点问题和深层问题。

本书是"中国十大学术热点"评选活动的后期成果。本书上编以2014年中国十大学术热点的评选和发布为基础,汇集了入选的十大学术热点、提名的十大学术热点,并将代表性文献归纳摘编,向读者全面展现了2014年十大学术热点评选的全过程。2014年度"中国十大学术热点"准确地总结了2014年度的学术发展,反映了2014年我国经济社会发展和国家建设的重要内容,从一定程度上说,它记录了2014年中国社会发展和学术研究的新常态。

回顾过去,方能更好地展望未来。2014年度十大学术热点的评选结果,也是对2015年人文社会科学学术研究的预测和指引。本书下编由人文社科各领域70多名知名专家学者共同撰写完成,在全面回顾、梳理中国人文社会科学各学科领域的2014年度学术研究状况的同时,展望了2015年各学科领域的研究趋势,这对推动和引导各领域创新学术观点、科研方法、学科体系具有重要的全局性和前瞻性作用。

中国社会正向前高速发展。在社会转型时期,理论指导和学术引领有助于把握社会发展的大方向;而紧密关注社会,则有助于保持人文社科学术研究的生命力和活力。中国十大学术热点涉及社会发展的主导方向,关系基础理论研究的突破。评选活动的扩大化、深入化,能充分发挥研究成果的辐射带动作用,扩大影响,为国家经济发展提供决策咨询,为中国学术发展和国家建设贡献更多的智力支持!

聚焦学术热点　记录学术足迹

——2014年度“中国十大学术热点”评选介绍

“中国十大学术热点”评选活动开始于2003年，每年评选一次，现已成功举办12届。该活动由上海市社会科学界联合会下属的《学术月刊》杂志社发起，最初与《文汇读书周报》合办，2006年起先后联合《光明日报》理论部和中国人民大学书报资料中心(2011)共同举办。

“中国十大学术热点”评选旨在通过对年度内全国人文、社会科学领域所有学术研究成果的检阅，体现社会科学事业所取得的进步和繁荣，营造社会关注学术、学术贴近社会的良好氛围，提高学术媒体在国内外的影响力。总结多年心得，我们对“学术热点”的界定更为精准：(1)本年度相对比较集中探讨的前沿性学术问题；(2)对未来学术研究具有一定导向性与前瞻性的学术问题；(3)具有一定公众关注度的学术问题。多年的评选也形成了公正而严格的活动程序，包括：年中热点预判，条目推荐、征集，课题组文献调研，撰写备选条目，征询学界意见，内部研讨，专家研讨，学者评议，投票确定，正式发布。

每年一度的评选过程，始终贯穿“社会关心学术、学术走向社会、推动学术创新”的宗旨，并严格遵守程序。每年学术热点的最终出炉，都具备扎实的资料基础和广泛的学界认同。主办方希望“中国十大学术热点”能成为国内社会科学最新成果发布、评价、引导的一个公共平台。

2014年“中国十大学术热点”评选活动的策划开始于上一届评选结束之时，到2015年1月正式发布，整个过程历时一年。一年间，直接参与讨论的专家学者逾百人，直接参与文献梳理与调研的学术编辑近百人，参与发布、宣传(不含转载)的媒体30多家，活动规模为历次之最。以下所列仅是2014年评选过程中的主要事件：

8 月，主办方之一的《学术月刊》杂志社组织部分学者参加中期学术趋势研讨会，听取不同学科、不同年龄段的学者以及同行学术媒体对半年度学术热点的预研判。

8 月、9 月，三家主办方先后举行两次工作会议和数次非正式的沟通商讨，正式确定本届评选活动的基本方案和行动计划，明确具体活动的细节要求与时间节点。

10 月，评选活动进入实质启动阶段。10 月中旬向学者征询热点条目。由主办方通过不同途径向国内学者发出年度学术热点征集表数千份，整理成有效征集热点条目数十条。同一时间段，主办方组成了 14 个学科文献调研课题组，每组含学术编辑 3～5 人，咨询专家 10～20 人。遵循工作要求进行文献调研，热点条目征集、推荐。

按照方案要求，热点条目推荐和文献调研应做到：准确把握本年度内本学科的学术热点，同时重点关注与本学科相关的跨学科、综合学科的选题；选题应包容性较大、涉及面较宽、概括性较强；不宜选取过于微观具体或宏观空洞或政治宣传倾向明显而无学术价值的选题；当学术热点与政治热点、社会热点重合时，应从学术角度切入提炼。

11 月上旬，各学科课题组在反复讨论后，根据研讨热点条目的集中度情况推荐了初选条目，并撰写入选理由、研究趋势；根据文献收集与调研情况整理了相关链接、文献数量与学术会议频度等。

11 月中下旬，由课题组会同相关专家对初选条目进行两次内部研讨，梳理出涵盖哲学、文艺学、历史学、图书情报学、教育学、理论经济学、应用经济学、管理学、法学、政治学、社会学、马克思主义理论等学科在内的 15 个学科的 28 个备选条目，再经过反复研讨并征询部分专家意见，最后确定 18 个备选热点条目。随后，主办方依据方案规定的要求，结合备选条目的学科属性，在全国范围聘请热点条目的研讨、评议专家。

12 月 12—13 日，2014 年度"中国十大学术热点"评选专家研讨会在上海召开。来自中国人民大学、清华大学、复旦大学、上海交通大学、南京大学、中国社会科学院、《新华文摘》杂志社等多所高校及科研机构不同学科的近 40 名专家，共同就 2014 年的学术研究热点及主办方提供的 18 个备选热点条目进行深入而充分的研讨，最后投票评选出2014年度中国十大学术热点。

12月15—30日，课题组根据专家研讨会的意见，对入选的十大学术热点进行文字修订、材料补充和梳理。同时，主办方组织十名与评选条目相关学科的资深学者对入选条目进行深度点评。

2015年1月13日，2014年度“中国十大学术热点”入选条目在《光明日报》刊登；13日下午，主办方在中国人民大学逸夫会议中心召开2014年度“中国十大学术热点”发布会暨2015年人文社会科学研究展望论坛。会议正式发布了2014年度“中国十大学术热点”入选条目10条和提名条目10条。来自教育部、新闻出版广电总局、上海市社会科学界联合会、清华大学、北京大学、中国人民大学、北京师范大学、华东师范大学、中国高教学会等机构的领导、学者、期刊及媒体代表共100余人参加会议。北京大学马克思主义学院郭建宁教授、中国人民大学经济学院院长张宇教授、清华大学法学院张卫平教授、华东师范大学政治系主任刘擎教授、中国高教学会副秘书长王小梅编审围绕2015年人文社会科学研究展望的主题进行了演讲。

2015年1月，入选条目同时在《学术月刊》《社会科学总论》等刊物公布。在发布会后，多家媒体和报刊对“中国十大学术热点”进行了广泛报道，学界和社会反响热烈。

2014年中国十大学术热点集中代表了2014年度中国人文社会科学领域学术研究热点问题和主要成果，较为准确地反映和梳理了年度学术发展的主导脉络。从十大学术热点包括的范围和辐射的领域看，其中既有国家改革、社会发展的主导方向，也有基础理论研究的突破点，在一定程度上折射出现实社会变革中的焦点问题和深层问题。本年度评选活动规模和社会效应也为历史最高。在明年以及未来的道路上，“中国十大学术热点”将继续聚焦学术热点，记录学术足迹，成为中国人文社会科学领域研究的风向标。

2003—2013 年度“中国十大学术热点”条目

2003 年

（一）“三个代表”重要思想与马克思主义中国化研究

（二）社会主义政治文明与执政党执政规律研究

（三）中国社会的二元结构与农民问题研究

（四）劳动与智力资本价值理论研究

（五）人民币汇率机制形成问题研究

（六）中国哲学的“合法性”问题研究

（七）新发现简牍文献的解读与研究

（八）高等教育评价体系问题研究

（九）新理性精神和现代审美性问题研究

（十）宪政理论的建设与公民人身权利、财产权利保护问题研究

2004 年

（一）执政党的执政能力建设问题研究

（二）构建和谐社会问题研究

（三）非传统安全研究

（四）国有企业改革方向问题讨论

（五）科学发展观指导下的中国宏观经济调控问题

（六）马克思主义基础理论与学科体系的建设问题

（七）对哲学本体论的研究

（八）“人权入宪”的理论探讨

(九)审美的日常生活化与文学的文化研究
(十)学术规范与学术道德问题讨论

2005年

(一)中国工业化道路的抉择
(二)能源、资源的开发利用与循环经济
(三)怎样看待“主流”与“非主流”经济学
(四)马克思哲学中的现代性思想
(五)儒家文化及“国学”热的利与弊
(六)关于非政府组织(NGO)的研究
(七)大学制度变革的价值取向与模式选择
(八)中国如何“和平发展”
(九)城市化与文化研究转型
(十)抗日战争研究的深化与拓展

2006年

(一)和谐社会、和谐文化、和谐世界研究交汇互动
(二)社会主义新农村建设的理论回应
(三)社会主义荣辱观研究对思想道德建设的深化
(四)物权法理论与实践互补共促
(五)公共服务均等化视野下的社会基本保障
(六)政治哲学研究呈现新气象
(七)城市空间与区位理论研究之拓展
(八)环境史研究异军突起
(九)消费社会中的文学之出路
(十)中国近代史上的民族主义多视角解读

2007年

(一)社会主义核心价值体系研究的深化
(二)对“生态文明”的多元解读

（三）经济发展方式选择的科学发展观要求
（四）“社会建设”概念在理论层面的拓展
（五）马克思主义经典文献研究与“中国马克思学”问题
（六）儒学的当代转型
（七）经济学视野中的快乐和幸福
（八）新公共管理研究的新收获
（九）都市化进程的学术镜像
（十）中国思想史学科的建设与走向

2008年

（一）中国改革开放30年的经验总结与理论概括
（二）文化综合创新与中华民族精神培育
（三）政府、市场、社会三者关系的新定位
（四）大部门体制与行政管理体制改革
（五）全球金融风暴下的中国应对
（六）农村土地制度改革与城乡一体化新格局
（七）中哲、西哲、马哲对话中的融通
（八）教育公平与教育均衡发展
（九）企业社会责任的多学科思考
（十）世界史学科新体系之建构

2009年

（一）经验与模式——新中国六十年社会主义道路的探索
（二）网络舆情的民意表达与公民有序政治参与
（三）国际金融危机与后危机时代的世界格局
（四）社会保障制度改革的理论回应
（五）低碳经济与中国经济模式转换
（六）非公有制经济研究的新突破
（七）历史唯物主义的新阐释
（八）话语研究的多学科关注

（九）基础教育改革的理论重建
（十）传统法律文化中的现代价值

2010 年

（一）当代中国马克思主义大众化的实现路径
（二）中国社会建设理论与实践研究的深化
（三）收入分配改革与社会公平
（四）政治文化——中国政治发展深层原因的探究
（五）转型社会中的法治推进路径
（六）后危机时代的中国经济发展
（七）生态问题的人文反思和中国关注
（八）马克思与恩格斯哲学思想之关系
（九）大学行政管理制度改革的理性审视
（十）中国古代历史发展道路的讨论

2011 年

（一）社会主义核心价值观的凝练
（二）经济社会转型下的文化自觉、自信与自强
（三）社会建设与社会管理创新
（四）二元社会结构背景下的城乡统筹发展研究
（五）“十二五”规划下的经济结构调整与收入分配
（六）刑事法治中的民生保护与人权保障
（七）历史唯物主义与中国问题
（八）公平、质量与教育创新
（九）新媒体及其社会影响
（十）百年之际的辛亥革命史

2012 年

（一）中国特色社会主义制度研究
（二）中国特色学术话语体系与国际话语权

（三）中国经济增长趋势与政策选项
（四）现代农业发展与粮食安全
（五）人口结构转变与中国人口问题
（六）“八二宪法”三十年与法治建设
（七）城乡教育一体化的发展路径
（八）《资本论》及其手稿再研究
（九）莫言获奖与中国当代文学的价值定位
（十）中国社会史研究的拓展、深化及反思

2013 年

（一）民族复兴与中国梦研究
（二）马克思主义与分配正义
（三）全面深化改革整体性战略研究
（四）大数据国家战略研究
（五）网络时代与虚拟社会治理
（六）科学发展观统领下的新型城镇化建设
（七）司法体制改革进一步助推法治建设
（八）“新型大国关系”的意涵探索
（九）中国当代文学的海外传播及其翻译研究
（十）钓鱼岛历史文献的发掘与解读

上　编

2014年度中国十大学术热点

第一章　2014年度中国十大学术热点入选条目

热点一　社会主义核心价值观的培育和践行

【入选理由及专家点评】

入选理由　社会主义核心价值体系与社会主义核心价值观的研究一直是近几年来学术界关注的重大理论与实践问题。2014年的研讨主要聚焦于“社会主义核心价值观的培育和践行”上，相关的研究大致从以下几方面展开：(1) 社会主义核心价值观的内涵解析，包括社会主义核心价值观如何体现社会主义的本质属性，社会主义核心价值观与社会主义核心价值体系的关系，对“三个倡导”具体内容的解读，尤其注重其与传统价值观念和资本主义核心价值观之间关系的辨析。(2) 培育和践行社会主义核心价值观的意义，主要是社会主义核心价值观为中国梦提供价值支撑；引领社会思潮，支配整个社会领域的各种价值规范；推进国家治理体系和治理能力现代化的精神保障等。(3) 培育和践行社会主义核心价值观的路径和机制，主要包括宣传引导，特别强调弘扬传统文化对培育社会主义核心价值观的积极意义；制度建设，强调将社会主义核心价值观教育渗透到各行各业的规章制度中去；个体教育，特别强调学校思想政治理论课要探索新媒体教育手段的运用和符合青少年思维方式的教学方法。

专家点评　2014年围绕社会主义核心价值观的培育和践行，发表了许多有分量、有影响的研究成果，产生了巨大的社会反响。但从总体上看，我国社会主义核心价值观的研究,还处于需要进一步深化和发展的阶段,还有很大的拓展空间。学界应充分发挥多学科交叉研究优势,坚持理论与实践、传统与现实相结合,依据中国特色社会主义建设实践的客观需求,深入挖掘社会主义核心价值观所蕴含的中华优秀传统文化资源,积极借鉴国外优秀文明成果,科学揭示社会主义核心价值观基本理念的本质诉求,为社会主义核心价值观的培育和践行提供基本遵循和具体要求。这是深化社会主义核心价值观研究亟待解决的重大理论问题和实践课题。

(点评人吴潜涛　清华大学马克思主义学院教授)

【代表性文献摘编】

继承和弘扬中华民族优秀传统核心价值观

戴木才

中华民族传统核心价值观,是中华民族屹立于世界民族之林的精神旗帜。在我国五千多年的文明发展,尤其是两千多年的封建社会发展进程中,中华民族的生存、延续和发展,积淀了深厚的思想文化根基,形成了中华民族的传统核心价值观和优秀道德精神。其中,“三纲五常”和名教观念是核心范畴,集中反映了中华民族的传统核心价值观。所谓“三纲”,即君为臣纲,父为子纲,夫为妻纲;所谓“五常”,即“仁义礼智信”;所谓名教观念,即把符合封建地主阶级统治利益的政治观念、价值追求、道德规范等立为名分,定为名目,号为名节,制为功名,用它对百姓进行教化,称为“以名为教”,其内容主要是“三纲五常”。“三纲五常”和名教观念,作为我国封建社会的核心价值观,内涵丰富、自成体系、高度概括、简洁明了,易记易懂易传,便于普及推广。它具有基础性和系统性,“三纲”明确规定了封建社会中君臣、父子、夫妇三种最基本的伦理关系,“仁义礼智信”被认为是用以调整、规范君臣、父子、兄弟、夫妇、朋友等人伦关系的行为价值准则和五种永恒的道德规范,名教观念明确规定了道德践行的基本法则,即通过上定名分教化天下;它具有根源性和主导性,“三纲五常”和名教观念牵动着整个社会的核心价值体系和道德规范体系,推动着整个社会的价值导向和道德教化,其他许多价值观念和道德规范,都是从它引申、推论而来的。

自1840年以后,我国逐渐沦为半封建半殖民地社会,中华民族从此面临着实现国家独立、民族解放和实现国家强盛、人民富裕的两大历史任务。一方面，晚清封建统治阶级极力维护封建纲常名教在思想文化领域的统治地位；另一方面，农民阶级和资产阶级中的进步分子，运用传播进来的西方近现代思想价值观念，对封建纲常名教给予猛烈抨击。维新志士谭嗣同，虽然仍把传统的“仁道”作为根本的价值观念和道德规范，但却赋予了它完全不同的新内容。他认定，“仁”是天地万物的本源，是宇宙的普遍规律，但他说的“仁”，已加进了新兴资产阶级思想价值观念的内容，把资产阶级的商业活动看成是最“仁道”的行为，与“五常”之一的“仁”有很大区别，已经具有平等、博爱的内涵。孙中山还对中华民族传统核心价值观进行了高度概括和改造，并赋予其资产阶级民主主义的新内容，使之成为“三民主义”思想体系的重要组成部分。他提出“八德”——“忠孝仁爱信义和平”，并将其作为中华民国的核心价值观，以期恢复中华民族“固有的精神”。同时，他还提出，中华民族“固有的智能”，即人生对于国家的观念——格物致知、诚意正心、修身齐家、治国平天下，“也应该恢复起来”。

批判、继承和弘扬中华民族传统核心价值观，从微观上讲，涉及如何看待我国传统价值观中的一些具体价值理念和道德规范问题。例如，除了“仁义礼智信”五常之外，还有“智仁勇”（天下通行的美德）、“忠孝廉耻”“恭宽信敏惠”“温良恭俭让”等具体价值理念和道德规范。从宏观上讲，涉及如何对待我国传统思想文化的问题。我们应该认识到，中华民族传统核心价值观，在本质上是一种以农为本、自给自足的自然经济基础的产物，是一种与自然经济社会相适应、与专制政治相协调、以天道神意为核心的一元化价值观念体系，与世界现代化进程中产生的现代价值观念体系，有本质区别。因此，我们今天要研究、评估、改造、继承和弘扬中华民族的传统核心价值观，要赋予其以新的时代内涵，就要进行谨慎而细致的辨别真伪的工作，要明确原来意义上的“仁义礼智信”的含义是什么？在漫长的历史发展进程中，又发生了什么变化？如何用当代的视野去观照“仁义礼智信”的时代含义？也就是要辨析中华民族传统核心价值观的原义、他义和今义。

作者简介：戴木才，中共中央宣传部思想政治工作研究所副所长，教授、博士生导师，研究领域为马克思主义和中国特色社会主义理论及价值观与价值哲学。

摘自《唯实》（南京），2014(4/5)，原文约15 000字。

转载于复印报刊资料《中国特色社会主义理论》，2014(8)。

改革开放以来价值观的变迁与核心价值的解构

廖小平

改革开放以来中国社会价值观的变迁包括两个方面,即基本价值取向的变迁与核心价值的解构和建构。改革开放以来所发生的价值观的深刻变迁,客观上解构了中国社会的某些核心价值,这些核心价值既包括改革开放前30年所形成且应该被解构的核心价值,如“革命”与“斗争”“重义”与“轻利”“集权”与“人治”“身份”与“等级”等,这些核心价值有些已被彻底解构,有些当下却影响犹在;也包括如“崇高”与“信仰”之类的核心价值,这些核心价值改革开放以来从文化上和经济上被双重解构了。

革命与斗争:“革命”和“斗争”作为改革开放前中国社会的核心价值之一,在改革开放之初就已被彻底解构和颠覆,从而为改革开放和经济建设开辟了道路。原来以政治衡量一切,而现在却以经济衡量一切,这时社会所需要的是人们齐心协力地把经济搞上去,而不再需要人们之间的斗争和冲突。

重义与轻利:义利关系是十分重要的价值问题。如果说“义利关系”是一个事实判断,那么“重义轻利”就是一个价值判断。改革开放以来,重义轻利的核心价值在市场经济条件下受到强大的冲击。君子与小人已难以在义利之间辨识;个人私利往往置于他人利益乃至一切整体利益之上;拜金主义和利己主义逐渐代替理想主义和利他主义;见利思义和取财有道者日少,见利忘义和取财无道者日众;追求精神价值和理想信念者日少,追逐物质欲望和感官享受者日众;艰苦奋斗勤俭节约者日少,贪图享受铺张浪费者日众;安土重迁者日少,弃农经商者日众。如此等等,不一而足。

集权与人治:集权作为一种具有整合意义的核心价值,首先表现在社会治理上。譬如以党代政,党政不分,政企合一,政社合一。改革开放以来的社会变迁和价值观变迁,唤醒了人们的平等意识、商品意识、市场意识和公民意识,原来以集权为特征的权力价值和以领袖魅力为特征的人治(德治)不能不受到极大的冲击,并逐渐被民主制度和法理权威所解构和取代。

身份与等级:新中国成立以来的“准身份制”虽然使原有的身份制度被打破,但传统的身份及身份等级仍然存在,身份观念、身份意识和身份情结更是明显。改革开放以来中国社会价值观的变迁对身份与等级的解构并不十分明显，中国人的身份与等级的价值取向仍然存在。近年来市场经济内在要求的与身份社会相对立的契约社会已开始形成。契约社会以个人自由、人人平等为核心价值，身份和等级是其天敌。

崇高与信仰：如果说上述核心价值被改革开放以来价值观的变迁所解构还好理解的话，那么，改革开放以来价值观的变迁对崇高和信仰的解构似乎有点令人费解，因为崇高和信仰看起来似乎更具有正价值。其实，有两个基本因素使改革开放以来的崇高与信仰被双重解构，这就是改革开放以前极"左"时期崇高和信仰本身的虚妄性和改革开放以来中国社会价值观发生着日趋多元化、个体化、世俗化和物质化的变迁。使得改革开放后崇高和信仰在新的市场经济社会并没有得到新生和重构，反而再一次遭到来自市场经济及随之而来的价值观变迁的解构。

作者简介：廖小平，中南林业科技大学副校长、教授，研究领域为伦理学、马克思主义哲学、企业文化。

摘自《天津社会科学》，2014(5)，原文约 9 000 字。

转载于复印报刊资料《中国特色社会主义理论》，2015(1)。

培育和践行社会主义核心价值观的基本问题和主要路径

辛向阳

关于建设什么样的国家及怎么建设。建设富强民主文明和谐的社会主义现代化国家和实现中华民族伟大复兴，是鸦片战争以来中国人民最伟大的梦想，是中华民族的最高利益和根本利益，是中国共产党的不懈追求，也是社会主义革命、建设、改革的目标。首先，建设富强的社会主义现代化国家就要推动科学发展。保持经济持续健康发展并使我国社会生产力不断向着更高水平迈进，是我们始终面临的一项长期而艰巨的任务。其次，建设民主的社会主义现代化国家就要不断发展社会主义民主政治。要把国家层面的民主制度同基层民主制度有机结合起来，要丰富民主形式，在发展选举民主的同时，发展好协商民主，还要完善党内民主制度,推动人民民主的发展。第三,建设文明的社会主义现代化国家就要推动精神文明建设向前发展。文明的中国意味着:中国是一个具有强大时代精神的国家,是一个公民素质大大提高的国家,是一个文化产业高度发达的国家,是一个思想、价值观能够引领世界潮流的国家。最后,建设和谐的社会主义现代化国家就要推动和谐社会建设。要坚持系统治理,综合治理,科学治理。

关于建设什么样的社会及怎么建设。社会建设的目标是要建设一个自由得到充分保障的社会。社会建设就是要利用社会制度、社会组织、社会力量来不断实现人民根据宪法应享有的自由权利。其次,要建设一个政治权利、经济权利和社会权利都平等的社会。马克思主义理解的平等是指社会地位的平等,而不是个人能力的均等。要建设一个权利、机会和规则公平的社会,一个法制健全、人人遵纪守法的社会。要完善社会主义初级阶段的基本经济制度,为自由社会、平等社会、公正社会、法治社会的建设提供经济基础。要大力解决影响社会自由、平等、公正、法治实现的具体问题,如利益藩篱、"制度天花板"、社会流动"缓慢化"等。要推进法治中国建设,使法律体系成为实现自由、平等、公正价值观的重要基础。

关于培育什么样的公民及怎么培育。推进中国特色社会主义伟大事业向前发展,实现中华民族伟大复兴的中国梦,需要培育高素质的社会主义公民。要结合社会各阶层和不同群体的实际情况培育和践行社会主义核心价值观。要通过国家和社会层面上的制度建设来培养人们的核心价值观念。这些制度包括规范性制度、礼仪性制度、法律性制度和强制性制度。规范性制度建设是指通过制定相应的规范来引导人们的日常行为,使之与社会主义核心价值观相一致。礼仪性制度建设是指通过制定规范性礼仪来传达国家的主流价值观。法律性制度建设就是通过构建法律体系来强调社会主义核心价值观的国家性质,对于违反社会主义核心价值观的要给予法律的惩治。

作者简介: 辛向阳,中国社会科学院马克思主义研究院研究员、博士生导师,研究领域为马克思主义中国化、中国特色社会主义。

摘自《学习论坛》(郑州),2014(12),原文约9 000字。

论培育和践行社会主义核心价值观的基本路径

倪愫襄

培育和践行社会主义核心价值观是一项系统工程，需要从各个方面入手，齐抓共管，才能将社会主义核心价值观落实到工作中去。

第一，各级党组织要建立起稳定的领导机制和连续性的管理制度，保障培育和践行社会主义核心价值观的可持续性和有效性。党委的领导作用还体现在党员干部的先锋作用上。党的领导干部首先要做践行社会主义核心价值观的模范，以身作则、率先垂范，讲党性、重品行、作表率，以人格力量感召群众、引领风尚。党委领导不能取代政府在培育和践行社会主义核心价值观上的主导作用。富强、民主、文明、和谐作为国家层面的价值目标，是政府工作的目标和责任。自由、平等、公正、法治是社会层面的价值取向，是对社会制度、公共管理、政治体制的价值判断，也是社会发展的价值取向。各级政府不仅在培育和践行自由、平等、公正、法治的价值观上起主导作用，也是自由、平等、公正、法治建构的主导力量。

第二，理论指导与公众倡导的融合。培育和践行社会主义核心价值观的主体是人民大众。有层次、有区别地进行教育和引导，是在群众中倡导和践行社会主义核心价值观的第一步。对文化基础薄弱的不积极的群众，要首先进行文化知识教育，助其掌握基本的文字书写和表达能力；对有一定文化基础的中间状态的群众，要进行理论教育，助其掌握社会主义核心价值观的基本内涵；对有理论基础的比较积极的群众，要进行科学理论和教育，助其深入领会社会主义核心价值观的实质。

第三，制度督导与教育疏导的互补。在市场经济条件下，国家和社会层面的价值取向，更多的是依赖制度和法治的安排。在践行自由的价值取向上，只有通过制度和法律来落实经济自由、政治自由、迁徙自由等，才会有公众对自由的认知。在落实平等的价值理念上，只有有了制度保障的经济平等、政治平等、法律平等、规则平等，才会有平等的现实达成。在公正的践行中，只有有了制度的公平正义，才会有结果的公平。法治的信念更是建立在法律的制度建设和执行中。

在现代社会,对诉诸个人品行方面的价值要求,也在一定程度上需要制度监管。学校教育、家庭教育等环节对社会主义核心价值观的培育有重要的作用,特别是发挥学校的主渠道作用,是大力倡导社会主义核心价值观的有效路径,是对制度督导的有效呼应。

第四,舆论引导与榜样先导的兼重。在培育和践行社会主义核心价值观中,需要重视大众传播媒介的宣传导向功能。在舆论宣传教育中,加强主流文化和主流价值的宣传,宣传中国特色社会主义建设的成果,宣传全面深化改革的方针政策,坚定社会主义理想信念。同时,大众传媒对践行社会主义核心价值观的典型事例、模范人物要广泛深入地宣传报道,以引导公众对社会主义核心价值观的认同和践行。

作者简介:倪愫襄,武汉大学马克思主义学院教授、博士生导师,研究领域为伦理学和比较德育。

摘自《思想理论教育》(上海),2014(12),原文约10 000字。

社会主义核心价值观的二重超越性

孙熙国

社会主义核心价值观既立足又超越中华优秀传统文化。任何一种价值观不仅取决于该社会的生产力发展状况,同时还取决于该社会的思想文化土壤。具体地说,中华优秀传统文化中的仁爱民本精神、明道正义精神、尚诚守信精神、合和大同精神,是涵养社会主义核心价值观的重要土壤和资源。首先,中国传统文化所特有的讲仁爱、重民本的思想传统,是今天所倡导的爱国、友善等社会主义核心价值观的丰富思想资源。其次,中国文化理论是在更高层次上对社会经济发展的观照,是沟通物质文明与精神文明、市场经济与道德进步的桥梁纽带。正是在此意义上,明道正义精神为今天在市场经济条件下培育文明、和谐的社会主义核心价值观,提供了宝贵的文化资源。再次,从《易传》开始,我们的祖先就把"贞"(牢固、持久)解释为"信",认为诚信友善就能使得自己的事业牢固持久、不倒闭。我们现在呼唤良知和德性,倡导诚信精神,在这方面中华传统文化可以提供丰厚土壤和养分。最后,中国传统文化的"合和大同"精神,要求我们处事待人要宽厚、包容、友善，视民众为同胞，以万物为朋友，所谓“民吾同胞，物吾与也”。这些思想经过创造性转换以后，可以为当今倡导友善精神提供丰厚的土壤和滋养。

社会主义核心价值观是对西方资本主义价值观的超越。首先，富强、民主、文明、和谐，充分体现了社会主义的本质特性。按照恩格斯在《共产主义原理》中的说法：“共产主义是关于无产阶级解放的条件的学说。”用今天的话说，共产主义就是研究如何实现劳动者的自由、发展和解放的学说，更通俗地说就是如何让劳动者过上好日子。其次，就社会层面来说，马克思看透了资产阶级所讲的自由、平等和解放仅仅是政治意义上的自由、平等和解放，认为政治解放本身还不是人类解放，政治解放是不彻底的解放，而真正彻底的解放是以经济解放为基础，在经济解放的基础上，摆脱自然界的奴役和压迫，摆脱社会的奴役和压迫，摆脱思想的奴役和压迫，成为自然的主人、社会的主人和自身的主人。最后就公民个人层面的价值准则来说，爱国、敬业的价值取向集中体现了我们的民族精神和时代精神；诚信友善的价值取向则是社会主义荣辱观的集中体现。

总之，国家层面的价值目标——富强、民主、文明、和谐，体现了社会主义核心价值体系的主题，即社会主义的共同理想；社会层面的价值取向——自由、平等、公正、法治，体现了社会主义核心价值体系的灵魂，即马克思主义指导思想；个人层面的价值准则——爱国、敬业，体现了社会主义核心价值体系的精髓，即民族精神和时代精神，诚信、友善体现了社会主义核心价值体系的基础，即社会主义荣辱观。在此意义上，以这24个字为基本内容的社会主义核心价值观体现了社会主义核心价值体系的根本性质和基本特征，反映了社会主义核心价值体系的丰富内涵和实践要求，是社会主义核心价值体系的高度凝练和集中表达。

作者简介：孙熙国，北京大学马克思主义学院教授，研究领域为马克思主义基本原理、中国古代哲学、马克思主义与中国文化发展、中国传统价值观与社会主义核心价值观。

摘自《中国特色社会主义研究》(北京)，2014(3)，原文约8 000字。

转载于复印报刊资料《中国特色社会主义理论》，2014(9)。

政治课教育功能与社会主义核心价值观培育和践行

齐卫平

培育和践行社会主义核心价值观不是阶段性的任务，基础教育和高等教育都具有培育和践行社会主义核心价值观的责任担当。国民教育全过程中，实现思想政治课教育功能的路径是与社会主义核心价值观对接，帮助和促进受教育者确立社会意识形态主体和灵魂的认同。

学校教育的功能不只是获取知识，还在道德养成上担负价值观培育的职责。中小学德育工作体现的思想政治教育功能主要定位在未成年人基本品行的道德规范上，其中，国家情感和公民意识是重点。与基础教育相比，高等教育系列的思想政治理论课程超越了基本品行的道德规范要求，更具有思想修炼的特点。价值观、民族精神、公民道德融为一体的高等院校思想政治理论课程，思想政治教育功能主要定位在大学生思想修炼的基本要求上，其中，人生情操和社会价值是重点。

国民教育全过程中，实现思想政治工作的教育功能必须与培育和践行社会主义核心价值观相对接，为培育和践行社会主义核心价值观提供了基本遵循。国民教育全过程中，思想政治课教学对接这些社会主义核心价值观的教育，在教学内容和教学方法上应处理好以下一些关系：

第一，教学内容与教育功能的关系。国民教育全过程贯穿从小学到大学的几个阶段，受教育者年龄结构、生理特点、学习环境、知识基础和认知能力都有很大的差别。核心价值观 24 个字很简单，小学生就可以从词语上接受和熟记，但能说出这些词语不等于实现了教育功能。思想政治课也不能就讲授这 24 个字，这些词语虽然凝练和集中，但却抽象和宏观，懂得这些词语的含义也并不意味着实现了教育功能。这些词语涉及国家、社会、公民三个价值观层面，涉及目标、取向、准则三个价值观定位。着眼教育功能，应该坚持联系实际，区分层次和对象，加强分类指导，适应青少年身心特点和成长规律，做到润物细无声，使思想政治教育起到潜移默化的功效。

第二，政治理论知识接受与道德品性养成的关系。社会主义核心价值观的政治性和意识形态色彩，决定了思想政治课教学不同于数学、物理、化学等纯知识性的教育，但政治又同样是具有知识性的理论学科，它的特点是以政治知识的接受影响价值观的树立。因此，思想政治课教学对接社会主义核心价值观的教育，必须将政治理论知识接受与道德品性养成紧密相结合，思想政治课教育功能的实现寓于良好道德品性的养成。

第三，理论常识把握与实践行为考量的关系。就思想政治课而言，重知识性的考评体制机制仍然在起着指挥棒的作用，试卷上的分数不仅作为评断学生升学的唯一标准，而且还成为评断教师业绩的重要手段。在这样的体制机制下，素质VS分数，结果还是重分数轻素质。学校任何学科的教育都不是以纯知识学习作为功能定位的，知识的把握转化为实践的能力才是目的。思想政治课的教育功能更是如此，对于受教育者来说，政治理论常识的习得水平及把握程度绝对不是以分数可以度量的，思想修养和政治素质也不是纸面上的考试可以评价的。因此，思想政治课教学对接社会主义核心价值观的教育，必须立足实践行为的考量。在重视政治理论常识教育的同时，更加重视社会主义核心价值观的践行，以培育引导践行，在践行中培育。

作者简介：齐卫平，华东师范大学政治学系教授，研究领域为中国近现代政治制度和政治思潮变迁、共产党执政实践和理论、中国社会主义建设实践和理论、毛泽东思想和邓小平理论。

摘自《思想政治课研究》(上海)，2014(1)，原文约8 000字。

共产党人与社会主义核心价值观

虞云耀

社会主义核心价值观是中国共产党人以马克思主义为指导，在继承中华民族传统文化精髓，吸收国外政治文明的有益成果，在紧密结合中国实际、时代特征、人民愿望的基础上形成的重大理论创新成果。社会主义核心价值观集中体现了中国共产党人的奋斗目标、历史责任、执政方式和精神追求。

“富强、民主、文明、和谐”集中体现了中国共产党的奋斗目标和历史责任。我们党从诞生之日起，就把实现国家独立、民族解放和人民幸福作为自己的历史使命,写进党的纲领和章程,融入党的全部奋斗实践中。正因为这样,我们党才赢得了人民群众的拥护支持,凝聚起巨大的前进力量。中国共产党团结带领全国各族人民,进行了艰苦卓绝的革命、建设和改革,建立了人民当家做主的新中国,确立了社会主义基本制度,开创了中国特色社会主义道路。这三件大事,为中国人民实现富强、民主、文明、和谐的共同理想奠定了政治基础、制度基石和物质保证。

“自由、平等、公正、法治”是中国共产党人的执政理念、执政方式的体现。“自由、平等、公正、法治”是人类共同追求的理想和目标,也是共产党人的崇高价值追求和执政理念的体现。我们党提出的“三个有利于”“三个代表”重要思想、以人为本的科学发展观等马克思主义中国化的理论创新成果,充分体现了马克思主义关于促进“人的自由全面发展”的思想。党的十七大指出:“实现公平正义是中国共产党人的一贯主张,是发展中国特色社会主义的重大任务。”党的十八大强调公平正义是中国特色社会主义的内在要求,提出要在全体人民共同奋斗、经济社会发展的基础上,逐步建立以权利公平、机会公平、规则公平为主要内容的社会公平保障体系,努力营造公平的社会环境,保证人民平等参与、平等发展权利。以人为本、执政为民,科学执政、民主执政、依法执政,是中国共产党的执政理念和执政风格,也是共产党人赖以生存的价值追求。自由、平等、公正、法治,既是社会层面的价值取向,也是中国共产党执政理念、执政方式的生动体现。

“爱国、敬业、诚信、友善”是中国共产党人的基本价值追求与行为准则。“爱国、敬业、诚信、友善”,涵盖了社会公德、职业道德、家庭美德、个人品德的主要方面,是每一个公民的价值追求和行为准则,也是对中国共产党人的基本要求。它既是公民个人层面的价值追求,也是正确处理个人与国家、个人与社会,以及人与人之间关系的基本道德规范。共产党人讲党性、重品行、作表率,首先要从这里开始。

核心价值观的生命力在于实践。邓小平同志指出:“共产党人干事业,一靠真理的力量,二靠人格的力量。”共产党人的人格不是与生俱来的,也不是自然生成的,而是在长期的革命、建设和改革实践中积淀传承下来的政治品格和精神气质。积极培育和践行社会主义核心价值观,不仅是对广大人民群众的要求,而且也是对我们党自身的要求,对每一个共产党员的要求。模范践行社会主义核心价值观,必须坚定对共产主义和中国特色社会主义的理想信念,必须加强共产党人的党性修养，必须坚守共产党人的精神追求，必须保持共产党人的道德情操，必须彰显共产党人的人格力量。

作者简介：虞云耀，全国党建研究会会长，研究领域为党建。

摘自《光明日报》（北京），2014 年 5 月 7 日，原文约 6 000 字。

培育和践行社会主义核心价值观需要关注的几个问题

郝立新　沈江平

首先，培育和践行社会主义核心价值观需突出为人民服务的思想。只有这样，社会主义核心价值观才能为社会成员普遍认同和忠实践行。社会主义社会从制度、指导思想到具体决策、理论指引等都是人民当家做主模式下的产物，人民性是社会主义的本质属性和根本标识。社会主义社会美好蓝图的实现，需要建构广大人民群众高度认可并愿意为之奋斗的价值理念。有“人气”、凝聚力强、认同度高的理念可以更好地诠释群众心目中的社会主义社会本质特征，也才更有生命力。

其次，要正确把握社会主义核心价值观和社会主义核心价值体系的关系。社会主义核心价值体系是社会结构的一个方面，体现着制度性、历史性，与社会主义基本制度和根本性质联系在一起，是建立在社会主义经济基础之上、反映社会主义经济、政治和文化制度要求、体现社会主义发展趋势的核心思想意识和价值观念，是体现社会主义制度本质的、占主导地位的价值体系。社会主义核心价值观则是对社会主义核心价值体系核心内容和精神实质的高度凝练和概括，集中体现社会主义核心价值体系的根本目标和要求。培育和践行社会主义核心价值观本身就是社会主义核心价值体系建设的过程。社会主义核心价值体系彰显的是旗帜问题、道路问题，是具有方向性、根本性、全局性的；社会主义核心价值观凸显的是在社会主义核心价值体系基础上的具体价值取向问题，具有动态性、开放性。社会主义核心价值体系决定了核心价值观的基本性质。

最后，重视社会主义核心价值观的“落地”与融入中国梦。社会主义核心价值观在当代中国的传播和践行与中国梦的追求和实现紧密相连。实现中华民族伟大复兴的中国梦,既体现在政治、经济、军事、科技等强大硬实力,同时又要有文化、思想、价值观等深厚软实力。社会主义核心价值观,既是中国梦所要追求的理想和目标,也是共建共享中国梦的精神保障。

作者简介: 郝立新,中国人民大学马克思主义学院院长,研究领域为马克思主义哲学;沈江平,中国人民大学马克思主义学院博士。

摘自《红旗文稿》(北京),2014(9),原文约 4 000 字。

公正是社会主义核心价值追求

韩　震

公正虽然一直为人们所向往,但在不同的时期对公正则有不同的理解。首先,公正价值观具有历史性和阶级性。在柏拉图看来,统治阶级、保卫国家的武士、从事生产的劳动者必须各司其职,而不图僭越,才是公正和谐的社会。而资本主义社会希望所有工人获得法权上的"自由",能够自由出卖劳动力,创造剩余价值。其次,公正价值观具有阶级性。其次,公正价值观具有相对性。公正的分配必须与生产力的发展水平相适应。再次,公正价值观具有具体性。公正的具体性表现在经济、政治、文化和社会权利的不同领域,公正的判断尺度都有不同的标准和理解。

社会主义为建立真正公平正义的社会开辟了道路。实现比资本主义国家更高的社会公正,是社会主义社会的本质要求,也是社会主义制度优越性的集中体现。马克思主义与历史上所有关于"公平正义"价值观论述的不同在于,马克思主义并不把公正、公平的理解和追求停留在价值理想的认识论层面,也不是停留在"应当与之相适应的"道德理想层面,而是试图通过在现实的社会中发展生产力和生产关系的革命实践,铲除造成社会不公正的前提条件,即不公正的所有制,为公平正义的社会准备物质基础。新中国成立后,我们从根本上废除了旧中国的阶级压迫和剥削制度,建立了社会主义制度,为实现公正奠定了根本的政治前提和制度基础。当然,我们也应该看到,公正从来都不是能够一蹴而就的,公正是一个不断趋向理想的永恒进步的过程。

公正与其他社会主义核心价值观是密切相关、相互支撑的。首先,从国家层面的价值观看，富强通过提供可靠的物质基础而有利于公正社会的建立，反之公正则可以进一步促进富强社会的发展。其次，在社会层面，公正与平等、自由紧密相连。人与人之间如果没有平等的地位，就很难说有公正。假如某些人连自由都没有，就更谈不上有公正的社会关系。最后，公正也与爱国、敬业、诚信、友善等价值观相互支撑。公正的社会能够激发公民的爱国热情，而公正也能够激发国民的敬业精神。对于人民群众来说，公正是社会主义最核心的价值追求。失去了公正，社会就会陷入仇恨与冲突的漩涡。没有公正，就没有富强、民主、文明、和谐的社会；没有公正，也就没有法治秩序下的自由、平等生活；没有公正，就不能保护诚信友善、勤劳敬业的人民。国家保护了人民，促进了人民的发展，人民才会高度认同和热爱国家。

作者简介：韩震，北京外国语大学教授、北京师范大学价值与文化研究中心主任，研究领域为西方历史哲学。

摘自《中国特色社会主义研究》(北京)，2014(6)，原文约7 200字。

中华传统文化与核心价值观

陈　来

中国传统文化的基本价值观有以下几点：首先是以人为本，第二以德为本，第三是以民为本，最后是以和为本。中国传统社会价值观念跟西方近代社会价值观念相比，有很大不同，第一个特点是“责任先于自由”，第二个特点是“义务先于权利”，第三是“群体高于个人”，第四是“和谐高于冲突”，最后是“不患寡而患不均，不患贫而患不安”。五常是两千年来影响中国社会至深的基本道德。仁义礼智信称为五常，跟五行对应。在儒家推崇的四书五经里还有一些道德德目，他们跟四德五常一起构成了儒家完整的道德体系比如说孝悌、中和、诚敬。在中国古代，在实际的社会生活里面，我们刚才讲的孝悌、中和、诚敬等是跟五常一起发生作用，它们共同支配着我们中国人的道德思想、道德生活。

在古代每一个德行的条目，它都不是单一的、简单的。不管是忠、孝、仁义礼智，每一个道德的条目，往往有不同的层次的意义，既有它特定的、具体的意义，还有它扩大的、普遍的意义。比如说“忠”，我们刚才说，它主要是一个特定政治关系,君和臣之间,臣应该担负的一个道德义务、一种道德规范、一种道德条目。但是“忠”也有扩大的、普遍的意义,就是可以是忠于政务、忠于国家社稷。要全面理解君臣关系的忠,它也不是简单的顺从,能够犯颜直谏这也是忠。到了春秋战国有了更普遍的意义,就是尽心为人,《论语》中就有这样的例子。

仁义礼智里的仁义,它不仅仅具有个人道德的意义,它还是社会价值。比如说仁义有更广的社会意义,孔子讲仁,仁是作为道德。可是孟子讲,“天子不仁,不保四海,卿大夫不仁,不保寺庙”,所以仁也是政治的普遍原则。在汉代以后的两千多年的中国的政治文化里,应该说在理论上仁都是一个主导的政治和行动的原则。这就不仅是个人价值,还是这个国家、这个社会的政治行政基本原则。

习近平总书记所强调的讲道德、遵道德、守道德,都是强调要落实在个人身心实践上的道德。这是我们在从事社会主义核心价值实践时,在理论上必须明确的。习总书记讲的,继承弘扬传统美德,中华美德的继承转化,这些主要是就个人道德和个人道德修养的内容来讲的,用梁启超的话来讲,“重点还是私德”。所以习总书记最近讲的加强道德建设、形成道德规范、树立道德理想,讲道德、遵道德、守道德,主要都是就个人道德讲的,要落脚在个人的基本道德上。最终是要指向我们要成为什么样的人,怎么做人,这很重要。

关于个人基本道德,我从儒家文化的角度,提出分三组:第一组就是个人基本道德,就是仁、义、诚、信、孝、和。我们如果用双字词,就是仁爱、道义、诚实、守信、孝悌、和睦。第二组是次一级的,忠、廉、强、毅、勇、直,就是忠实、廉耻、自强、坚毅、勇敢、正直。第三组是关于公民基本公德,这是从儒家的角度提的,不是站在国家的角度,作为个人基本公德,就是爱国、利群、尊礼、守法、奉公、敬业。不管私德公德,都是要最后落实在个人上实现,今天我们要把它细化,从儒家的立场上提出这样一个体系,它是强调个人道德的体系,也是从儒家的立场来讲的。

作者简介: 陈来,清华大学哲学系教授,研究领域为儒家哲学、宋元明清理学和现代儒家哲学。

摘自《光明日报》(北京),2014 年 8 月 11 日,原文约 8 000 字。

转载于复印报刊资料《中国特色社会主义理论》,2014(10)。

热点二　依法治国与国家治理现代化

【入选理由及专家点评】

入选理由　中共十八届三中全会将“完善和发展中国特色社会主义制度，推进国家治理体系和治理能力现代化”作为改革的总目标，十八届四中全会对全面推进依法治国做出重大部署。2014年，围绕依法治国与国家治理现代化问题的学术探讨与研究成为热点，学者们发表了大量文章，其讨论主要集中在以下几个层面：(1) 对“治理”理论的学术史梳理和内涵解读，强调治理主体上的多元参与，治理机制的法治化，治理理念的理性化，治理对象的公共性等。(2) 关于“国家治理”的内涵，对此学术研究有不同的侧重，一种强调社会的作用即社会自主性的治理；一种强调国家的作用即国家主导下的治理；更多学者指出，作为全面深化改革的总目标，国家治理说到底是国家主导下的国家与社会的协商与合作。(3) 国家治理现代化包括国家治理体系现代化与治理能力现代化两个方面内容。前者指中国特色社会主义制度，后者指制度执行能力，国家治理体系和治理能力现代化是一个有机整体。(4) 依法治国是推进国家治理体系与治理能力现代化的有效保障：强调依法治国就是要实现依法执政、依法行政、公民有序参与立法、建设法治文化；研究依法治国与坚持党的领导、人民当家做主的辩证统一关系；突出“依宪治国”在国家治理中的基础作用。

专家点评　依法治国与国家治理现代化问题，引起了学术界的深度关注。一方面，依法治国既是推进国家治理体系和治理能力现代化的必然要求，也是现代国家治理体系的必要组成部分。另一方面，依法治国的问题，不仅仅是一个法学领域的问题，更是一个政治学领域的问题，也是经济学、社会学、公共管理学等其他相关学科需要给予高度关注的问题。在当下以及未来的一段时间内，与依法治国有关的一系列问题，如法治与人治、法治与德治、民主与法治等等，都有可能形成一些新的研究热点。

（点评人桑玉成　上海市社会科学界联合会教授）

【代表性文献摘编】

论法治中国的科学含义

汪习根

法治中国是一个有机统一的多维构造体,应从马克思主义关于主客体二元互动论而非单纯的客体论或主体论出发加以解读法治中国。可从主体、客体、时空三个维度来研究法治中国这一主题的创新性逻辑思路与实践出路。

主体维度的法治中国涵摄了主体的法治自觉、自信、自立与自强。法治自觉是社会主体对法治的认识达到一定的深度和应有的高度并从一种知识发展为内心的认同与自觉的接受,从而内化为自己的价值观、人生观与生活观,将法治同化为中国价值、中国精神的构成元素。法治自信是植根于主体内心深处的一种法治体认与文化认同而非仅仅是对规则的外在服从。法治自立即依据法律进行独立的思考、公正的判断,使法治演进为一种常态化的思维方式、常设化的行为模式和常规化的生活态度。法治自强是通过法治实现国富民强,使法治成为推动发展、激发活力、鼓励创新的最有效手段。

客体维度的法治中国聚焦于从依法治权与依法维权的二元对立转向互信、和谐的权利与权力关系模式与治理格局,法治之所"治"即法治中国的客体,其关键在于公共权力而非人民权利。法治中国以对国家权力的制约与监督为手段,以实现人的全面自由发展为依归。需要不断形成与固化以下三种治理关系:友爱的党民关系、友善的政民关系和友好的法民关系。

在时间维度上,法治中国是中国模式的历史养成与现实创新的统一。从时间序列上分析法治中国问题,有助于明确中国法治的当下关切、现实焦点及路径选择。一是多元性。法治中国是吸收了古今中外一切优秀的法治文明成果并进行创造性地转换而来的。二是开放性。法治中国的提出本身就体现了我们对法治的开放态度,从"法律"到"法制"再到"法治"、从"依法办事"到"依法治国"再到"法治国家"直到"法治中国",一次次境界的升华、价值的提升,无一不彰显出法治的开放性。但是,时至今日,抽象地讨论历史知识已经毫无意义。法治中国应当在治理情境、治理导向、治理目标、治理难题诸方面契合实际。法治中国所欲解决的问题,首当其冲的便是通过制度革新与重构,为经济社会发展提供强大的合力。透过法治解决中国问题，需要的是政治智慧，更是法治知识。

在空间维度上，法治中国是从封闭的本土法治走向开放的全球法治、为单一的中国语境引入国际视野的产物。法治中国在空间上不仅是中国的，也是世界的，凸显出浓厚的全球价值色彩。其价值目标具体表现在：谋求中国在全球的法治话语权、法治治理权、法治管理权和法治发展权。

作者简介：汪习根，武汉大学法学院教授、博士生导师。

摘自《中国法学》(北京)，2014(2)：108－122。

转载于《法理学、法史学》，2014(7)。

“法治中国”建设的问题与出路

马长山

改革开放30多年来，法治建设是在一种缺少社会根基的状态下行进的，因而权力一直难以被关进制度的笼子里。随着改革步入“深水区”，已面临着思想观念的价值撕裂、体制内与体制外的错位运行、社会冲突的随机性迸发、拜金功利心态下的“丛林秩序”等困境和危机。

事实上，当下这些法治困境和危机，固然是由很多错综复杂的因素所导致的，但最为根本的，是在于国家统摄社会的历史惯性和现行体制严重滞后于社会发展的现实，形成了国家权力无处不在而社会又濒于失控的扭曲、断裂状态，其要害乃在于社会治理能力建设乏力。法治的生成与发展的历史表明，权力制约和权利保障机制必须立基于社会治理土壤上，政府、经济和社会三者应该达到平衡，一旦社会治理机制和社会能力缺失，就会导致法治根基浅表化，出现反复和危机也就在所难免了。因此，需要自主自律、多元互动的社会治理机制的长期培育成长，才能使民主和法治繁荣起来。

针对当下中国法治进程面临的困境和危机，如何才能加快推进“法治中国”建设，真正把权力关进笼子里呢？关键在于以下四个重要环节：(1) 重建价值观体系，培育社会共识与合法性认同。当然，在价值观体系的重建过程中，要避免盲目照搬的“西化”倾向，也要避免保守的“民粹主义”倾向，它们都是行不通的，也不符合中国踏入“深水区”时期的改革需要。实际上，当今世界正处于原有模式宣告“终结”、纷纷寻找“第三种模式”并力图重建解决当代问题的“共同价值观”的境况下,中国也需要重建走向世界的大国价值观,并弥合思想观念的价值撕裂,促进社会整合与秩序形成。(2) 重塑体制与机制,实现国家与社会之间的对流循环。具体而言,就是要以“促进民主、权利和保障民生”“把权力关进制度笼子里”为基本指向,建立面向社会的开放性、民主性、法治性和服务性制度机制,进而促进国家与社会的互动对流与双向建构。(3) 重组社会结构,实现社会治理和多元互控平衡。努力促进社会治理,确保民间组织的独立性、自主性和自治性,进而实现社会结构的良性重组,是推进“法治中国”建设的重要一环。(4) 塑造公民性品格,促进理性规则秩序。当下中国要走出“丛林秩序”的困局,就应努力改变左的“意识形态”和制度体制对社会成员的政治定位,改变过于注重“政治教育”而忽视“公民教育”的做法,并积极培育社会自主性和社会治理,使其从“主人”“人民”或“群众”身份转向“公民”角色,让每个人都能通过国家和社会的互动对流机制与渠道,成为民主与法治的实际参与者、推进者、建设者和受益者,并形成必要的民主精神、公共理性、公民责任和社会担当。

“法治中国”建设是一个非常庞大的系统工程,也是一项伟大而艰巨的社会事业,很多问题远比这些理论设计和分析更加复杂,但只有建立起社会自主性和社会治理机制,“法治中国”建设才能在社会中扎根,也才更有希望。

作者简介: 马长山,华东政法大学教授、博士生导师。
摘自《法制与社会发展》(长春),2014(3): 5-20。
转载于《法理学、法史学》,2014(7)。

“法治中国”析

范进学

新中国成立以来,从法制到法治,从依法治国到依宪治国,从“法治国家”到“法治中国”,法治作为治国理政的基本方式,业已得到党与政府的充分肯定与认同,我们可以肯定地预测:“法治中国”建设是改革开放以及《宪法》颁布实施后 30 年乃至一个相当长的历史时期国家制度创新与社会治理创新的最主要目标。“法治中国”的建设目标是在 2013 年 11 月 12 日中国共产党第十八届三中全会通过的《中共中央关于全面深化改革若干重大问题的决定》(以下简称《决定》)中第一次提出来的。在此之前,习近平两次提到了"两个坚持",《决定》是第三次提到并重申"两个坚持",而这次重申却是首次与"推进法治中国建设"目标紧密联系在一起。

从建设"法治中国"目标看,它包含了法治国家、法治政府、法治社会"三位一体"的法治目标,其中需要明确包含着的"建设法治中国"与"建设社会主义法治国家"的关系,法治国家、法治政府、法治社会三者相互之间的关系以及依法治国、依法执政、依法行政与法治国家、法治政府、法治社会之间的关系。实际上"法治中国"与"法治国家"的内涵是一致的、目标是相同的。"法治国家"是宪法载明的国家法治建设目标,具有根本法的效力;而"法治中国"仅是执政党的政治主张,属于学理概念。因此,从执政党的角度,应当始终围绕一个核心的国家价值目标进行建设,这个目标应当是对"法治国家"目标的同义词表达。在这个层面上说,人们应当把"法治中国"的基本含义理解为"法治国家"而不是在"法治国家"之外具有更广衮含义的概念,才更符合《关于全面深化改革若干重大问题的决定》提出的原意。

"法治政府"与"法治社会"是"法治国家"之下的子目标,而"法治政府"是实现"法治国家"之核心与关键,"法治社会"是伴随"法治政府"的建设而建设,尤其在我国,法治社会的建设实际上直接取决于政府法治化程度,而不是相反。在建设法治社会过程中,不但要求党政权力主动退出社会组织,而且还需要依赖党政权力培育社会组织,以"激发社会组织的活力"。让党政权力退出社会组织,需要执政党与政府的勇气,更需要政党与政府的制度建设。"政社分开"只是正确处理政府和社会关系的原则,如何将这一原则落实到实处,就需要制度设计与规则规制。

作者简介: 范进学,上海交通大学凯原法学院教授、博士生导师。
摘自《国家检察官学院学报》(北京),2014(4):85-92。
转载于《法理学、法史学》,2014(10)。

法治社会建设论纲

江必新　王红霞

法治社会是法治中国一体建设的重要构成,它与法治国家、社会管理法治、社会法治国等范畴相关但不相同。建设法治社会是法治建设的夯基固本,是破解法治瓶颈的有效路径,是对人情社会的反思重构和对公共理性的培育与提升,有助于弥合转型中国的社会共识。

法治社会具有法治的融贯性和社会的共治性两大特质。法治社会建设需要以公权力为主导,要求透过法治社会化实现社会法治化。在共治结构中,为确保国家的有限参与和社会的自治优位,公权力应当处于备位的地位。首先,共治本身是对国家干预的一种认可。国家对社会的干预是必要的,但过多依赖国家的公权力去构筑社会秩序,尽管可能呈现出有序,但这种秩序是国家强制力保证的,与社会缺乏内在的亲和性,往往无法调动社会成员运用自身的能力采取有效行动、寻求相互合作,进而形成、发展更为人们所喜欢的、更契合日常生活的、充满生机和活力的社会秩序。其次,站在社会立场,公权力的备位性表现为两个方面:其一,法治国家向法治社会提供基本的法治公共产品,一套正式制度体系;一套立法、执法、司法的公权力机构以及运作机制,乃至有关法治的知识或一般认知(法治精神、法治理念、法治文化等);其二,正式规则和公权力透过对社会关系的直接调整和方向引领获得,社会成员的认同和信任,自觉运用并据此积极建构自治规则和处理自治事务。由此,共治意味着公权力释放更多的空间,社会组织透过自治规范进行治理,而公权力仅处于补充性地位,时刻处于备位状态。

法治社会建设的目标理想是社会依法自治运行,但在转型中国的格局下,法治社会无法自发实现。因此,国家(政府)主导建设法治社会成为必然。法治社会建设应当在此维度内理解:法治社会之“法”,是回应性的,国家法和与之融贯的自治规则等构成的多元规则体系;法治社会之“治”是社会主治、公权备位的互动共治;法治社会之“社会”是理性、自由、民主的社会;法治社会建设之“建设”是一个由国家主导,涉及立法、司法多维度的社会法治化的过程。以法治国家、法治政府、法治社会一体化为标志的法治中国,承载自由、民主价值和公平正义理想的规则之治,将在以法治社会为重心的建设实践中最终达成。

当前,中国法治建设进入新阶段,需要处理法治失衡、法治失调、法治失信和法治失重等法治深化过程中的一般缺陷和特殊缺陷。以法治社会为重心的一体建设的法治发展观,符合法治的一般成长规律和中国社会的现状。

作者简介:江必新,中南大学法学院教授;王红霞,中南大学法学院讲师、博士后。
摘自《中国社会科学》(北京),2014(1):140-157。

法治与国家治理现代化

张文显

法治与国家治理体系和治理能力有着内在的联系和外在的契合。在现代国家,法治是国家治理的基本方式,是国家治理现代化的重要标志,国家治理法治化是国家治理现代化的必由之路。通过健全和完善国家治理法律规范、法律制度、法律程序和法律实施机制,形成科学完备、法治为基的国家治理体系,使中国特色社会主义制度更加成熟、更加定型、更加管用,并不断提高运用社会主义法治体系有效治理国家的能力和水平。

法治是国家治理的基本方式。依法治国、依法执政、依法行政、严格执法和公正司法,决定了推进国家治理现代化本体上和路径上就是推进国家治理法治化。现代法治为国家治理注入良法的基本价值,提供善治的创新机制,法治对于国家治理现代化具有根本意义和决定作用;法治化是国家治理现代化的必由之路,治理体系法制化和治理能力法治化是国家治理法治化的两个基本面向;从法治国家转型升级为法治中国、从法律之治转型升级为良法善治、从法律大国转型升级为法治强国,以及加快构建中国特色社会主义法治体系是法治现代化之路的主要内容。

完善和发展中国特色社会主义制度,推进国家治理体系和治理能力现代化,对于巩固党的执政地位,确保国家长治久安,保证经济持续发展,维护社会和谐稳定,实现中国特色社会主义善治,具有深远的历史意义;全面推进依法治国、加快建设法治中国,对于实现国家治理现代化具有重大的现实意义。推进国家治理现代化是全面深化改革和社会主义制度创新的总目标;推进国家治理法治化,推进依法执政、依法治国、依法行政、依法治理、公正司法,是这一总目标之内的主题、主线和要务。国家治理法治化构成国家治理现代化的核心指标和主要标志、引领和驱动法治现代化。在法治与国家治理、国家治理现代化与法治现代化的这些复合关系中,我们透视到了它们之间的逻辑联结。这种基于顶层设计的逻辑联结是实现富强中国、民主中国、文明中国、和谐中国、公平中国、美丽中国、法治中国等建国目标和强国之梦的强大动力。坚持中国特色社会主义法治和国家治理道路,推进国家治理体系和治理能力现代化,必将把改革开放、和平崛起的中国带进世界强国之列,使中华民族如期实现“两个一百年”的奋斗目标。一个有效治理、繁荣强盛的中国也必将使国际关系和世界秩序变得更加民主、更加公正、更加文明。

作者简介: 张文显,国家司法文明协同创新中心首席科学家,中国法学会学术委员会主任。

摘自《中国法学》(北京)2014(4):5-27。

社会协商与社会建设:以区分社会管理与社会治理为分析视角

林尚立

之所以要区别基于国家力量的社会管理与基于社会力量的社会治理,是因为在现代化的条件下,人们生产和生活所赖以存在的社会秩序体系,比任何时候都迫切需要国家力量与社会力量的共同作用。这与现代化条件下,人的生产与生活处于三重对立统一状态有密切关系。然而,强调社会治理的现代意义及其重要性,丝毫不否定社会管理的必要性与意义。这是因为人类进入文明时代以来,国家与社会始终是相伴相生的。中国是一个大国,规模巨大,情况复杂,发展相当不平衡。改革开放之后,中国通过发挥地方政府的作用创造了单一制国家结构下的多样性发展格局。统一的中央政府和自主的地方政府的有机结合创造了中国的全面进步和发展。这个成功的实践要延伸到社会建设,就应努力创造统一的国家主导与积极的社会担纲有机结合的局面。这意味着我们不能仅仅局限于国家主导与社会参与相结合的局面,而应该创造国家主导、社会参与格局与社会担纲、政府协助格局双向运行有机结合的局面。

从社会建设角度看,社会协商就是国家与社会在建构与维护旨在促进社会进步与发展的社会秩序中所形成的沟通、协调与合作机制。这与在国家层面展开的政治协商不同,它是在社会层面展开,其主体不是政治协商中的各政治与社会力量,它是执政党、政府与社会、民众之间形成的协调与协商。因而,社会协商所创造的效应是双向的。社会协商,既不是简单的在社会领域展开的协商,更不是在国家层面展开的协商,而是国家与社会、政府与民众围绕着建构社会秩序、促进社会发展而展开的协商。因而，国家与社会、政府与民众的互动是其存在的前提，而这种互动所形成的国家与社会、政府与民众的交流与互动的公共空间，则成为社会协商的公共空间。文章将这种公共空间视为国家与社会、政府与民众共享的“界面”。

对国家来说，它是国家和政府深入社会、深入民众的工作界面；对社会和民众来说，它是社会与民众对话公共权力、整合和表达公众利益、引导国家和政府服务社会的工作界面。通过这个界面，国家与政府的社会管理能够得到社会的协同；同样，通过这个界面，社会与民众的社会治理能够得到政府的配合。在中国的政治逻辑中，这种“界面”得以形成和发展的内在动力来自两个方面：其一是人民民主，强调人民拥有当家做主的权力，政府必须为人民服务；其二是群众路线，强调政府与官员必须深入群众，听取群众意见，反映群众呼声。目前，这种“界面”在中国主要有三类：一是党、政府与基层社会互动所形成的界面，即基层群众自治。二是党、政府与各类人民团体互动所形成的界面，如工会、工商联、妇委会、青年联合会、留美同学会，等等。三是党、政府与人民群众互动所形成的界面，其典型代表就是影响很大的“民主恳谈会”。改革开放以来的中国发展历程表明，上述三个界面地位和作用的重要性是依次逐一显现出来的，而且这个过程与中国改革开放的逻辑紧密联系。

国家与社会之间界面发育不足、运行有限的原因是多方面的，其中一个重要原因就是社会建设更多的是从社会管理的视角和理念出发，缺乏社会治理的视角与战略。社会治理不能发育，社会管理不仅增效困难，而且面临的压力会更大，久而久之，社会建设就可能陷入僵局。相反，如果社会治理能够发育，社会管理的压力就会缓解，国家与社会的界面就可能得到发育和拓展，从而为社会协商提供广阔的实践与运行空间。这种态势无疑能够创造出良性的社会建设和发展格局，既能增效社会管理，也能促进协商民主，更能紧密党群关系、干群关系，创造国家治理与社会管理的真正合力。

中国社会建设还必须发挥共产党独特的领导作用，而党的领导要成为真正的社会建设推动力，就必须根据国家建设和社会建设的需要进行全面的创新和发展。社会协商为党的领导创新和发展提供了新的体制空间与活动舞台；反过来，党的有效领导所支撑的社会协商，将使党的资源真正成为主导和推动社会建设的关键性力量。这既是理论问题，也是战略问题，需要正视和关注。

作者简介：林尚立，复旦大学副校长、教授，研究领域为政治学理论、比较政治与当代中国政治。

摘自《中国高校社会科学》(北京)，2013(4)，原文约16 000字。

转载于复印报刊资料《中国政治》，2014(3)。

理解国家治理及其现代化

何增科

十八届三中全会全面深化改革的《决定》已经就如何推进国家治理现代化做出了总体部署，提出了路线图和时间表。此篇文章就推进国家治理现代化的重点任务谈谈自己的观点：

一、进一步放权和分权，让各类治理主体在国家治理中发挥更大的作用

要实现可持续发展、民生与民权的改善和可持续稳定等三大国家治理目标，仅靠各级党委和政府是不够的。全能全控型的国家治理模式需要转向一核多元良性互动合作管理的国家治理模式。为此需要向市场和企业放权，向社会组织放权，向基层自治组织和地方政府放权，同时在党委、人大、政协、政府、司法机关之间实行决策权、执行权、监督权的相互分离和制约，倡行社会参与和监督，做强做大各类治理主体，激发经济社会发展活力，使得十一根制度支柱均衡发展，共同支撑国家治理大厦，合力实现国家治理目标。

二、以民主责任制建设为方向完善国家治理结构

现代国家是一个由民众授权向民众负责且民众可问责的国家。建立现代国家治理体系需要以民主责任制为方向优化国家治理结构。人大代表向选民负责、党代会代表向党员负责、人大常委会和党委会向人大和党代会负责、行政首长和党委书记分别向人大及其常委会负责和党委会负责的责任链条应当完整，薄弱环节应当加强。选举改革应当加强选举的自由选择性和竞争性。逐步探索党委委员进入人大常委会任职并实现专职化(常委和书记除外)，并不再兼任党内和政府内其他职务，同时强化其对政府组成人员提名审查、行政监察和财务审计、预算审议、编制和薪酬审查、行政首长弹劾等职权。

三、健全国家治理过程中的负反馈调节机制，实现可持续的稳定

在公共权力侵犯私权利的场合中，如果缺少独立于行政权的独立公正的第三方仲裁机构发挥平衡纠偏作用，官民冲突将会愈演愈烈。保证专家学者和媒体记者的言论自由，发挥好民间专业民意调查机构的作用，有利于获得政策执行效果客观真实的评价信息，从而发现问题及时纠偏。

四、发展决策咨询系统健全协商民主，提高公共政策决策质量

为了提高立法和公共政策决策质量，提高国家治理水平，可考虑发展相对独立的决策咨询系统，将决策咨询列为各级人大立法和各级党政决策的必经程序以培育决策咨询市场。同时可考虑设立各级党委决策咨询委员会，并鼓励受聘的决策咨询委员进入政协常委会任职，先咨询后决策形成法定程序。同时可以将比较成熟的协商民主技术如协商性民意调查等广泛地应用于各个层级和领域公共政策的决策前咨询环节，使政策更好地反映民意。

五、培养职业政治家、职业文官和法官、职业律师，推进国家治理的专业化和职业化

政治与行政、政治与法律的分离和分工，是政治发展和政治现代化的一项重要内容。职业文官的责任在于利用自己所掌握的专业性公共管理知识和技能，忠实高效地完成职业政治家所提出的政策任务。职业受保障的法官、检察官和律师则就法律的适用发挥各自的专长和作用。中国在推动国家治理现代化过程中，同样需要培养自己的职业政治家、职业文官、职业法官、检察官和律师，依法建立各自的专业分工和职业保障制度，提高国家治理的专业化水平。

六、推动核心价值体系的内化和普及化，夯实国家治理体系的基础

以现代善治基本价值（透明、参与、法治、回应、责任、公正、包容、效益、廉洁、和谐等）为主要内容的核心价值体系只有内化于各类治理主体并体现在形塑这些治理主体的规则和程序设计之中，国家治理制度体系才能按照善治的要求有效运转，一个良好的、有效的国家治理体系才能真正建立，国家治理的三大目标才有望实现。

作者简介：何增科，中央编译局比较政治与经济研究中心，研究领域为中国政治、公民社会与第三部门、政府创新与民主治理等。

摘自《马克思主义与现实》(北京)，2014(1)，原文约8 000字。

转载于复印报刊资料《中国政治》，2014(5)。

全球化进程与中国的国家治理现代化

杨雪冬

全球化已经成为中国推进国家治理现代化的基本时代背景，也是构建国家与国内社会、国家与国际社会新型关系过程中的内在要素，因此必须认真对待全球化带来的国家治理新问题。

首先，由于全球化力量的介入，国内社会关系更加复杂化。市场经济的发展带来了社会的多元化，而包括人口、物质、资金、信息等在内的各类资源的跨国乃至全球流动，又为多元化的社会增添了国际化因素，使得一些社会群体比其他群体更能把握住全球化产生的新优势，享受到全球化带来的好处。这些具有跨国界流动，或者动员资源能力的群体，相应地就会更容易摆脱受领土边界限制的国家权力的管制。这样，全球化在加速收入差距拉大的同时，也改变了社会内部的平衡关系，超出国家权力的干预能力。

其次，国内问题的国际化，限制了国家权力的自主行使。国内问题的国际化一般有两种形式：一种是问题产生了国际影响，多发生在国家处理国内社会关系时，引起了国际社会的关注，甚至批评；另一种是问题涉及周边乃至更多的国家，多表现为意外事件、灾难或者资源的分配。不论原有问题多么简单，一旦国际化，就增加了解决的复杂性，也会超出国家主权独立行使的范围。而如果处理不得当，也会影响到国家在国内外的形象。

再次，跨国问题、全球问题的不断增多以及国际社会对于中国承担更多国际责任要求的增强，正在改变着国内责任与国际责任之间的均衡关系。尽管中国一直强调世界上最大发展中国家的身份，但是中国的快速发展以及综合实力和影响力的提升，使得中国也成为许多跨国问题、全球问题的涉及者，成为国际社会的关注对象。这是一个不断突出的现实。因此，国家必然要承担更多的国际责任。承担责任，就意味着把更大比例的国家财富用于国际社会，这反过来会影响到国内利益分配，并引起在国际问题优先性上国家与国内社会公众之间的矛盾。这样，在承担国际责任的过程中，就形成了国内与国际两个层次的两类矛盾，国际问题也实现了国内化；在国内，矛盾的焦点是是否应该承担责任；在国际上，则是应该承担多大的责任。

最后，国家认知与社会认知的偏离，对于国家在治理过程中的角色提出了新要求。改革开放以来，国家依靠丰富的统治资源和文化传统，一直充当着社会认知的塑造者和引导者，既保证了国家的决策和政策能够在社会公众中得到最大程度的认可，大大减少了执行的成本，也提升了国家与社会在国际事务中判断与行动的一致性。但是随着市场经济的发展和对外联系的扩大、深化，社会正在形成更为独立而多元的认知，一些社会群体也在一些问题上成为议程的设定者，在某些领域中成为新理念的创造者，这大大限制了国家的主导地位。无疑，市场和开放是消解国家中心地位的巨大力量。在这些变化的影响下，国家与社会在许多问题上的判断和认知都出现分歧，甚至一些长期形成的共识、标准也被打破。随着代际的更替，新生代群体会更倾向于从水平比较，而非历史比较的角度来看待国家行为。面对经常提出疑问的社会群体，国家必须说服多于强制，协调多于命令，以自我改变来适应社会的变化。

作者简介：杨雪冬，中央编译局全球治理与发展战略研究中心执行主任、研究员，研究领域为全球化、中国地方政治、政治学理论。

摘自《当代世界与社会主义》(北京)，2014(1)，原文约8 000字。

转载于复印报刊资料《中国政治》，2014(5)。

国家治理、政府治理和社会治理的含义及其相互关系

王浦劬

中国共产党人的国家治理，在价值取向和政治主张上区别于西方的治理理论及其主张。它遵循的是马克思主义国家理论逻辑，即国家的职能由政治统治与政治管理有机组成。社会主义国家的国家治理，本质上既是政治统治之“治”与政治管理之“理”的有机结合。在中国政治话语体系和语境下，国家治理、政府

治理和社会治理在本质上具有一致性,这就是中国共产党领导人民进行的治国理政。国家治理、政府治理和社会治理的这一本质联系,规定了它们具有质性的共相,其主要在于:治理的领导力量是中国共产党;治理的根本出发点是人民的根本利益;治理共同遵循依法治国的基本方略;治理具有共同的目标指向。另一方面,从国家治理、政府治理和社会治理的外延来看,三者之间又实际呈现不同的联系状况,其主要是:

首先,国家治理与政府治理和社会治理之间的包容关系。作为国家国体和根本制度实现的途径,国家治理显然包含着其他方面的治理。

其次,国家治理、政府治理和社会治理之间的交集关系。国家治理与政府治理之间具有交集联系。在国家政治的权力运行意义上,国家治理是在中国共产党执掌政权和领导国家的前提下,通过国家立法、行政、司法等权力体系的整体运行来实现的,而在这其中,国家治理又主要是通过国家行政体系为代表的治权体系来实现的。国家治理与社会治理之间具有交集联系。国家治理不仅包含社会治理,而且规定和引领社会治理,而社会治理则在社会领域实现国家治理要求和价值取向,体现国家治理的状况和水平。

最后,国家治理、政府治理和社会治理之间的区别性联系。首先,三者的治理主体相区别。国家治理的主体是人民,执政党代表全体人民实施治理国家的活动。政府治理的主体是指狭义的政府即行政权力体系意义上的政府。社会治理除了党和政府作为治理主体之外,还包含社会组织和公民等多方面有序参与的治理主体。其次,三者涉及社会关系的区别性联系。国家治理涉及国家的各方面社会关系和社会联系。政府治理主要是各级政府行政机关为主体的行政治理活动。社会治理主要涉及社会领域中的社会关系,比如社会福利关系、社会保障关系、社会安全关系、人口与血缘血亲关系、社会公共服务关系,等等。第三,三者涉及的内容的区别性联系。国家治理涉及国家安全、稳定、发展、改革和治理的方方面面,涉及国家与其他国家的国际关系,涉及人类共同的命运和发展。政府治理的内容相对具体,多体现为社会公共事务和公共服务。社会治理涉及的是公民的社会生活和社会活动,包括社会公共服务、社会安全和秩序、社会保障和福利、社会组织、社区管理,等等。第四,三者采用机制的区别性联系。对于国家治理而言,国家权力的权威强制机制具有根本性和基础性意义。而政府治理、社会治理或者受权于国家政权,或者依靠国家政权。在政府行政管理意义上，政府治理凭藉和采用的通常是国家权力或者公共权力中的治权，即国家的行政执行权。而在社会自治意义上的社会治理，则是在国家治理和政府治理主导下的公民自我管理机制。

作者简介：王浦劬，教育部人文社会科学重点研究基地北京大学政治发展与政府管理研究所所长兼研究员，北京大学、复旦大学和吉林大学“国家治理协同创新中心”联合主任，教育部“长江学者”特聘教授，北京大学政府管理学院教授，博士研究生导师。研究领域为政治学理论与方法、当代中国政治与治理。

摘自《国家行政学院学报》(北京)，2014(3)，原文约 10 000 字。

现代国家治理与协商民主的耦合及其共进发展

齐卫平　陈　朋

现代国家治理的结构性转型表明，合作是其内在逻辑和基本方略。合作治理之所以需要，是因为现代国家治理不再是边界固化、相对封闭的体系，而是充分开放的动态系统。但是，合作不是凭空产生的，而是建立在治理主体之间协商沟通和理性互动的基础之上。作为一种治理型民主，协商民主能从社会基础的角度有效承接现代国家治理的基本需求，它能培育现代国家治理所需的参与主体，促进生成现代国家治理所需的社会秩序；同时，现代国家治理则在政治生活领域和社会空间为协商民主提供广阔的实践平台，二者具有较强的耦合性。

对于协商民主而言，参与既是其核心之一，也是其外在表现。广泛的参与存在于政治社会生活的各个领域，既影响着政府决策，也直接作用于公共事务治理。在协商民主的框架下，参与并不仅仅是一般性的参与，而是提倡公众性的公共参与。当代中国国家治理公共参与的缺乏比较明显。2013 年 5 月作者在江苏省南通市的 36 个社区开展了一次大型问卷调查。结果显示，无论是基层干部还是社区居民都认为，当前严重制约治理活动的前三大因素是：缺乏互信、公共参与不足、考核体制不健全。因而，激发公共参与，努力提升互信是现代治理活动重要之维。

协商民主所提倡的公共参与还能培育现代国家治理所需要的“理性”品质。所谓理性就是行动者所做出的行为都是经过深思熟虑而不是轻率鲁莽。对于协商民主而言，讲求理性是其基本要求。对于现代国家治理而言，理性品质的重要作用之一就是在不同意见充分表达后，能实现意见的整合或者说偏好转换，进而形成共识。

协商、合作的价值取向是建立在一定社会基础之上的，脱离了这种社会基础，协商、合作难以得到实现。这种社会基础就是公共精神。对于任何一个政治共同体来说，维系其有效运转的核心要素就是其成员具备一定程度的公共精神。公共精神也可称之为公共理性，“这种公共理性就是所有公共生活参与者的伦理约束，是现代社会的一种精神原则和公共领域的行为准则与道德风尚，构成协调人与政治、人与社会、人与人之间文明关系的价值规范。逻辑与历史分析表明，培养公众的公共理性精神是推动现代政治信任成长的内在要求与必然趋势。公共精神是现代公共领域的道德准则，是公众为公共利益而行动的气质特性，它能够引导公众自主地作出判断和选择，帮助公众形成理性品质，对政治信任的生成至关重要”。对于现代国家治理来说，如何培育公共精神，以应对不断扩张和伸展的公共空间，构成它必须正视的重要命题。

协商民主的讨论过程需要在公共理性的指导下进行，并且要努力实现公共利益与个人利益的合理均衡。在协商的过程中，要坚持有理有据、公开透明，而不是信口开河。公共精神对于现代国家治理和协商民主建设来说固然非常重要，但是现实场景却不容乐观：公共精神的缺失和匮乏正成为一大难题。能否有效培育公共精神成为提升现代国家治理水平、促进协商民主发展的共同议题。虽然培育公共精神是一项复杂的系统工程，但是最起码应包含积极培育适应现代国家治理的“公众文化”、努力引导公众参与公共生活等基础性工作。培育适应现代国家治理的公众文化，需要将社会成员看作是政治生活中的独立个体而不是“附属物”，激发社会成员的主体意识、自主意识和权利观念，并通过基层民主实践和社会自治训练来实现。

作者简介：齐卫平，教授，博士生导师，华东师范大学政治学系主任，主要研究方向为中国近现代政治制度和政治思潮变迁、共产党执政实践和理论、中国社会主义建设实践和理论、毛泽东思想和邓小平理论等。

陈鹏，南通市委党校。

摘自《华东师范大学学报：哲学社会科学版》(上海)，2014(4)。

转载于复印报刊资料《中国政治》，2015(1)。

热点三　儒家思想的政治哲学解读

【入选理由及专家点评】

入选理由　儒家传统对今日中国之制度设计有哪些可资借鉴的思想资源？对儒家思想的政治哲学解读成为2014年学术界的一个研究热点。目前国内的研究主要集中在以下几个方面：一是对儒家政治哲学的构建，这方面的研究主要围绕儒家政治哲学的特质、使命、概念和方法等主题展开。二是对儒家政治伦理思想的阐释，对儒家政治伦理化与伦理政治化的互动以及“民为邦本”“为政以德”“尊贤任能”“廉政勤政”等理念进行了深入探讨。三是对儒家经典进行政治哲学的诠释，这方面的研究主要集中在对《尚书》《春秋》等经典文本中的政治思想进行深度挖掘。四是对历代思想家的学说、观点进行政治哲学的解析，这方面的研究主要是对孔子、孟子、荀子、董仲舒、二程、朱熹等人政治思想的关注和评析。五是对儒家思想与理想政治形态及社会治理关系的探讨，这方面的研究主要集中在儒家王道政治理想的现代意义、儒家思想与国际秩序的构建关系上。

专家点评　当前，挖掘儒家思想理论的创新成果与面对当代问题的实际需要相比，显得非常不足和薄弱，尤其是在儒家基本义理和社会科学及社会政策结合方面。这有待于学术界持续不懈地努力。儒家政治哲学研究的开展，在儒家思想理论创新方面带了个好头，但仍需要在中国政治哲学史的开掘和当代儒家政治哲学理论建构两方面做更多的研究投入。期待儒家政治哲学的研究为解决当代广义社会政治领域的问题提供更多的历史与哲学智慧。

（点评人彭永捷　中国人民大学哲学院教授）

【代表性文献摘编】

儒家的“德性—礼—政治”模式

——进步儒学视角下的政治哲学

安靖如

今天，儒家哲学应当是“有根的全球哲学”：植根于儒家传统，并从全球的其他哲学传统受到激励。进步儒学即是通往儒家政治哲学的这样一条进路的一个例子。它的基本理论结构像一只三脚凳,乃是德性—礼—政治的相互关系。所有三个维度皆植根于传统,但所有三个维度及这些维度相互联系的方式,却已经在回应新的情境与挑战中经历了新的发展。伦理的德性是进步儒学最基础的目标,但是,要使德性的获得成为可能,个人的德性就必须“坎陷自身”,并遵从政治的规则(例如法律)。同理,人类社会中,对于伦理规范与政治规范之实现来说,礼的规范也是必要的。

20 世纪的新儒家,如牟宗三等,强调儒家传统的伦理的、形而上学的维度。牟宗三始终如一地坚持:以伦理为中心的心性之学也要求一种新的政治(“新外王”),而良知的“自我坎陷”意味着对伦理与政治之关系的解释。不幸的是,针对新儒家,许多批评者都简单地认为,这种“新的政治”是以一种故弄玄虚的“自我坎陷”观念耍花招,造成一种似乎无懈可击的组合,把西方的自由民主移植到儒学身上。

我在《走向进步儒学的当代儒家政治哲学》中解释了三大价值类型之相互依赖性的基础,在此要强调的是进步儒学用以平衡伦理、政治和礼的独特方法。伦理规范高度特殊,源于一个人的平衡而有德性的、与一种特殊情境有关的所有价值观念。政治规范包含法律、民权与人权,它们被编成公开法典来作为裁定依据,由国家权力支持其落实。礼的规范比伦理规范的可法典化程度更高。然而礼的根据和实施不是国家,而是社会;并且,礼通常应用于许多私人语境,政治规范在这里只作为最后手段介入。根据进步儒学,健全的人类社会(及荣耀的个人)需要这三个相互间颇为独立的所有维度。如果(政治)权利仅被视为伦理的一种类型或一个分支而被取代,那就会有伦理主体性“吞噬”权利的危险;如果(政治)权利与礼被合并,则会有丧失我们之间由礼所促进和支持的决定性联系的危险,因为我们所有人都将在相互关系上由于法和权利而简单地变成“原子化的”个体。表明进步儒学之政治哲学的目标的一种笼统办法是:它的目的在于这三种价值维度之间的协调。它们相互依赖,并相互反馈,尽管有时是通过批判的方式。这三个维度存在于一种动态张力之中,其中每一个都既可能支持、也可能抗拒其他两个。因此,所有三个维度都是至关重要的,都是理解儒家政治哲学的必不可少的部分。

作者简介：安靖如(Stepher Angle)，男，美国学者，维思里安大学(Wesleyan University)教授、哲学系主任，主要研究领域为西方哲学、中国儒家哲学。(美国 06459)

摘自《烟台大学学报》：哲学社会科学版，2014(1)：1-8。

转载于复印报刊资料《中国哲学》，2014(5)。

民主与精英统治：面向一种儒家视野

陈祖为　著　皮迷迷　译

自19世纪末，西方民主概念引入中国以来，民主与儒学的关系一直是一个颇具争议性的话题。时至今日，这一问题依然没有达成共识。在讨论儒家与民主的兼容性时，区分作为正当的道德原则或价值的民主(如人民主权或政治平等的概念)和作为一种政治制度的民主(如对普选和竞选的理解)是一项重要的工作。因为在某种情形下，儒学可能接受作为政治制度的民主，即使它并不认可人民主权或政治平等的原则。我们认为，即使儒学中并不包含民主观念，也不排除儒学会接受一种作为政治制度的民主。传统的儒家理论是一种监护，认为一个政治共同体应该想办法培养和挑选最优秀的人来担任政治职务。最佳的统治方案不是民主，因为民主支持每一个人的意见，而不是道德精英的意见。在历史上，传统的中国臣子往往是通过公开的竞争考试选拔出来的。而对于统治者的选择，在儒家看来是一桩极为重大与神圣的事件，因而无法程序化和制度化。然而他们相信，最佳人选是会从众人中脱颖而出或者被现任统治者识别出来，并将其举荐于天以接任。

监护理论可能比较有吸引力，但是并不现实。传统儒家本身也意识到要找到一个优秀的人来承担政治领导的困难性。孔子和荀子都承认，任何人想要成为君子都是困难的。但即便是找到了这样一个合适的君子，也难以保证他不会在这种政治制度下被败坏。在不那么理想的情况下，儒家似乎会倾向于把民主当做次优的解决方案，因为民主看起来能更好地服务于儒家所关心的问题。儒家可能接受一个具有工具价值的民主，因为在现实中，民主在促进儒家政治价值和关切方面似乎颇有成效。值得注意的是，把民主看作是次优的选择并不等同于把民主当作权宜之计。在一个具备了有利于民主存在的基本社会，民主比监护更好地促进了儒家价值，在这个意义上，作为次优选择的民主是一个现实的理想，而一个权宜之计则只是处于权力而非出于理性与价值的平衡。实际上这种工具性的态度构成了许多现代儒家学者对民主思考的基础。

总之，我们的观点是：首先，儒家思想里不包含任何诸如政治平等或主权在民之类基本的民主价值或原则；第二，尽管在儒家思想中可能存在着倾向民主制的因素，但最受青睐的模式还是精英统治和监护。儒家希望最有德、最贤能的人能够脱颖而出，接受天命并获得人民的认可后进行统治；第三，儒家思想把民主制看作是在非理想情形之中所能达到的次优的选择，因为它能够比一个无德无能的君主更好地服务于儒家思想；第四，今天的儒家已经不再不加犹疑地拥抱民主。儒家怀疑民主和政党能否选出最优秀的人，并且这些人能否为了公共利益而不只为党派利益服务。民主怎样才能够与精英统治相结合以促进公共利益，是今日儒家思考问题的核心所在。

作者简介：陈祖为(Joseph Chan)，香港大学政治与公共行政学系。

摘自《国学学刊》(北京)，皮迷迷译，2014(2)：13－19。

转载于复印报刊资料《中国哲学》，2014(9)。

《尚书》的政治哲学：德化论的发展

成中英

我们需要真正回到传统，以观察中国政治哲学的原本对中国政治哲学的启示。五经思想整体可谓以《易经》为本，而《尚书》则有政治哲学的根本价值。由《易》出发可知：人类文化的社会发展中有其内在秩序。我们如何能找到一个可将此内在秩序发展到极致而形成一生活价值的内涵终是一大课题。所谓“天人之际”者，天是人的基础，人是天的发展。这点可以于《尚书》的“天命”说中得到体现。“天命”说谓天令人有君——人由此乃成为政治的存在。“君”的存在，体现了一个提升的价值，其目标在于发挥人的能力，为人民的群体建立发展的空间。这是对“政治”之形成的重要论述，亦是对政治组织之可能的重要论述。其彰显了一个人能成为人类群体领导者的可能性，鼓励人实现其潜力、发挥内在于人的天人之性，也就是天之所命之性。

《易》提供了中国古代政治哲学的基础，而《尚书》继之，得出上帝、天命之说，孔子又将之转化为人文主义的“礼”之思想、转化为君须＋仁民的政治哲学，来实现《尚书》以民心为天心的崇高政治思想。所谓“以民为本”，实际上是在以化生万物的天地及其所象征的生生价值为本，这亦体现了“人能弘道”之能力。这就导向我所说的“德化”的思想。

德的自觉、德的发展、德的影响，即是“德化论”之所指。中国的“天”之概念有其《易》学基础，包含着一种宇宙创化论，亦展开为“天地”、“天命”之类，体现出一种自我形成的秩序与生命创造力。“天”的概念之所以能“人化”为“帝”，也正是因为人的关系。所谓“上帝”，就好似人的君主一般；唯先有人的君主，才会产生“上帝”之谓。人的君主，其理应有内在的德性，若真能具备德性，则能够使政治趋善，这就叫做“德化论”。我的目的，在于说明两点：第一，中国政治哲学有其起点，乃在“德”的目标之认识、“德”的实践之认识。“德”之目标，即“政道”之标准；“德”之实践，在于如何将“德”实际践履出来，即指“治道”。所以，所谓“政道”者，即在于人认识治理的目标及其达成标准。第二，要想达到“政道”的目标，就需要“治道”，即具体的方法、可行的决策。所谓“政治”，即在于如何以“政道”指导“治道”、如何以“治道”实现“政道”。“政道”和“治道”应是相互吻合的，代表了一种知行之合一。深层次地讲，它还代表了一种天人之合一，“政道”和“治道”是不能分开的。

今天中国在走向国家富强的道路之际，应当了解德化论“政道”的重要性，也应明白中国固有“政道”之传统，不需待西方之“政道”以为唯一楷模，而自有宝贵的政治典范传统。

以德为本，以政为体，以治为行，以法为依，唯其如此，乃能实现基于《尚书》“德化”思想的“德、政、治、法”合一之政治哲学理论。

作者简介：成中英，男，哈佛大学哲学博士，美国夏威夷大学教授，博士生导师，主要研究领域为中西哲学比较，儒家哲学及本体诠释学。

摘自《扬州大学学报》：人文社会科学版，2014(4)：75－83。

转载于复印报刊资料《中国哲学》，2014(12)。

儒家的“自由”遗产及其“主义”追求

丁为祥

“自由”究竟是一种理想性的价值还是一种制度性的权利追求？在严复的翻

译中,“自由”首先是作为西方的一种社会制度所体现的精神价值出现的。在那个举国颓丧而又普遍迷茫的时代,“自由”虽然是作为西方世界的文明通则出现的,但包括严复本人,却无疑是从带着文明曙光之理想价值的角度来接受的。所以,“自由”很快便被视为西方文明强盛的根源。

在严复看来,“自由”既是中国“从未尝立以为教者”,同时也是西方人“得自由者乃为全受”者,因而所谓“自由”实际上也就成为中国社会进步、文明发展的必由之路了。对西方人来说,“自由”既是其个体权利的保障,同时也是其族群能够“联若一体”——“始于相忌,终于相成,各殚智虑,此日异而彼日新”的制度根源。这样看来,所谓“以自由为体,以民主为用”虽然是严复对西方社会制度与文明通则的一种描述,实际上也就等于为中国社会提出了所应当努力的方向。

严复对“自由”的这一描述,深深影响了中国一个多世纪。不过,值得深思的一点在于,这位最早以“自由”唤醒国人的严复,当他在八年后出版其所翻译的英国人穆勒的名著 *On Liberty* 一书时,却不仅不再以“自由”对译“Liberty”,甚至连其译著也不再以“自由”来命名了,而是以《群己权界论》命名。在其关于该书的说明中,严复也明确地以“自繇”置换了原来由他所喊出的“自由”。此间究竟发生了什么变化?虽然严复也曾借助训诂及其古义来加以说明,但他同时又申明“不作自由者,非以为古也”。这说明,其之所以要将“自由”置换为“自繇”,并不是出于文字训诂或出现早晚的原因,而主要在于其作为一种思想主张所起的作用上。再从其“我自繇者人亦自繇,使无限制约束,便入强权世界,而相冲突”一点来看,则其所谓“自繇”显然又是针对那种一味追求自我之“自由”从而“无限制约束”所导致的“强权”恶果而言的。所以,这种作为“群己权界”的“自繇”,实际上正是对原来那种“自由”主张的一种明确修正。

严复提出“以自由为体,以民主为用”以来,“自由”便成为一个贯穿中国近现代历史的重要概念,但严复从“自由”到“自繇”的转变却说明,他的探讨不仅是从理想与价值的层面不断地向作为中性之制度的层面落实,而且也在不断地向作为传统文化之主要特征的具体理性回归。在这一视域下,儒家原本立基于做人精神之自我抉择的“遗产”庶几能够成为“自繇”制度的精神支撑;而其“老安”、“少怀”的指向也确实蕴涵着一定的“主义”追求。但 20 世纪中国社会思潮持续不断的“左化”走向,使得严复极有价值的制度化“自繇”说一直无人问津。今天,如果我们能够还原严复“自繇”说之制度关怀与权利追求的原意,就不仅可以激活儒家的“自由”遗产，而且还可以从文化主体性的角度发挥其双向的纠偏作用。

作者简介：丁为祥，陕西师范大学哲学系教授。

摘自《学术月刊》，2014(3)：57－66。
转载于复印报刊资料《中国哲学》，2014(6)。

宋以后儒学发展的另一走向
——试论“帝王之学”的形成与发展

姜广辉　夏福英

宋以前的人们习惯于用“术”来称谓帝王的统治方法和政治经验。而称“术”总是讲权谋的意味重一些，其中重要之点就是要能驾驭群臣，防范臣子篡逆，给人的感觉是君主缺少了“诚”心。这可以说有“术”而无“学”。虽然宋以前的文献尚无“帝王之学”的名称，但并不意味其中完全没有“帝王之学”的内容。比如《诗经》，《孟子·离娄下》说：“王者之迹熄而《诗》亡，《诗》亡然后《春秋》作。”《诗经》既然与“王者之迹”相联系，那就意味《诗经》是与帝王的政治实践有关联的。虽然如此，我们还不能认为《诗经》就是“帝王之学”的理论表述。直到北宋司马光之时，学界尚无“帝王之学”(包括“帝学”“帝王学”“人君之学”)的概念，更无“帝王之学”的理论体系。

两宋理学兴盛，讲求道德心性之学。理学家轻视汉唐陋儒论“术”而不论“学”。如程颢在《论王霸之辨》一文中说：“汉唐之君有可称者，论其人则非先王之学，考其时则皆驳杂之政，乃以一曲之见幸致小康，其创法垂统，非可继于后世者，皆不足为也。”(《二程文集》卷二)因此，宋儒弃谈帝王之“术”而谈帝王之“学”，“帝王之学”便应运而生了。将“术”改为“学”，虽然只有一字之差，然而其思想内容发生了质的变化，即由“霸道”转向了“王道”。这也可以解释，宋以后的“帝王之学”只采儒学的思想资源，而完全摈弃法家刑名之学的思想资源。

宋代最先提出“帝王之学”概念的是范祖禹(1041—1098)，他著有《帝学》八卷，此书有一个重大缺陷，即它主要是讲历代帝王如何学习和治学的，没有把帝王的“治道”包括进去。南宋的朱熹也讲“帝王之学”，但真正开始做这项工作的是南宋时期的真德秀，他所著《大学衍义》正是以“《大学》作间架”将“帝王之学”加以理论系统化的一部著作。明代邱濬的《大学衍义补》一书，以《大学》“八条目”中的后二条目，即“治国”“平天下”为理论框架，博采六经、诸史、百家之文作为论证材料，并加按语抒发己见，以完善和补充真德秀的《大学衍义》。可以说，中国古代“帝王之学”理论体系的建立，从南宋真德秀开始，最终由明代邱濬来完善的。这是一套关于帝王统治天下的政治理论，此理论的形成不是少数帝王的个人政治经验的心得，也不是几个朝代的历史掌故，而是对此前两千年历代帝王个人品质、政治活动经验理论化的总结。它对此后近千年的君王的成长、教育具有普遍的适用性和指导作用。

“道学”或“理学”的治学目标在于创立儒家心性本体论，即道德形而上学，从理论形态说，是以讨论理气心性问题为主的一种学问。它是宋明时期的主流学术，但并不意味这是宋明时期的唯一学问或一切学问。虽然说宋以后“帝王之学”与“道学”(或理学)路数不同，但这并不意味两者无交集之处。其实两者皆重《大学》“三纲领”“八条目”的理论，这点又是相互默契的。

作者单位：湖南大学岳麓书院。

摘自《哲学研究》(北京)，2014(8)：57－64。

杨简“心政”理念与实践

——杨简治理思想及其特质

李承贵

杨简(1141—1226)，字敬仲，世称慈湖先生，浙江慈溪人。杨简“治世”思想表现为“心政”，即由“本心”出政。那么，“心政”是一种怎样的治政理念呢？

由“心”出政，“心”正则“政”治，这是杨简心学思想展开的内在逻辑。具体而言，杨简由两个方面阐述了“心政”存在的依据与价值。其一是从心性方面来说，杨简说：“至哉！人心之灵乎，至神至明，至刚至健，至广至大，至中至正，至纯至粹至精而不假外求也。”(《家记九》，《慈湖遗书》卷十五)在杨简看来，人心是至善至灵的，而且，这种至善至灵的心是很容易被感化的。其二是从先圣教诲方面来说，杨简崇信先圣“治世”经验，而这份经验也是强调由“心”出政的重要，杨简说：“治天下之道本诸君心，古圣王以我所自有之本心，感天下所自有之本心。”(《家记十》《慈湖遗书》卷十六)

杨简"心政"理念的本质，就是认为"善政"源于"善心"，换句话说，治理国家就是治理人心，治政以治心为前提。那么，怎样才能做到"治政"以"治心"为前提呢？杨简至少思考了三种方式。第一，政以合心而立；第二，治灾先治人心；第三，民治以君心为要。杨简指出，对孔子而言，政治就是一个"正"字，如果一个人自己的行为举止端正，做事一身正气，谁敢不正呢？因此，如果皇帝自己行为举止端正，做事一身正气，他就是不发布命令，人民也会自觉行动；相反，如果皇帝自己行为举止都不端正，做事苟且徇私，他就是不断地发布命令，人民也不会理睬他。而就孟子言，"仁"就是人心，就是恻隐之心、羞恶之心、恭敬之心、是非之心，就是"齐王以羊易牛之心"，所以可以称王。既然孔子、孟子讲的都是由"心"出发制定政策、实施治理，这就意味着孔子、孟子观念中具有导引"心政"方向的内在逻辑。

杨简"心政"不仅有内在的思想逻辑，而且有深刻的理论内涵，二者的结合便构成了杨简的"心政"理念。"克艰""知恤""敬信"是杨简设计的治国之道的三个缺一不可的环节，都被列为"致治之要"。"克艰"修己，"知恤"察臣，"敬信"爱百姓，这种由内及外、由近及远、由此及彼的治政思路，乃是杨简"心政"的理念之内在逻辑演绎。杨简对"至治"曾有一个概括："至治之道，在此不在彼也，在尔不在远也。此万世不可易之通论，论治者无能越之。子思论治天下国家，亦以修身为先，尊贤次之，后儒亦曰王者之道在修身任贤而已。"（《家记二》，《慈湖遗书》卷八）

与孟子"仁政"一样，杨简的"心政"也是以关怀、提升民众生活、生计、生命为目标的。杨简虽官位不高，但一生为官，这也为他"心政"理念的落实提供了某些条件和机会，从而将内圣与外王统一起来。"心政"在造福于民的实践中形成了一种儒家心学孕育的政治景观，其理论价值与现实意义可资当世借鉴。

作者简介：李承贵，南京大学哲学系教授、博士生导师。
摘自《浙江社会科学》（杭州），2014(5)：130－136。
转载于复印报刊资料《中国哲学》，2014(7)。

论儒家政治哲学的特质、使命和方法

彭永捷

何谓儒家政治哲学？正像教师回答哲学专业新生的"哲学是什么"的问题时

会像黑格尔那样说“哲学就是哲学史”一样,我们也会说,所谓儒家政治哲学就是儒家政治哲学史。这种回答的意味在于,儒家政治哲学并不限于从孤立的、抽象的原则出发去建构当代政治哲学,更为重要也更为深刻的,是把儒家政治哲学——无论是历史形态还是当代形态,都不理解为一个个单独的政治思想学说或体系,而看作是植根于儒家文化基本精神且不断寻求最佳实现方式的儒学运动,理解为立足于仁义之道的内在精神所驱动的在现实世界中追求理想世界的入世情怀,理解为儒家学者群体为开展仁义之道而形成的自我继承和自我超越,理解为从仁义之道出发和以理想之治作为参照而对现实与异端展开的匡正与批判。正是在此意义上,我们主张首先把儒家政治哲学理解为儒家政治哲学史,主张从儒家政治哲学史中把握仁义思想的义理演进及不断为仁义思想开辟道路的求索精神。

人们从儒家政治哲学史中既汲取政治价值,又汲取理论自信。就政治价值而言,儒家并不倾向从知识论的进路,把关于政治的智慧发展成政治学(即关于政治的知识),儒家也不单纯地追求社会秩序,儒家更不会宣称价值中立(不会像自由主义那样),而是明确地追求从好的政治价值出发去达成好的政治秩序,即从仁义之道出发去达到实现仁义价值的理想之治。因而,儒家立足于仁义之道的政治思想,本质上就是属于政治哲学类型的。

儒家政治哲学也可以被称作是仁义政治学。仁义是儒家政治哲学的理论基础和价值基础,每一代儒学复兴的标志,都是从重申仁义之道开始。韩文公《原道》的“原”是仁义之道,大程夫子的《识仁篇》首句便开宗明义点出“学者须先识仁”。在今天,儒家政治哲学研究,无论是研究儒家政治哲学史,还是建构当代儒家政治哲学,都是在研究和弘扬仁义之道,熟悉儒家仁义之道的求索历程和探求儒家仁义之道的当代形式。从这个意义上,一切以回归、重申、阐扬儒家仁义之道为标志的儒家政治哲学研究,都是儒家文化复兴运动的组成部分。

民本思想是儒家政治思想的精华,具有超越具体时代和制度的价值。民本思想也同样不绑定于特定的具体社会制度,而是可以成为一切社会制度的指导思想。民本思想之所以形成,一个重要原因在于人民显示了自身具有的决定性的政治力量。我们今天谈论民主政治,不应把民本和民主视作对立的,更不应贬低和忽略民本思想的价值。同样,从儒家文化来讨论诸如自由、人权、平等、公平、正义等问题,也同样不能脱离民本思想的指引。

我们认为,儒家政治哲学史是仁义之道实现自身的探索史、发展史,立足于仁义之道，儒家当代政治哲学可以具有仁义政治学、民本政治学、匡正政治学、批判儒学等多种面向，其主要任务是为仁义之道寻求实现自身的当代方式。

作者简介：彭永捷，中国人民大学哲学院教授、博士生导师。

摘自《江汉论坛》，2014(4)：64－70。

转载于复印报刊资料《政治学》，2014(6)。

推原治道

——程伊川《尧典》解引义

任文利

程伊川《尧典》解是其《书解》中比较完备的篇章。伊川以为，“治道”之成，始于尧。其突出表现在于政治治理之有法度、制度、典则、典常可以遵循。而非单纯的与“时”消息，因时、因事而为治。我们知道，尧舜为儒家之圣王，伊川既以“治道”始成于尧，他在诠释《尧典》时为我们呈现的尧之“治道”又是怎样的情形呢?

《尧典》本文不足500字，伊川析为四层意思，其一，言“尧之德”；其二，言“尧治天下之道”；其三，“尧立治之法”；其四，“尧之圣明能知人”。伊川通过《尧典》的阐释，为我们道出了尧作为“治道之成”之始的意涵，同时，也为我们展现了儒家所诉求的“治道”的基本图景。伊川于“治道”一词的使用上，其意义上是较为繁复的，而非单一的。要而言之，不外两端：“道”训为“大道”，“治道”指政治治理的普遍性原则而言，这一层意思即伊川释《尧典》“尧治天下之道”所侧重申言者。另一层意思，“道”相对而言比较具体，指方法、法度、具体的规则而言。伊川释《尧典》“尧治天下之法”，侧重于此一层而言。至于《书解》所云，“治道”之成始于尧，亦侧重于法度、规则而言。

当然，这两者并非截然分开的，普遍性原则必然落实于具体的治理规则、法度，具体的治理规则、法度亦当本于普遍性原则。故伊川于此语的使用上，这种分野并不是非常清晰的，而是往往浑融一处而为言。析言之，“治道”含此两端。合言之，此两端所共同成就者为“治道”。以后者之综合的意义而言，我们可以说，伊川解《尧典》通篇所体现的正是“治道”的一个完整架构。

以“尧之德”而言，假“放勋”、“安安”、“允恭克让”，所强调的是政治治理当循“理”而为。这既是政治治理的普遍性原则，也是人的一切活动的普遍性原则。

“尧治天下之道”，则专门论政治治理的普遍性原则。其先在于“克明峻德”，体现的是政权、治权的分离。治理天下在于“克明峻德”、“责任宰辅”、“信治百官”，而并非在于君主。这并非是说君不重要，恰恰在于君很重要，然其权别有所寄，所以“治理天下”之任于君权中剥离。

伊川所释“尧治天下之法”，具体涉及法度、制度层面，如历象、律度量衡等，本于“天时”、“天道”。其核心则在于“分官设职”，建立政府组织架构。百官分官设职，关键在于明确政治职责、政治责任。二者本应是合一的，责任所在，即职责所在，体现的是“天工人其代之”。臣之“治理天下”的权力虽为君所授，但他所应当履行的政治责任并不取决于君，而是代天“治养庶类”。至于“尧之圣明能知人”，于尧而言，则须广泛咨询，“明明扬侧陋”，取于“公议”。落实于后世选举制度，则有科举、考察等制度，可供考量。

伊川《尧典》解所尝试勾勒的“治道”的全景轮廓，比较有代表性地体现了儒家对于“治道”的理解。就历史上的政治治理而言，在儒家士大夫的努力下，历代政治治理实践从不同面向或多或少地体现了此“治道”原则，构建了延绵不绝的华夏天下共同体。

作者简介：任文利，北京青年政治学院东方道德研究所副研究员，博士。

摘自《政治思想史》，2014(2)：1－16。

转载于复印报刊资料《中国哲学》，2014(8)。

论集权与分权

——由朱熹的集权与分权说推致

张立文

集权与分权说是朱熹政治思想中重要的一维，是朱熹依据南宋实际对国家政体和形式所做的体认，是平衡君权、相权、地方权力的一种措施，是应对当时迫在眉睫的增强军事力量以抗金的悲愿；就当今而言，集权与分权也是维持国家安定、长治久安需要加以认真反思的重要课题。

朱熹所处的时代，面临严峻的抗金形势，如何协调中央集权与地方分权成为当时突出的问题，是关系南宋生死存亡的关键。作为掌管中央集权核心权力的君主，其君权的授受和实施都要符合天理。于是，朱熹变“君权神授”为“天理君权”，君主修德以配天理，修德其要是转变“私天下”的观念。他说：“即转为天下之大公，将一切私底意尽屏去。”朱熹反对君主专权独断，意蕴着分权的含义。

宋太祖赵匡胤建立北宋后，大力加强中央集权，削弱相权，以使政、财、军三权悉归中央，由皇帝节制。这种“强干弱支”政策的推行，虽防止了地方势力与中央的分庭抗礼及将领的兵变，但却削弱了抵抗外患的实力，使北宋出现了“积贫积弱”的困局，最终导致北宋的灭亡。南宋承继北宋的政体结构和政策，为此，当时抗金名将韩世忠、刘光世、杨沂中、刘铸等据守地方，扩充兵力，成为抗金的主要力量，他们倾向于分权于将帅，而不满于权力过于集中，统得太死。朱熹有鉴于集权与分权的冲突和紧张，思虑首务抗金的需要，认为加强地方将帅财权和兵权，需要一定程度的分权，发挥地方将帅的自主性、能动性；另外也须借鉴唐自安史之乱后藩镇割据的历史教训，以防地方将帅在掌握政、财、军权后拥兵自重。

朱熹融突而和合集权与分权，两者相待相关，相对互济。首先，关于政权，朱熹认为，应增强地方权力，整顿现有地方政权。其次，关于兵权，州郡无财无兵，是造成“天下瓦解”、北宋灭亡的原因之一，他认为，兵权不能悉归中央集权，必须分权以改变州郡无兵的状况。最后，关于财权，他认为分屯以加强指导力度，由屯田使集中管理。

由朱熹集权与分权的思想而推致其流，纵观现代政治制度，基本上有五种模式：一是“全以”集权为体；二是“专以”分权为体；三是以集权为体，分权为用；四是以分权为体，集权为用；五是集权与分权互体互用，相互协调，融突和合。五种集权与分权模式，影响着全球人的日常生活，关系到各民族国家之间的和平、安全、发展和合作，涉及各民族国家国际组织和机构在公平、正义原则下共赢开展工作。中国改革开放以来，各方面取得了辉煌的成就，举世瞩目，但同时也不可避免地出现了诸多问题，这些问题归根结底都与集权、分权有关。关于集权、分权的论争，一直是政治领域中重要的议题，正确处理集权与分权的关系，化解两者间的融突，实现两者的和合，关系到中国人民的切身利益，关系到中华民族的复兴和未来的发展，因此是当前值得我们深刻反思、深入研究的课题。

作者单位：中国人民大学哲学院。

摘自《哲学动态》，2014(8)：27－28。

近代西方正义理论视阈下儒家“义”德的政治哲学解读

朱　璐

以往对“义”的政治哲学解读,或理解为“正义”“公正”,或理解为“正当”“适宜”。“义”的英译,也相应地或对译为 righteous,或对译为 justice,二者使用混淆。将“义”对译为 justice,应该说,是对“义”的政治哲学解读的深化。

我们认为,单向度地理解“义”的政治哲学内涵,并不可取。儒家之“义”兼具美德、正当性与正义规范原则的三重维度。“义”的政治哲学解读,主要以仁义关系、礼义关系、义利之辨、义宜之说等命题展开。其中,仁是义的道德根基,礼是义的外在规范,两者与义相辅相成;儒家义利之辨的实质,并非单纯一味地取义而舍利,而是主张以义生利,以义为谋利的准绳,只有当义与利冲突,须背义而得利时,应当舍利而取义,甚至舍生而取义;《中庸》讲“义者,宜也”,主张义为适当、为正当、为权宜,须因时而行义、权变而行义。当“义”为礼仪之德,为德行时,应对译为 righteous;当义为适当性、正当性时,“义”应对译为 righteousness,“义”为正确,也为权利之正当;而当我们讨论义之规范与原则之时,谈论实现公义的手段之时,“义”则相应地对译为 justice。

然而,仅仅三个向度简单并行地对“义”进行政治哲学解读,亦不可取;“义”的三重政治哲学维度呈现出有机的逻辑架构。“义”作为正义原则,其本身的正义性,来源于“义”的正当性;而“义”的正当性证明,来自“义”的道德根基,即“仁”的天然性,根基于儒家的性善论(孟子),即人生而性善。而“义”的外在规范作用,矫正正义存在的必要性,则符合儒家性恶论(荀子)的诠释系统。“义”的政治哲学解读归属,在于人性论。

通过“义”的政治解读,我们不难发现,近代西方政治哲学和儒家政治哲学,虽然言说的主体不同,前者着笔于权利,后者着笔于道德,如《四书》的“外王”体系,更多地还是强调“内圣”以开“外王”,强调道德的至上性,认为君主与庶人皆以修身为本。然而,两者的合法性论证根据,却是惊人地相似。在近代西方政治哲学比较研究视阈下,我们可以将儒家的正义论研究,正义的合法性诠释归结于人性论;也可参照自然法的体系,将正义原则的正当性证明,归根于道德的天然合法，由“仁”而实践的“义”是天然合法的。或者进一步说，我们在进行儒家政治哲学研究时，可以将先秦诸儒讲的天道自然，或者宋儒讲的天理，天然之理，与自然法进行比较研究视阈下的互训。

与古希腊政治哲学研究相同的是，儒家政治哲学开展的主导范式是道德哲学。然而，这种以道德哲学为载体的政治哲学形式，并不是黑格尔所说的道德教条而已，而是有其自身的言说系统。儒家对道德的理解是多维的，儒家道德之意的核心是“仁”，“仁”的外在实践便是“义”德，如孟子所言，居仁而由义。因此，儒家仁政的核心议题之一，就是“义”德政治的诠释和展开。

作者简介：朱璐，女，江西上饶人，上海财经大学人文学院讲师，哲学博士，研究领域为儒家政治哲学。

摘自《黑龙江社会科学》，2014(3)：22－25。

转载于复印报刊资料《中国哲学》，2014(9)。

热点四　微时代的文化传播与话语表达

【入选理由及专家点评】

入选理由　随着互联网和移动技术的发展，我们进入了一个以微博、微信为代表的双向互动的微时代。传播方式的变革促发了人的生活方式、审美趣味、精神状况等的转型，其后果与走向引起了越来越多学者的关注。目前的研究主要集中在文化层面，尤其是以“微”为特色的文化传播和话语表达。(1) 对表征微时代特征的碎片化生活方式和“微文化”进行归纳与阐释。学者们普遍认为，基于互联网文化的微时代，人们的交往、工作、娱乐都呈现出有碎片化状态的趋势，也呈现出跨阶层、跨地域、跨平台等特征，而网络时代的快节奏和即时性酝酿了“微文化”的产生，文化产品和文化消费变得便捷、多样化。(2) 关注微时代的文化传播和话语表达机制。有学者从作为微文化载体的机器和移动互联网技术的变革，以及网络文化的生产来探讨微时代文化传播的逻辑，指出多元话语和差异表达开始越来越多地占据公共文化空间，而媒介话语表达机制也正在走向“微主体化”“无地方化”和“强社交化”。(3) 反思微时代文化传播和话语表达背后的精神与社会问题。学者们在看到微文化积极的一面的同时，也指出其喧嚣浮躁、疏离虚无、自我怀疑乃至自我消解的时代症候，需要人们对此种文化现象保持一份警惕。

专家点评　今天，“微”已经成为理解我们这个时代的一个关键词。以移动互联网为技术基础的新传播方式，即微传播，不仅改变了人们的生活方式和交往方式，同时也带来了国家治理、社会治理的一系列新课题。因此，这个选题不但具有很高的学术价值，同时也与老百姓的日常生活紧密相关，对它的思考和深入研究也有助于国家治理能力的现代化。这是一个接地气的、扎根于现实生活的真正的前沿问题。

（点评人陶东风　首都师范大学文学院教授）

【代表性文献摘编】

理解微时代的微文化

陶东风

今天我们已经进入了一个名副其实的"微时代"。微博、微信、微贷、微电影、微小说、微媒体、微广告、微支付、微信用、微管理、微投资、微生活……所有这些以去中心化、动态化、碎片化、零散化、即时化和赛博化为特征的新兴的传播方式、文化形态乃至经济活动形态,已经在潜移默化间重新定义了我们的时代。

可以说,"微"已经成为理解我们这个时代的一个关键词。后工业社会、后现代社会、信息社会的来临却让我们发现了"微"的美丽和"小"的美好。首先是互联网技术的飞速发展把我们带入了微交往、微传播和信息微循环时代,为微文化插上了飞速发展的翅膀。随着这种技术向社会文化和日常生活其他领域的渗透,我们逐渐体会到,"微"其实是一种更亲切、随和、灵活,更个性化和人性化的生活样态和文化风格。"微"可以让我们放松,"微"可以让我们从容,"微"可以让我们回到我们自身,"微"时代的来临带给我们会心的微笑,给我们无微不至的关怀。

应该说,"微"不仅是一种文化理想和审美理想,更标志着我们这个时代政治、经济、文化和生活形态的转型。

在政治层面上,"微时代"的政治不再是宏观政治的一统天下,更加世俗化和平民化的微观政治正在改写我们的政治话语,重新设置我们的政治议程,丰富着我们的政治参与方式。微观政治使得"政治"的含义变得更加多元,政治的内容与日常生活建立起了更大的相关性,政治的参与途径变得更加多样、快捷,参与群体也更加草根化。在微时代,权力更加分散,参与更加便捷,微时代的微技术使得真正的草根政治成为可能。

在经济层面上,"微时代"的经济是后福特主义的经济,是以更加个性化的产品和服务为导向的经济,是更加关注品质而不是一味地追求规模的经济,是绿色环保的经济,是互动、对话和共赢的经济。微经济更加尊重每个消费者的需求,它提供的服务更加无微不至。

在文化与日常生活方面,"微文化"是不同于现代性大叙事的小叙事或微叙事,众声喧哗,张扬个性,崇尚自由,它是一种祛魅时代的平民文化,去精英化时代的草根文化,“微”文化的重要特征之一就是由于低门槛和便捷所带来的信息生产和传播的自主性。同时,它还打破了传统大众传播方式(比如广播、电视等)信息单向流动的特点,打破了信息的传播者和接受者的界限,实现了信息的充分交流、互动和对话,建构了一个新型的公共空间。

当然,微时代并不是一个新的乌托邦,微文化也绝非完美无缺。微技术在方便信息发布的同时,也制造出大量的信息垃圾、瞬间信息,也使谣言传播更加容易。它在扩大信息交流、拒绝信息自上而下灌输的同时,也造成了人际交往的部落化、江湖化和小圈子化。被消费主义裹挟的微生活则可能使我们过度迷恋私人生活中的“小物件”“小玩意”,从而丧失了现代公民所应该具备的责任、理想、视野和胸怀。

总之,我们要充分认识微时代微文化的特征,充分肯定它们的积极意义,也充分警惕其消极后果。

作者单位:首都师范大学文学院。

摘自《中国图书评论》,2014(3):4-5。

时代的碎微化及其反思

周　宪

“微文化”是一个含义宽泛的文化形态,尤其是指随着新技术和新媒体而来的愈加碎片化的文化新形态,是一个总体性日渐衰微而人们愈发迷恋小微事物的文化。其表征从微信到微小说,到微电影,到微课程、微摄影、微商城,到微一切……微文化的出现使人想起了过去的一个流行说法“小的是美好的”,但面对微文化,还得补充一句“小的是令人不安的!”因为微文化确实向我们提出了许多极富挑战性的难题。今天人们热衷于一切事物、文本、行为和思想的“微化”,随之而来的是社会在变,文化在变,技术在变,主体亦随之改变。

微文化在进一步加剧碎片化的同时,把碎片化的程度提升到一个全新的阶段;用一个更加确定的概念来描述这一发展,那就是社会和文化的“碎微化”。借用鲍曼的术语,如果说碎片化是“水流”态,那碎微化则呈现为“水滴”态,后者比前者更加细化、微化和碎化。无论从历史还是逻辑的角度说，“碎微化”都是现代性的碎片化发展的新阶段，其主要特征在于信息生产、传播和接受的高度“碎微化”。微文化带来了全新的有待阐释的微现象：微生活、微事物、微消费、微叙事、微思维、微心理、微情感、微主体、微民主、微政治，等等。

对微文化的解释可谓仁者见仁智者见智，有不同的角度。在我看来，从信息方式的角度来审视微文化是一个有效的路径。它有几个主要特征需要特别加以关注：其一是信息构成的碎微化；其二是信息传递的实时极速；其三是信息的海量传送与接收，这也是微文化有别于此前任何文化的一个极其重要的特点。微文化的第四个典型症候是高度娱乐化。

概括地说，第一个特征说的是微文化信息方式的微尺度，说明其“微”在何处。在微文化中，一切都趋向于微小化，信息、产品、活动、交往等均如是。第二个特征则指出了微文化的信息方式的传播交往特性，彰显微小化的信息交往的实时性和高效性，它同时昭示了当代社会和文化的高速特点，快捷与方便是微文化最具吸引力的功能。第三个特征涉及微文化的信息方式的量，海量的原始信息不加区分、审辨地全方位流动，导致了人与信息的关系颠倒。不是人在追逐信息，而是信息在追逐人，是新的技术装置不断逼迫人去关注和接受各式各样的信息。最后一个特征是对微文化的质的描述，其娱乐性和快感化彻底改变了文化的游戏规则，它必然要求所有信息、事物甚至知识，从生产到传播到接受都依从娱乐化快感原则。以上四个特征互为条件，彼此交缠，共同构成了微文化的现实结构。

作者单位：南京大学艺术研究院。
摘自《学术月刊》，2014(12)：5－12。
转载于复印报刊资料《文化研究》，2015(4)。

后福特主义时代的话语表达机制

盖　琪

当我们今天谈论“微时代”的时候，我们并非仅仅在谈论一次因移动互联网技术和自媒体平台而获得命名的即兴风潮，我们所关注的，更多的是一次意义深远的社会结构方式与实践方式转型。换言之，微时代并非仅仅来自微博、微信、微电影、微支付等的兴盛，它其实根源于后福特主义文化逻辑在中国城市社会中的深度拓展。

在微时代，传媒艺术话语总体上呈现出强烈的“微主体化”特征：宏大主体祛魅，微小主体变魅——这种情态构成“微时代”足获具名的审美文化伦理基点。以互联网影视为代表，不难发现，其艺术话语大多是“个体化”的：例如更大程度地发展“身体美学”，更大规模地发掘私人话题，更深入地渲染细腻情感和非理性修辞，等等，总之文本往往呈现出浓厚的“自叙述”和“自表达”色彩。而占据“自表达”主体位量的，当然是若干游戏化、情绪化、主观化、平面化，或者干脆点说就是“屌丝化”的“小写的我”，这与传统影视所崇尚的那种十分坚实的主体思想，以及矗立于文本深层的“英雄化”的“大写的我”是很不相同的。

当然，如果要将“微主体化”话语的蔓延态势完全理解为积极个体文化的崛起，还显得过分乐观和为时尚早。

微时代传媒艺术话语所呈现出的第二个新特征是“无地方化”或者说“去地方化”。这一特征作为“微主体化”的对应面，与移动互联网超越空间的强大技术能量息息相关，也与全球资本主义体系建构统一市场的经济诉求紧密相连，反映出的则是后福特主义时代“个人化”与“全球化”平行推进、互为依存的基础态势。应该说，“无地方化”作为一种话语表达策略，是全球消费市场的建构诉求曲折作用于影视叙事的结果，是消费主义意识形态的视觉文化表征。它通过将受众(屌丝)越来越深地拽入一个虚拟的同质化世界，赋予了受众(屌丝)十分强烈的“世界与我相关”、“世界为我所熟知”的介入幻觉，却也使得“回归本土”的话语建构在今天显得越来越迫切和艰难。

微时代传媒艺术话语呈现出的第三个新特征是“强社交化”，这一特征也赋予了今天的媒介艺术比以往更为强烈的“传播”特质，并在一定程度上满足了现代人在碎片化的生活状态中重建情感共同体的心理需求。

微时代传媒艺术话语呈现出的第四个新特征是“亚消费化”，即越来越倚重于对“宅、基、腐、萌”等各种亚文化趣味的征引，以此来取悦在移动互联网技术支持下所精准抵达的广大“屌丝”终端。这一特征与我们前面提到的“微主体化”特征息息相关，它是在技术革新基础上所实现的一次受众定位“革命”。原本面目模糊的“大众”，被若干趣味更加鲜明多元的“小众”部落所取代，这成为微时代消费伦理作用于艺术话语的典型表征。

在微时代，微博、微信等自媒体的兴盛使得单一个体对自身"多重人格"的建构，获得了更大可能性，这使得许多非政治化的亚文化趣味在一定社会范围内，获得了更大的言说空间。例如，最为突出的对同性恋亚文化（包括符号、叙事）的征引策略，几乎已经成为网络影视场域的一种显性风潮，同时也在很大程度上对传统的"亚文化"界定标准形成了挑战。

作者单位：首都师范大学文化研究院。

摘自《探索与争鸣》，2014(7)：14－15。

微客、微话语与"复杂思想"的消解

周志强

微博、微信的出现，令互联网嵌入下的中国社会和文化发生了巨大的变化。自媒体传播激活了人们空前的话语热情，也"解放"了长期以来被"控制"或"束缚"的话语生产力。这种微话语的大量繁殖，带来了新的社会和文化问题。尤其是微话语的话语形态、传播方式和传播功能，养育了新型的"微客"主体——其瞄准式的阅读方式、窥阴型的话语期待和去身份化的主体意识，令"微客"变成了一种思想想象力不断衰减的"口香糖主义"者。作为复杂社会的"阐释者"的知识分子话语不得不让位于微时代的"单向度话语"，作为"阐释者"的知识分子也逐渐丧失了书写现实和动员社会的能力。

细看微话语的存在形态，不难总结为三个有趣的特点：(1) 狙击式聚焦；(2) 揭幕体叙事；(3) "假扮游戏"。狙击话语、揭幕语体和假扮游戏，构造了微客的瞄准式阅读、窥阴型期待和去身份化的主体意识，在这样的话语场域中，思想的生产力旺盛，而思想的想象力衰竭，"复杂思想"尤其变得不可能。

微话语和微客的兴盛，是复杂社会的一个后果，同时又构成对阐释、批判和研究复杂社会的伦理阻力。所谓"伦理阻力"，指的是微话语和微客并不直接反对复杂思想，甚至还为积极传播复杂思想而努力，但是，却在这个传播的过程中强化了单向度理解当下中国社会境遇和困境的思想模式。把人们的思想想象力捆绑在"这个问题其实解决起来很简单，只要……就行了"的图式中。

微话语的火爆，让鼓吹公共领域思想空间的声音，变成了一个以媒体效应为核心的“伪公共领域”。自由主义变成了“字由主义”,左派思想家变成了“做派思想家”。开口灵魂或者文明、闭口民主或者公平的“牧师”们,说着让大家激动的话语,占据着某些媒体的各大版面,却原来不过是制造“媒体围观”的策士。

于是,微思想成了各类“中国思想”互相蔑视、消灭、放大乃至挑逗的思想。思想的匮乏和对思想的藐视,就会令思想斗争变成媒体八卦的“斗鸡”。真正的思想的力量不仅仅体现为维护自己观念的能力,更体现为充分了解对手的非合理性的能力。只有“你死我活”,方才有微博思想的活力。“思想明星化”正是微思想生产方式的内在逻辑,也是其病症。

从这个角度来说,“微话语思想家”正在积极生产一种“口香糖的思想”,或者说,用咀嚼口香糖的方式在“思考”——无论什么味道,最终一律变得无味,而这种“无味的味道”又总是在人们的口中传来传去,只不过是添加了一点充满思想泡沫的口水。说了很多,其实什么也没说,这正是当前中国微话语时代思想想象力衰减的可怕而可怜的症候。

作者单位:南开大学文学院。
摘自《探索与争鸣》,2014(7):23-25。
转载于复印报刊资料《文化研究》,2014(10)。

“四跨”与“三改”:“微生活”新论

张颐武

微生活时代的出现深刻地改变了既有的文化和生活方式,以微博和微信为代表的微时代,至少在五个方面具有巨大的影响:一是社会扁平化,原来的自上而下的纵向的结构越来越被横向的联系所取代。二是虚拟现实化,虚拟社会对现实的影响和作用越来越大,人们对于虚拟世界的依赖越来越深。三是事件偶发化,许多事件现在越来越具有某种偶发性的特点,一旦形成了微博微信中的关注就会一下子凸显为社会的焦点。四是情绪焦虑化,社会情绪由于这些基于社交的微传播而得到放大。五是生活精致化,微传播对于生活方式的精致化的需求有相当程度的反映和呈现,人们通过社交传播不少提高生活品位的信息。

应对这些新的变化,我们需要“四跨”:一是“跨平台”。微传播引发了传播方式及原有议题和议程设置方式的深刻转移，原来以传统媒体为中心的自上而下的传播已经转变为多中心的、发散式的传播形态平行发展，原来往往由纸媒或电子媒体引发议题并引导议程的状况迅速改变，常常出现微博等引发一个议题，随后纸媒和电子媒体跟进的现象。而微博等也越来越成为传统媒体人的工作平台。同时人们的文化生活和娱乐生活也发生着深刻的转变。

二是“跨群体”。中国社会内部正面临着快速发展带来的利益的多样化和各种群体的分化的新问题。如在网络文化中出现的“草根”和“精英”，在现实中的贫与富等群体的利益的差异等都在网络之中交汇浮现，形成了纷繁复杂的舆论场。如何让这些群体和谐共处，寻求在网络文化中的跨群体的沟通、理解和融合是一个重要的课题。

三是“跨代际”。“80 后”“90 后”的年轻一代已经崭露头角，他们对于社会和文化的影响越来越大，“80 后”已经进入成家立业的年龄，而今年是“90 后”的第一代大学生即将毕业走向社会的一年。他们是独生子女，生长在物质最为富裕的时代，其性格和文化要求都和前几代人有所不同。他们也在这些年开始形成了自己的文化形态，如何通过各种媒体让代际之间的紧张得以化解和青年所面临的困扰和压力得到新的转化和升华，微文化在其中可以发挥重要的作用。

四是“跨文化”。今天的中国经济和社会发展成就全球瞩目，中国在全球化的时代中发挥着重要的、关键性的影响。我们都已经认识到“软实力”的发展面临着和“硬实力”尚不相称的问题。如何让新媒体在“跨文化”的传播中发挥影响，让中国的文化为世界所理解，这是我们面对的重大的新课题。这要求我们在更加坚定地捍卫自身的核心价值的同时，发挥新媒体的作用，以更加灵活、生动的方式让世界理解中国。

最后，我们要实现“四跨”需要有“三改”：一是改语码，用新媒体所使用的语言方式和受众交流。既要避免陈旧的语言表达，也要注意避免取悦网友的庸俗低级。二是改观念，改变传统媒体为大的观念，更为灵活地面对新的媒体格局和生活形态。三是改结构，改变对于传统媒体的过度倚重，应平衡两者的关系。

作者单位：北京大学中文系。

摘自《探索与争鸣》，2014(7)：25－26。

转载于复印报刊资料《文化研究》，2014(10)。

微时代的文化政治与美学之维

——历史理性面临的新选择

毛崇杰

与微时代大数据密切相关的微文化现象之自媒体凸显微政治的革命意义。We Media 不是 I Media,不是“单子式”自我在象牙塔中的自言自语,而是采集、发布、传播与接受一体化的互媒体,所以自媒体即带着自觉公民意识、关注时事、参与政议的公民媒体。这种媒介基础凭借其交互性、自主性的特征,使得新闻自由度显著提高,传媒生态发生了前所未有的转变。带着公民意识的人们在不同地点、不同时间,从不同视角全方位地注视社会各个角落,即时发布信息,发表议论。信息传播从单纯技术层面与审美文化层面提升到更广阔的社会历史视野,当前关于新媒体对世界性事变的作用已成为一个热门话题。

传媒新闻从来没有取得脱离权力和资本之完全独立和自由,只是不同的制度在程度与方式上有所差异。自媒体与微时代之信息革命的意义在于新闻自由度的提升,从而导致一些昔日落后地区民众的民主维权意识迅速高涨。当前世界各地动荡,埃及、利比亚、叙利亚、泰国到乌克兰等,由于社会经济、政治、文化与民族、种族、宗教信仰差异等历史原因,冲突双方的正义与非正义并不是那样泾渭分明的,而这种复杂性又与社会发展不匀衡、民主法治不成熟、群落信息不对称有关。然而,究析这些事变,它们有着某种新时代之共同点:

(一)从下层来看,微时代信息透明度加大,觉醒的民众对于维护自身权利及对权力腐败愈益强化的敏感向着零容忍趋近,从而导致人们对权力合法性的重新审视与质疑,较多的反政府风潮与此有关。

(二)从上层权力方面来看,无论动乱严重到何种程度,虽有个别肢体冲突造成的不同程度的流血事件,地缘政治差异使政府无论独裁专制到什么地步,没有一个敢于动用军队公然向游行抗议的民众开枪。

网络世界表面上的动机往往是虚拟的,其背后却隐藏着真实的动因,有如无数的“蝴蝶效应”,在混沌之中,一位失业青年自焚引起突尼斯独裁制的解体……美国的“占领华尔街”没有策划者与组织者,而是“美国网民党”的“领导”……单个微现象的初始动机多样,杂乱而模糊,但其作为公众的传媒革命之终极指向必然与历史总体取齐，以普遍正义与公正为指归。正如历史理性中包含着众多非理性。“微意志”集合着无数“微无意志”与“微无意识”，趋利避害本能中包含着无数“原欲”式非理性冲动，有如“恶”之作为历史向着“善”目的前进的杠杆，无数杂乱排列的大大小小几何形构成的巨大的平行四边形，不同方向的分力以人类共同价值为对角线／大数。

作者单位：中国社会科学院文学研究所。

摘自《文学与文化》，2014(3)：70－81。
转载于复印报刊资料《文艺理论》，2014(12)。

微时代的移动互联：轻熟人社交、交往快感与新陌生人社会的伦理焦虑

——以微信为例

农　郁

微信社交是微时代移动互联的典型表征。在经历了从1.0测试版到5.0公测版的进化之后，微信如今已经由一款只具备单一即时通讯功能的移动应用华丽转身成为一款集语音消息、视频通话、资讯获取、微博客发布、微支付消费等多种功能于一体的社交软件。微信，让一种全新的社交方式成为可能。我们可以将这种社交方式称为“轻熟人社交”。其一，通过微信进行频繁互动的好友，多半是“认识的人”。微信好友多数通过手机通讯录、QQ好友列表获取，绝非曾经的QQ时代连性别都不甚了了的纯陌生人好友，亦非微博时代全开放式的粉丝。在这个层面上，微信好友之间进行的乃是“熟人社交”。其二，微信上的好友又不仅限于“熟人”。通过“摇一摇”或者“附近的人”等功能随机搜索并添加的好友是纯粹的陌生人；但陌生人社交却呈现出熟人化交流的倾向。在即时通讯界面之中，我们可以尽情想象手机另一端的陌生人，并与其进行熟人化的交流。

至此，陌生人交往与熟人交往之间的界限变得不鲜明起来：陌生人之间的陌生感被虚拟空间淡化而无障碍地进行亲密交谈；同时，他们与熟人圈子共享完全相同的私密信息。如果说互联网时代的陌生人社交是与熟人社交完全不同的虚拟社交，那么，移动互联时代的陌生人社交已经完全融入了熟人社交之中，呈

现出趋同态势。而曾经那个仅仅面对陌生人的虚拟自我,也开始呈现在熟人面前：我们可能已经难以分清到底是陌生人社交变成了熟人社交,还是熟人社交已被陌生人社交所吞噬。无论如何,两者合二为一,让轻熟人社交成为可能。

可以说,微信朋友圈中的互动实质上是用一种无差别的话语构建一场口香糖式的能指狂欢。这种能指的狂欢一方面强化了微时代的交往快感,另一方面却指向一种“浅意义”的大规模生产。所谓“口香糖主义”,周志强教授在谈经典翻拍问题的文章中曾经指出,就是“不追求独创,只懂得复制和拼贴的思想生产模式”。而这正是微信朋友圈中意义生产的经典模式：不加甄别的复制与分享使朋友圈的信息步伐整齐划一;不假思索地点赞构建起表面繁荣却意义浅显的互动;话语形态高度一致的评论与回复恰恰揭示了一场口香糖式的能指狂欢——我们机械地咀嚼口香糖,恰如我们不假思索地咀嚼符号,吐掉它,什么也不留下。

微时代移动互联养成的轻熟人社交关系正是一种寻求安全感的迷恋关系。虚拟的交往快感让人们趋向于信任虚拟空间中的陌生人,并将之作为熟人看待与依赖;而去差异化的碎片化交往与口香糖式的能指狂欢却揭示着轻熟人之间趋于无意义的交流。换言之,微时代“轻熟人社交”的内在逻辑乃在于：一方面,虚拟的交往快感营造出轻松愉快的交流氛围,使得社交场景在虚拟空间中“熟人化”,无论是莫逆之交抑或点头之交,在这里都变成操着同类语言的“轻熟人”;另一方面,虚拟的“熟人化”实际却是一种时空的倒错,无差别的话语体系与弱化的浅意义所掩盖的恰恰是轻熟人之间真实的陌生人关系,以及人们通过宣泄交往快感获得潜在安全感的内在焦虑。

作者单位：天津理工大学汉语言文化学院。

摘自《文学与文化》(天津),2014(3)：91－98。

无“微”不至：当代微文化解读

张鸿声　郭　兴

蔚为壮观的微文化几乎已达到无“微”不至的程度,这种无“微”不至不仅可以用来概括微文化整体涉及面之广,也同样适用于解读其中的个体现象。微文化的发展前瞻：

（一）发展走向

纵观微文化的发展过程，其发展走向大致可能有以下三个趋势：

（1）涉面渐广，无“微”不至。微文化自网络中兴起，之后由虚拟的网络世界延伸至现实世界，由微小说、微电影等构成的网络微文化发展至囊括微商、微营销、微访谈、微公益、微关怀等诸多个体的社会微文化阵容。在多个个体的合力推动及微观念的日益渗透下，必将促使微文化以微小的形式指涉巨大的社会生活领域，最终呈现无“微”不至的局面。

（2）日益规范，融入主流。微文化自网络中兴起，网络本身的开放性为其自由发展提供了可能，但与此同时，也造成了诸多微文化产品的鱼龙混杂，使得很多掌握文艺话语权的精英人士对微文化的发展多有质疑。但是，纵观文化发展历程，几乎任何一种文化在其发展过程中都经历过不被认可的阶段，然后由非主流逐渐融入主流，乃至成为主流文化不可或缺的组成部分。

（3）精英推动，“草根”为本。由网络兴起的微文化，因为网络的开放性与包容性而发展成一种涉及诸多领域的大众文化，因而也具有强烈的平民意识与草根性。但是，我们并不能因此否定精英的力量。无论是微小说、微电影之类的网络文艺创作，还是微公益、微关怀之类的社会公益活动，精英的推动力与号召力都是普通民众无法同日而语的。而文化本身所具有的包容性使得精英与草根相互理解，并有一定融合，因此，微文化将在精英与“草根”的合力推动下获得长足发展。

（二）需要克服的障碍

作为在后工业时代兴起的微文化，其自身印刻着诸多后现代主义的光辉色彩，但其若想获得长足发展，也必须克服后现代中的某些可能会阻碍其发展的障碍。便捷的网络和略显浮躁的时代氛围使许多人在面对网络微文化（如微小说、微电影等）时，并不会特别地思考其深意，而仅仅是在瞬间的审美之后落在一个简单的“赞”或“转”的操作上。而对于尝试创作的人而言，也常常会落入堆砌文字或简单拼接图像的窠臼中。至于像微公益之类的极具人文关怀的微文化，尽管具有极大的人文价值，但在快节奏、机器化的后工业社会，其推广与普及还需有更大的力度。

由微博衍生而来的微文化具有一种注重向个体和微观发展的精神指向，然而，这种所谓的注重向个体和微观发展仅是就其形式及浅层内容而言的，并不能完全涵盖微文化的全部意义,微文化的最终价值指向并非个体与微观,而是远大于题材本身的社会生活,是借个体行为的善恶传达出的社会行为准则及其价值取向。因此,微文化若想获得长足发展,必须有足够的深度与广度,在各种表达形式中努力发掘更长远的意义所在,避免瞬间审美之后的遗忘。此外,微文化尽管具有强烈的平民意识与草根性,但权威与精英也应在微文化的发展过程中尽到自己应尽的社会责任,以使其走向更加积极健康的状态。

作者单位:中国传媒大学文学院。

摘自《艺术百家》,2014(3):83-87。

“微”时代的困惑与恐惧

胡秋雯　王贞子

微信、微博的流行,标志着社交网络微时代的开启。在它们为我们带来便捷时,是否也面临着微信变“危信”,微博变“危博”。拿微博来说,它的快速发展,让我们处于一个信息爆棚的时代,里面的各种资讯让人看得眼花缭乱,令人应接不暇。可是里面到底有多少是真的呢?有多少是值得我们去思考呢?又有多少是有价值,能留下来的精品呢?我们不得而知。

微博这种新型草根文化的崛起,给了很多人一个平台,使很多默默无闻的人可能因为写得一手很好的段子,犀利的语言,而在网络上成为名人,一下拥有几千万粉丝,受到网友的追捧。但这些所谓的段子不是经典语录,它又能流传多久,又真的能对我们的人生带来多大的影响和启迪。我想这是一个巨大的问号。

网络和科技的迅猛发展让我们享受到了前所未有的资源。这些“新媒体”的迅速发展,让我们的传统文学相形见绌。但是阅读方式却有着更多的选择性。在这个短信、帖子、微博、微电影、微小说、微视频通行的年代,我们任何时候都在阅读。只是这种“微时代”产物下的“浅阅读”方式简单粗暴,破碎浅薄,千篇一律。这种微时代浅阅读的方式以及它所带来的读图时代、漫画时代,让我们缺少了系统深度思考的过程,缺少了美学修养的熏陶,缺少了独立思索和想象力的培养。而当我们的阅读习惯已经完全被这种无处不在的“微时代”浅阅读绑架时,我们真正的文化被淹没,我们的思想被束缚,我们的想象力被制约,剩下的仅仅只是一堆文化泡沫，和一群“提线木偶”。当然，这种无处不在，见缝穿针的“微时代”浅阅读就本身来说并不是一颗恶性肿瘤，只是它带给我们更多的选择，而这无处的不在的选择，最终让我们被选择。可悲的是这也是我们必然的选择。我们变得浮躁，变得肤浅。这是这个时代的趋势，亦是这个时代的恐惧。

尼尔·波兹曼在他的《娱乐至死》一书中曾说过，有两种方法可以让文化精神枯萎，一种是把文化变成监狱，另外一种是把文化变成娱乐至死的舞台。而“微时代”正在把我们的文化变成娱乐至死的舞台。他给我们带来的无穷多的信息碎片，无穷多的片段文化。在这一堆不经编辑，没有规则的碎片文化中，我们就像瞎子摸象一样失去了判断力，对任何事情都一知半解或是根本无法触及到真相。我们正走在这个充满危险的时代，同时也正在经历这个全新的“革命”，微时代的到来也将进一步颠覆传统的大众模式，传统的媒体机制和功能发生改变，传统精英文化主导的社会将要瓦解，曾经独一无二的纸媒阅读方式正在慢慢被电子化和数字便捷化阅读方式取代。然而，在经历这些巨大的变革之后，我们需要明白，什么才是我们真正需要的，毕竟“微时代”所带来的数字化，便捷化生活并不能完全满足于我们的精神文化诉求。我们困惑，我们恐惧，但同时我们又充满希望。我们痛恨这种“微时代”带给我们的巨大损失，但更痛苦的是我们发现我们早已离不开它了。

作者单位：云南财经大学现代设计艺术学院。

摘自《今传媒》，2014(4)：111－113。

浅析微文化语境下的碎片化传播价值

——以“微博”为例

费　霏　杨　华

微博，顾名思义，微型博客。其微，在于形式上的短小，微博有字数上的限制，每条不超过140个字，显然切入式是碎片化的，所见所闻、所思所想、生活琐事和宏大主题都可以发布，甚至是情绪发泄、灵感突现或现场记录。

微博上的一句话消息，决定了发布者在当下最自然而真实的状态。让阅读本身变得无足轻重,呈现碎片化、浅层化趋势。“碎片化”这一概念最初起源于社会学。传播语境中的碎片化归因于媒介的作用——渠道打通后产生了碎片,体系广了以后缺乏了整体感。“碎片化”在传播学领域中解释为:“碎片化”或者说“片断化”,英文里的意思指完整的东西被分成许多零碎的小块,信息主体是多重的、消散的、极度碎片化的。

微博阅读的特别之处在于,专注跟高度活跃的、高效的破解文本和理解意义的结合。但是面对微博页面上汹涌而至、及时更新的海量信息,我们不可能采用以往的阅读习惯,碎片化阅读是一种应对方式。碎片化让阅读变得轻松的同时,也让真正有效的阅读变得艰难,对个人的要求越来越高。传统书刊本身含有一定的逻辑性,而碎片化阅读是散乱无序的,这种阅读方式使得深度文化作品越来越不受关注,在一定程度上消解了印刷文化的深度性、连续性、统一性。

微博的另一特点是实时信息“行进式”传播。“行进式”传播过程中,由整打破为零的碎片信息可以像接力棒一样始终保持信息的递进式传播,不同信息产生、发出的信息可以链接前一信息继续向前,碎片与碎片之间的紧密联系可以保持整体信息的不中断传播,有效促进信息在短时间内快速、全面、广泛地覆盖。即使是此前公布信息有些许误差,只要对事件不断进行跟踪报道,实时更新,微博的“自净化”是可以实现的。

全域性信息流动指碎片化传播过程中信息流动的多重性、多向性及多元化的传播效果。信息在多个空间、多个渠道流动。在多来源、过富集的信息环境中,选择者、索引者、解读者的地位往往超过了采集者,因此,实现从“人找信息”到“信息找人”,以期最后能实现“人—信息—人”的无缝链接。微博遵循着“去中心化”的法则,在去中心化的实践过程中,每个人成了一个个新的微型中心,信息在互动传播的过程中,受向空间则是这些新的多个微型中心,微博“碎片式”的交流语境改变了以往的指向性为现在的多向性、多重性。实现一体化平台对碎片化即即时信息的资源整合,再到多重性、多向性的信息碎片化传播,达到多元化传播效果。

作者单位:西北师范大学。

摘自《西部广播电视》,2014(19):49-50。

热点五　中国经济新常态与国家发展战略转型

【入选理由及专家点评】

入选理由　2014年，虽然世界经济走出了经济危机，但增长乏力，不平衡没有消除，产业创新仍待探索。从中国自身发展进程而言，自从2012年GDP规模超过日本成为世界第二大经济体以后，由大求强的战略目标历史性地提上了议程，提高经济增长的质量与效益成为核心主题。学界对新常态的研究涵盖了多方面的主题，包括如何看待增长率的下降，如何形成创新驱动发展的新增长模式，如何实现国民经济三次产业的结构升级，如何提高消费在经济增长中的拉动作用，如何使投资在增长中继续发挥关键作用，如何培育新的比较优势继续发挥出口对增长的支撑作用，如何形成产业组织新特征，如何使经济增长从依靠要素成本优势转向依靠人力资本质量与技术进步，如何形成统一透明规范有序的市场环境，如何推动低碳型发展方式，如何化解因增长率下降而显现的各种潜在风险，如何从刺激性政策调控转变为市场决定资源配置和更科学的宏观调控，等等。这些主题构成了中国经济新常态研究的丰富内涵。

专家点评　由于中国经济发展进入了一个新阶段，以新常态思维探索发展转型的主题是必要的。在2014年11月北京APEC会议上，习近平同志系统论述了中国经济新常态下的新增长、新结构、新动力与新风险。在12月中央经济工作会议上，习近平又全面分析了新常态的九大特征，并指出“认识新常态，适应新常态，引领新常态，是当前和今后一个时期我国经济发展的大逻辑”。认识国内外经济新常态历史性变化的内涵，形成适应新常态发展所需要的战略与政策，并在新常态发展中赢得主动，成为中国经济学界的中心议题。

（点评人张幼文　上海社会科学院世界经济研究所研究员）

【代表性文献摘编】

经济形势闪耀新亮点

人民日报评论员

用“新常态”的视角看 2014 年上半年“经济中考”成绩单,会发现许多令人欣慰的新亮点。

1. 稳中有进。新常态下,增长速度虽然放缓,但发展质量却上了一个台阶。随着资本、土地等要素供给下降,资源环境约束强化,要素投入和能耗污染较少的服务业脱颖而出,产业结构将不断优化;随着要素价格上涨、储蓄率下降,出口和投资增速放缓,消费需求持续较快增长,需求结构将不断优化;随着城镇化提速、产业转移,城乡区域结构将不断优化;随着劳动力供给减少,人力资源稀缺性凸显,收入分配结构也将不断优化。这些新常态下的新特征、新趋势在上半年已全面显现。经济运行“稳”字当头,稳中有进。7.4%的增速虽有所放缓,在世界上仍是一枝独秀。与此同时,结构调整“进”在其中:第三产业比重持续提升、消费贡献率不断上扬、东中西部发展更趋协调、居民收入占比继续上升。“稳中有进”正成为中国经济巨轮的新姿态。

2. 调控创新。新常态下,经济增速换挡回落、从高速增长转为中高速增长。这就要求我们在宏观调控上既坚持底线思维,保持“忧患心”,又坚持战略思维,彻底摆脱“速度情结”“换挡焦虑”,保持“平常心”。另一方面,新常态下,经济发展从过去的传统粗放转为高效率、低成本、可持续,这就要求我们在宏观调控上将转方式、调结构放在更加突出的位置。上半年,党中央、国务院创新宏观调控思路和方式,不搞强刺激、大调整,而是坚持区间调控,调控定力更强;不搞“大水漫灌”,而是坚持定向调控,抓住经济结构中的关键领域和薄弱环节“喷灌”“滴灌”,调控发力更准;不搞头痛医头、脚痛医脚,而是坚持“统筹调控”,统筹稳增长、促改革、调结构、惠民生,通盘考虑应对经济下行压力与促进经济提质增效,调控效力更久。“调控创新”,正成为中国经济巨轮的新舵盘。

3. 改革红利。新常态下,转方式、调结构的要求更为迫切,这就要求我们通过全面深化改革来补上政府职能转换不到位、市场体系不完善、企业改革不彻底等体制机制“短板”。上半年,坚定不移地下好改革先手棋。简政放权改革大刀阔斧，财税改革、价格改革、国企改革等重点领域改革好戏连连，改革红利继续释放，经济发展后劲增强。“全面改革”，正成为中国经济巨轮的新动力。

新常态，标志着中国经济进入了更高层次的发展阶段，由此带来的影响总体上是正面、积极的。只要我们科学看待新常态，积极适应新常态，中国经济发展必将频现新亮点，再展新画卷。

摘自《人民日报》，2014－08－05。

经济运行呈现新特征

人民日报评论员

2014年上半年，告别了高歌猛进，中国经济步入新的运行轨道。进入新常态，增长速度换档期、结构调整阵痛期、前期刺激政策消化期“三期”叠加，各种矛盾和问题相互交织，经济运行也呈现新特征。

1. 增速虽然放缓，实际增量可观。在经济下行压力加大的背景下，上半年经济总量增长7.4%，实属不易。经过30多年高速发展，中国经济已是一个巨人，总量基数很大，每增长一个百分点所代表的增量不可小看。按今年的经济增速目标计算，全年经济增量就约达5万多亿元，约相当于1994年全年的经济总量。更可喜的是，物价水平保持平稳，就业形势较好，民生继续改善，结构调整有新的进展。从高速增长转为中高速增长，是新常态的最基本特征。在速度换档期，我们既要走出高速纠结，又要保持合理的增长速度，让经济运行长期处于合理空间。这样的经济增长，必须是就业和收入增加的增长，是实实在在没有水分的增长，是质量和效益提高的增长，是节能环保的增长。

2. 调整虽然艰难，升级已成大势。上半年，最终消费对经济增长的贡献超过投资，服务业增加值占比继续超过第二产业，高新技术产业和装备制造业增速明显高于全国工业平均增速，居民收入在国民收入分配中的比重提升，单位GDP能耗下降。这些变化延续了近年来结构调整的积极势头，显示经济结构正发生深刻变化。进入新常态，也进入了转型升级的关键时期，打造中国经济升级版，就要爬坡过坎，从粗放到集约，从低端到高端，结构调整的任务更加艰巨。结构调整不会一帆风顺，也会带来阵痛。我们要坚定方向，咬住青山不放松，统筹稳增长促改革调结构惠民生，政策协同配套，尽量减少阵痛，争取结构调整效益的最大化。

3. 调控虽然平稳，经济活力增强。上半年，稳增长的任务十分繁重，却没有采取强刺激的调控措施，宏观经济政策保持了连续性稳定性，坚持区间调控，突出定向调控，特别注重深化改革，大力推进简政放权，减税让利，增强企业活力，从而增强经济的内生动力。上半年，全国新登记注册市场主体 593.95 万户，增长 16.71%，增速比上年同期提高 8.41 个百分点。经济新常态，需要创新宏观调控思路和方式，培育经济发展的持久动力。从根本上说，就是向改革要动力，向结构调整要助力，向民生改善要潜力；就是要“激活力”，把该放的权放到位，让市场主体真正放开手脚；就是要“补短板”，把该做的事做好，增加公共产品有效供给；就是要“强实体”，把该给的政策给足，夯实发展的微观基础。

新特征，新趋势。经济运行中呈现的新特征，表明中国经济正在走上转型升级、提质增效的新路子。新常态下的中国经济，已不再是昨天的故事，而是新的探索和创造。

摘自《人民日报》，2014-08-06。

经济发展迈入新阶段

人民日报评论员

2014 年上半年种种信号和变化表明我国经济发展正迈入新的阶段，出现了趋势性、不可逆的新常态。深刻认识新常态，积极适应新常态，才能站上新的历史方位、推动经济持续健康发展。

1. 科学认识新常态。经济进入新常态，是 30 多年高速发展的必然结果，是客观经济规律作用的体现。持续 30 多年的高速增长，成就巨大，难能可贵。还能不能继续保持那样的高速度？应该说，是做不到、受不了、没必要。经济的潜在增长率下降，制约着速度高不上去了。资源环境压力加大，也难以承受过高的速度。十八大提出到 2020 年实现全面小康目标，国内生产总值比 2010 年翻一番，按这个目标算每年 7.5%左右的速度就够了。随着人口结构变化、要素成本上升，会倒逼经济结构优化升级、发展转向创新驱动。正因为客观条件的变化，中国经济必然从高速增长转向中高速增长，从结构不合理转向结构优化，从要素投入驱动转向创新驱动，从隐含风险转向面临多种挑战。以中高速、优结构、新动力、多挑战为主要特征的新常态，悄然来到我们身边，正深刻改变中国经济的面貌。

2. 辩证看待新常态。新常态是进步，新常态是“富态”，是中国经济进入更高层次发展阶段后才出现的状态。经过 30 多年高速发展，我国经济上了大台阶，体量大了，家底厚了，百姓生活改善了，今天我们才可以用更大的力量，去做过去想做却很难做到的事情，推动中国经济迈上转型升级、提质增效这个更大的台阶。新常态面临多种挑战，更蕴含多种机遇。“三期”叠加，矛盾交织，房地产风险、地方债务风险、金融风险等隐患有所显现，但我们更应看到，新型工业化、信息化、农业现代化和城镇化“新四化”的不断推进，提供了巨大潜力和回旋空间，中国经济完全有条件、有能力保持较长时期的中高速增长，我们也完全有信心、有实力化解“成长的烦恼”。

3. 积极适应新常态。新常态有长期性，要求我们保持平常心。一是冷静理性，不急不躁，顺势而为。潜在增长率下降、经济增速放缓，不以人的意志为转移，需要保持战略定力，坚持区间调控、定向调控，轻易不搞强刺激，不踩大油门；同时又要坚持底线思维，应对各种不确定性因素带来的冲击，力求经济保持合理的增长速度，既不过速，也不失速。二是积极主动，开拓创新，尽力而为。新常态是新的探索，要创新宏观调控思路和方式，统筹稳增长，促改革，调结构，惠民生，防风险，以改革开路，充分发挥市场的决定性作用，激发企业和社会活力，培育经济发展的内生动力，加快经济转型升级结构优化，更好地改善民生。

摘自《人民日报》，2014－08－07。

主动适应经济发展新常态

人民日报评论员

经济发展进入新常态，是中央审时度势做出的重大战略判断。新常态带来经济运行新特征、新规律、新要求，只有主动适应，科学把握，积极作为，才能抢占先机，推动经济发展提质增效升级。反之，如果被动应对甚至逆势而动，就可能错失良机,付出代价。

主动适应新常态,就要认清大势,顺势而为。新常态下,“三期”叠加,经济发展速度必然会下降,但不会无限下滑;结构调整有阵痛,却是不得不过的关口;前期政策消化是必需的,但可以通过有效引导减缓各类风险的影响。目前,我国经济增速从高速转向中高速,增长结构由中低端转向中高端,发展动力从传统增长点转向新增长点。我们要历史、辩证地看待这些阶段性特征和趋势性变化,发展速度有升有降是正常的,只要波动在合理范围内,就应保持平常心,不必大惊小怪,做到观念上适应、认识上到位、方法上对路、工作上得力。

主动适应新常态,就要坚持发展,因势利导。新常态,新阶段,发展仍是第一要务。新常态没有改变我国发展仍处于可以大有作为的重要战略机遇期的判断,改变的是重要战略机遇期的内涵和条件;没有改变我国经济发展总体向好的基本面,改变的是经济发展方式和经济结构。虽然增长速度放慢了,但发展机会依然很多,我国经济韧性好、潜力足、回旋空间大,为明年和今后经济持续健康发展提供了有利条件。我们要用好新机遇,培育新增长点,在新常态下一心一意谋发展。

主动适应新常态,就要主动作为,乘势而上。新常态是发展水平的飞跃提升,中国经济正在向形态更高级、分工更复杂、结构更合理的阶段演化。新常态下的发展必须是有质量、有效益、可持续的发展,是以就业充分、效率提高、结构优化为支撑的发展。发展阶段的转变意味着经济领域“破”与“立”的转换,能不能适应新常态,关键看深化改革和结构调整的力度。要依靠促改革调结构,不断提高经济发展的质量和效益,增强加快转方式的自觉性和主动性,狠抓改革攻坚,突出创新驱动,在速度下台阶的同时,力争质量上台阶,推动经济发展向中高端水平迈进。

摘自《人民日报》,2014-12-14。

适应新常态　必须转机制

王一鸣

一、转方式是进入新常态后必须迈过的一道坎

我国经济步入新常态,从表象上看是经济增速出现换档,但本质上还是原有

发展方式已经越来越不适应经济增长的阶段性变化,根本上是决定发展方式的体制机制转变滞后。体制机制引导市场主体行为,形成相关利益格局,决定经济发展方式。只有坚定不移地推进改革,才能破除原有发展方式赖以存在的体制安排和利益结构,为适应经济新常态,实现更高效率更好效益的发展创造条件。

转变经济发展方式是进入新常态后必须迈过的一道坎。当前,我国经济增长面临供需两方面的制约。从需求看,国际金融危机后外需扩张放慢,国内制造业投资受产能过剩约束增幅回落,房地产投资受市场深度调整影响增长放缓,基础设施建设仍有很大空间,但增加投入受到地方政府负债水平上升制约增速放缓;从供给看,劳动年龄人口数量减少,储蓄率和投资率趋于下降,土地和能源资源供需发生变化,环境约束强化,原有的低成本优势减弱。总之,依靠高强度投入、大规模铺摊子的空间已越来越小,推进产业转型升级上新台阶,依靠创新驱动发展的压力越来越大,必须痛下决心,"倒逼"发展方式转入新轨道。

二、深化改革是适应新常态培育新方式的根本途径

改革要坚持问题导向,从制约经济发展的突出领域入手,围绕适应新常态培育新方式深化展开,形成改革和发展的良性互动。

围绕简政放权深化改革。要继续下好简政放权"先手棋",加快建立和完善政府权力清单制度,做到"法无授权不可为"。制定市场准入负面清单,清单以外的,各类市场主体皆可依法平等进入,做到"法无禁止即可为"。

围绕产业转型升级深化改革。必须加快劳动力、土地、资金等市场化改革,使生产要素更加顺畅地流动起来。推动以市场为导向的企业兼并重组,促进生产要素由低效率企业向高效率企业流动。深化垄断行业改革,放开自然垄断行业竞争性业务,在公共基础设施和公用事业领域实行特许经营等方式,引入竞争机制。

围绕创新驱动发展深化改革。要以增量倒逼存量改革,在云计算、大数据、物联网、电动汽车等新兴领域组建一批新型研发机构,取得一批原创性科研成果。

围绕推进城镇化深化改革。要以解决农村转移人口市民化为重点,以提高城镇集聚效应和生产效率为核心,推动土地、户籍、投融资体制改革,使潜在的需

求释放出来。深化土地制度改革,依法维护农民土地承包经营权、宅基地使用权、房屋财产权等合法财产权益,健全农村土地流转市场,完善征地补偿制度,为农村转移人口市民化创造体制条件。分类推进户籍制度改革,建立农村转移人口市民化成本分担机制。构建多元化可持续的城市建设投融资机制。

围绕构建开放型经济新体制深化改革。要放宽外商投资市场准入,进一步扩大服务业开放,放开一般制造业。改革涉外投资审批体制,探索对外商投资实现准入前国民待遇加负面清单的管理方式,建立以备案制为主的境外投资管理体制。鼓励企业"走出去"开展绿地投资、并购投资、联合投资等,谋求更高水平地融入全球分工体系。

摘自《人民日报》,2014-09-01。

经济"新常态"对宏观调控的新要求

刘　伟

协调好需求管理与供给管理,是协调宏观调控的短期效应与长期效应、总量效应与结构效应的关键。当国民经济失衡出现这样两种情况时,宏观调控在实施总需求管理的同时,引入并关注,甚至强调供给管理就显得极为必要,一种情况是,经济运行中产生了严重的"滞胀",或有产生"滞胀"的巨大风险时,单纯运用需求管理,忽视供给管理便不可能缓解失衡,因为需求管理的宏观政策,或者是扩张,或者是紧缩,在缓解"滞胀"中的某一方面问题时,都意味着同时加剧另一方面的矛盾;如果采取财政和货币政策反方向的松紧搭配,无论是扩张性的财政政策配合以紧缩性的货币政策,还是反之以扩张性的货币政策辅之以紧缩性的财政政策,都存在政策效果之间的相互抵消问题,可能严重削弱政策的有效性,使"滞胀"难以缓解,这就要求引入供给管理,以弥补需求管理的局限性。另一种情况是,经济运行中总量失衡与结构失衡交织在一起,而且相互作用,特别是结构性失衡甚至成为总量失衡的重要动因时,单纯运用需求管理就难以从根本上缓解失衡,因为需求管理的政策只能作用于经济中的总量关系,影响不到经济结构关系,无论是针对总需求采取扩张性的宏观政策,还是采取紧缩性的宏观政策,只能影响需求量的变化,并无结构性变化。要缓解结构性失衡的矛盾,需要引入供给管理，供给管理的突出特征之一便在于对国民经济结构的针对性干预。从我国现阶段宏观经济失衡的新特点来看，上述两方面的情况均存在，因此，在"新常态"下针对新失衡，宏观调控方式上引入或关注供给管理很必要，特别是当国民经济发展进入到上中等收入阶段之后，在"新常态"下，供给和需求都会发生根本性的变化，供给方面的成本上升和需求方面的扩张乏力，会从供给与需求两个方面同时影响国民经济，形成双向紧缩，"滞胀"发生的可能性极大，即在成本推动通胀加剧的同时需求疲软导致增长乏力，在需求管理的同时强调供给管理就更为必要。

因为，供给管理最为突出的特点在于，通过制定和实施相应的宏观政策，直接影响生产者和劳动者行为条件和环境的改变（不是直接干预生产者行为），进而引导生产者和劳动者行为（需求管理更多的是引导和影响消费者行为），供给管理政策的核心，在于通过制度和政策，改善企业的生产经营环境，降低其成本，推动其创新，引导其市场竞争力的提升，正是在这一意义上，往往减轻企业税赋成为其重要的政策主张（拉弗：减税为着增税），鼓励创新成为其重要的政策倾向，而这种以降低企业成本，提高企业效率，鼓励企业创新的政策，恰恰可以同时达到缓解成本推动的通货膨胀，同时又刺激企业扩大投资以刺激经济增长的双重目标，能够有效地应对"滞胀"，同时促进结构升级，缓解结构性矛盾。而这正是我国经济在"新常态"下需要解决的根本问题。

摘自《上海行政学院学报》，2014(5)。
转载于复印报刊资料《国民经济管理》，2014(12)。

新常态下转变经济发展方式的制度因素和路径研究

徐永德

一、转变经济发展方式的制度因素

过去，转变发展方式步履艰难，关键在于制度是慢变量，而这种慢变量往往最终决定快变量。

这种慢变量,主要体现在以下三个方面:

1. 实施机制的路径依赖。主要体现在宏观层面的财税分配机制、中观层面的价格形成机制、微观层面的产权界定机制上。过去,这些机制严重误导了经济主体决策行为,对转变经济发展方式起着逆调节作用。

2. 行政制度缺陷。一方面表现在政府职能越位、缺位、错位,造成市场化不足与过度市场化并存。另一方面表现在法人制度软化、财权事权不对称、预算约束不硬化等方面。与此同时,行政管理中,公务人员行为准则对转变发展方式也产生了巨大影响,主要体现为决策制度约束不力、行政作风不正、用人评价机制不健全等方面,这些对阻碍经济发展方式转变的影响也是深远的。

3. 文化观念阻碍。节约意识、诚信意识、法治意识等在我国较为淡漠,在某种程度上阻碍着经济发展方式转变。

二、新常态下转变发展方式的制度性路径设计

(一)目标取向:持续健康发展、国强民富融合

这一目标取向主要体现在三个方面:

1. 市场有效竞争。一方面,充分发挥市场在资源配置中的决定性作用,另一方面,要科学界定政府和市场边界,对市场难以触及或因市场竞争引发社会不公的地方,政府应当出手而不是撒手,以弥补市场的失灵。

2. 社会活力增强。实现人与自然的和谐,人与社会、人与人之间的和谐。需要遵循自然法则和社会发展规律,加快推进生态、社会等领域制度创新,有效化解生态危机、社会危机。

3. 人的全面发展。加快推进人民民主的制度化、规范化、程序化,强化人力资源在经济发展中的地位和作用,强化人民的知识和劳动对创造价值的决定性作用,进一步提高人民大众的精神、观念、身体、知识和能力素质。

(二)实施原则:底线思维、法治意识、创新理念一体

1. 底线原则。首先,要确保经济运行处于合理区间。其次,要解放和增强社会活力。再次,要维护社会秩序的稳定。

2. 法治原则。必须通过立法来调整旧的经济发展方式基础上形成的一些法律法规及实施机制,从而消除制度束缚。

3. 创新原则。理念转变是制度创新的先导,是转变发展方式的内在推

动力。

（三）突破手段：自我革命、倒逼革新结合

1. 盘活存量、注入增量并举促进改革。可采取五种方式：一是理顺体制机制。二是优化资源配置。三是改革管理方法。四是改变边界条件。五是调整利益格局。

2.“引进来”、“走出去”并重倒逼改革。一是全方面、多层次、宽领域利用外资。二是立足于实现全球资源与自身发展的良性互动，积极“走出去”。三是促进加工贸易、服务贸易一般贸易齐头并进。

（四）评价标准：效率、质量、空间兼顾

1. 以效率拓展转变方式的宽度。不仅要体现为经济增长等总体水平的改善，也要反映出企业生产效率等微观环境的改善。

2. 以质量增加转变方式的厚度。要在保持经济较快增长的同时，实现城乡、产业、区域、所有制等结构优化，实现经济发展与人口、资源、环境相协调，实现社会分配更加公平公正。

3. 以空间提升转变方式的高度。主要体现为突破能源、土地、环境等瓶颈制约，提高资源要素承载能力；深化改革开放，提升市场化程度，培育壮大市场主体；大力推动科技创新和教育发展，提升自主创新能力，增强核心竞争力和发展后劲。

（五）实现主体：政府、企业、社会、公民协力

1. 发挥政府作用。要加强规划部署，对重点产业特别是战略性新兴产业作前瞻研究，采取产业、财政、金融、科技等扶持政策措施，引导经济转型和发展方式转变。

2. 突出企业责任。在投资结构、产业结构、产品结构、技术结构等方面进行全面调整，努力实现生产规模、速度、结构、质量、效益、环保的有机统一。

3. 扩大社会参与。要综合运用经济和法律手段，完善信用制度和诚信激励机制，将失信行为产生的外部性问题内部化，使违约成本远高于其收益，使失信行为受到严厉惩罚。

4. 保障公民权利义务。充分调动群众支持改革、参与改革、推进改革的积极性。

摘自《探索》，2014(5)。

适应“经济新常态”的“三种发展”

杨　颖

2014 年 7 月 29 日，中共中央政治局召开会议，提出了遵循“三个规律”来推动“三种发展”的新命题，即“发展必须是遵循经济规律的科学发展，必须是遵循自然规律的可持续发展，必须是遵循社会规律的包容性发展。”

1. 发展必须是遵循经济规律的科学发展

遵循经济规律的科学发展，理清政府和市场的关系是出发点。遵循经济规律的科学发展，发挥市场经济机制是主要内容。市场机制包括价格机制、竞争机制和供需机制三大机制：其一，价格机制。应该进一步缩减政府的定价范围、扩大市场定价范围，凡是能由市场形成价格的都交给市场，政府不进行不当干预；其二，竞争机制。有赖于政府加强和完善公共服务能力，保障公平竞争秩序；其三，供求机制。要求政府在供给管理与需求管理之间寻求平衡点，着力在供给端发力，以实现长期发展、科学发展。

由“全面漫灌”到“精准滴灌”是政府遵循科学发展的重要转变。面对经济下行压力加大、实体经济不景气加剧等诸多风险，政府遵循市场经济规律，在宏观调控过程中保持定力、精准发力，尝试减少“大一统”的市场调控，转而投向重点关键领域发力，显示出政府更高超的宏观调控水平。

2. 发展必须是遵循自然规律的可持续发展

遵循自然规律的生态文明建设将成为我国全面深化改革的突破口。党的十八届三中全会站在中国特色社会主义事业“五位一体”总体布局的战略高度，生态文明建设不再局限于生态维度本身，已经融入到经济、政治、文化、社会等其他方面建设当中。因此，以生态文明建设为契机，就能够深层次梳理各项改革过程中的不利因素，能够为各项改革提供一套较为统一的标准，因此可能成为我国全面深化改革的突破口。

3. 发展必须是遵循社会规律的包容性发展

“包容性发展”主要有以下三方面特征：第一，公平的环境和平等竞争的机会是包容性发展的实质和关键；遵循社会规律的包容性发展，应注重培养公平竞争的环境，让各个阶层的人们凭借自身努力能够平等获取致富的机会，让民营经济进入大量原先不该垄断的部门和行业，让所有人共享发展的成果。第二，保障人民的基本民生需求是包容性发展的落脚点；遵循社会规律的包容性发展，还应守住民生底线，保障"病有所医、老有所养、住有所居"的基本民生需求。第三，合理发挥政府职能是包容性发展的关键。遵循社会规律的包容性发展，通过全面深化改革让市场发挥更好的作用是抓手，合理发挥政府的职能是关键。

4."三种发展"形成了全面发展的"一体三面"

"遵循经济规律的科学发展""遵循自然规律的可持续发展"及"遵循社会规律的包容性发展"这"三个规律三种发展"并不是不同规律下三种独立的发展形式，也并非全面发展的三个独立侧面。三个规律彼此发生作用，三种发展密不可分、相辅相成，形成了全面发展的"一体三面"。"三种发展"中，可持续发展决定了全面发展的长度、持久度，包容性发展决定了全面发展的广度、普惠度，而科学发展则为发展的方式提供了最优化的选择，是全面发展的方法论。

摘自《人民论坛》，2014(30)。

新常态下的经济增速

周景彤

一、经济继续探底，但就业尚且稳定

2014年年初以来，受外需减弱、楼市调整和产能过剩等因素的影响，我国经济下行压力继续增大，尽管经济在下行，但就业保持了基本稳定，这是2014年经济运行中的一大亮点。主要原因在于经济总量变大和结构转变。第一，随着GDP总量的增大，每一个百分点的GDP增长带动的就业人数显著增多。第二，是服务业比重提高。由于第三产业就业弹性系数较高，近两年来服务业增速加快、比重提高，使整个经济增长对就业的拉动作用明显提高。

由于总量增大和结构转变，我国经济的就业弹性系数有所提高，在经济下行大背景下，使就业形势总体保持了稳定，这在一定程度上提高了政府对经济下行的容忍度。但需要关注的是，就业是一个滞后指标，一旦经济从"去库存化"阶段转入痛苦的"去产能"和"去杠杆"的叠加阶段，部分企业破产倒闭、关停并转,必将导致工人失业增加,这时失业人数的增加可能会抵消前述经济规模增大和结构转变对就业的正面作用,就业问题就可能集中凸显。从当前的信息判断,我国经济正处在“去产能”和“去杠杆”的重叠阶段,未来几个季度经济明显回升的可能性不是很大。因此,对经济进一步下行可能导致就业问题要保持一定的警惕。

二、新常态下保持一定的经济增长不仅是必要的,而且也是有可能的

基于过去高投入、高消耗、高污染和低效率的旧常态,在经济发展的新常态下,经济增长的适当减速是符合经济发展规律的。但是,经济适度放缓并不意味着不要增长,新常态下要加快改革和调整结构,都需要一个稳定的环境,经济的稳定则是基础和前提,如果增长太慢可能会使各种矛盾进一步激化,并不利于长远发展。因此,在当前,保持一定速度的增长依然显得十分重要。

第一,是实现两个“翻番”目标的需要。根据测算,要实现十八大提出的两个“翻番”目标,2014—2020 年,GDP 年均增速需要达到 6.7%,城镇居民可支配收入和农村居民人均纯收入分别需要增长 6.8%和 5.8%。

第二,是顺利跨越“中等收入陷阱”的需要。如果未来 10 年,我国人均 GDP 每年能保持 7%左右的增长,那么到 2024 年前后,我国人均 GDP 就会越过 12 500美元的分界线,成为高收入国家。

第三,从可能性来讲,未来若干年保持 7%左右的增速也是有可能的。作者的测算结果表明,2014—2020 年,我国潜在增长率大约在 7.3%左右。

眼下中国正处在由旧常态向新常态转变的关键时期,尽管新常态初现端倪,但尚未完全进入新常态,保持一定速度的增长确实是必要的,同时也是顺利实现这一转变的前提条件。

三、未来的建议

总体上讲,我国经济正处在“去产能”和“去杠杆”叠加阶段,要对经济进一步下行保持相当的警惕,新常态下解决问题更需要稳定的环境,而经济稳定是所有稳定的基础。在经济下行压力较大、通胀水平较低的背景下,需要政策适度放松。

保持货币信贷适度增长。下一步货币政策总基调应以稳健为主,保持一定

的总量规模，支持经济平稳增长；应保持政策的稳定性和连续性，合理引导预期，保持货币信贷合理增长，避免金融数据在月度、季度之间的过度波动。

在调控行业信贷投放和收紧信贷之间拿捏好平衡点。对地方融资平台尽快建立新的可持续的融资渠道。对房地产、产能过剩等行业要把握好平衡，并且对这些领域的信贷投放进行梳理和整体考量。对目前钢铁等经营困难的行业，应区别对待。

践行逆周期宏观审慎管理。适度降低商业银行资本充足率要求，增强银行业金融机构在经济下行时期的信贷投放能力。同时调整贷存比监管指标。

摘自《中国金融》，2014(21)。

进入增长新常态下的中国经济

刘世锦

无论从短期的稳增长还是通过加快转型进入中高速稳定增长期，从当前的实际情况来看，中国经济会遇到三个方面的重要挑战。

第一个挑战，如何有效把控和化解转换过程中的财政金融风险。当前的风险集中在地方融资平台、房地产、产能过剩行业和影子银行等领域。他们之间相互交织、相互传导，形成了一个风险传递的循环。

第二个挑战，如何有效提升非贸易部门的效率。与发达经济体相比，更多地表现在以服务业为主的非贸易部门。研究显示，与欧美、日本等15国相比，中国的非贸易部门的效率要更低，特别是在那些行政性垄断的非贸易部门、基础设施和基础产业领域，资源配置扭曲状况尤为突出。如果这些扭曲得不到纠正，中国非贸易部门乃至整个部门的效率提升就很困难；如果得到纠正，这些部门的效率提升还会有很大空间。

第三个挑战，如何拓展新的增长领域，并促进多种形式的创新。这些领域既可能是由于潜在需求被发掘而催生的，像教育、医疗、文化等领域的新增长点，也可能是由于新技术出现而出现的，比如网上购物、光伏发电等；还可能是应对既有突出问题寻求新的增长模式而引发的，比如节能、节水、清洁能源、减排等绿色产业。加快创新是拓展新增长领域更重要的途径。近年来,中国已经出现了创新区域资源集中的趋向,促进了部分创新区域和创新城市的发展。随着与全球技术距离的缩短,以往中国作为技术的模仿者、追赶者的角色将逐步改变,而部分领域与先行者并驾齐驱甚至领先的可能性在增加。

应对上述挑战的关键是深化改革。中共十八届三中全会已经做出了部署,当前的重点是要加以落实。应该以稳增长、促转型来倒逼改革,加快推出针对性强、时效性强的改革措施,或者说是一些快变量改革的措施,对增长和转型起到切实的推动作用。

第一,要分类清理地方融资平台,建立明确的惩戒机制。在条件具备的城市发行地方债,规范和重建地方政府的偿债能力和融资能力。最近,中国已经出现了若干起金融违约事件,当务之急是建立起有关当事者切实承担风险和责任,推动改革和重组,又有利于防控全局性风险的违约处理机制。要加快全国不动产信息的联网,明确全面开征房地产税的时间表,增加住房的有效供给,稳定房价预期,并逐步改变地方政府的收入模式。

第二,以破除行政性垄断促进竞争为重点,加快基础产业领域的改革。在这个领域,放宽准入上应该有一些标志性的大动作,既要放小,又要放大。具体地说,在行政性垄断比较突出的基础产业领域,应该放进去一两个大的竞争者,能够产生有效竞争。比如,在铁路改革中,要拿出几个区域或者几个比较大的项目,让外部投资者包括地方政府和民营投资者去组建新的铁路公司。在电信领域,允许以民营资本为主发起形成大的电信运营商。在石油领域,在上海自贸区建立国际性的石油交易中心,放宽放开原油和成品油的进口,允许地方炼油厂做大做强,同时开放上游勘探市场,包括页岩气的勘探市场。

第三,以服务业为重点加快对外和对内开放。应该按照准入前国民待遇和负面清单模式,着力推进金融、教育、医疗、文化、体育等领域的对外开放。与此同时,更要加快服务业的对内开放,凡是允许外资进入的首先应该允许国内资本进入,尤其对民营资本要打破各种隐性壁垒,形成平等的进入、竞争、使用生产要素的条件。必须吸取一些国家制造业空心化的教训,毫不动摇地发展制造业,重点是加快制造业的转型升级,关键是企业要成为创新主体,通过竞争形成一批创新型行业的龙头大企业和大量创新型的中小企业。要加强基础研究、应用研究和产业化应用之间的相互融合，更好地通过市场竞争和需求导向的办法来配置政府研发资源，提高资金使用效率，使之更好地在创新发展中起到引导和支撑作用。

作者简介：刘世锦，国务院发展研究中心副主任，研究员，博士生导师，研究领域为经济理论和政策问题研究。

摘自《中国发展观察》(北京)，2014(4)，原文约 2 600 字。

热点六　中国社会治理体制创新

【入选理由及专家点评】

入选理由　十八届三中全会首次用“社会治理”来代替“社会管理”(“社会管理”的提法从十六大报告开始至十八大报告一直沿用),仅一字之差,却具有重大意义。与社会管理相比,社会治理更强调主体多元、关系平等、方式灵活及手段综合。中国的社会治理创新有别于西方,具有自身的理论特质和实践模式。当前,社会开放性所带来的全球风险、社会危机及新型社会治理力量的兴起,迫切需要中国创新社会治理体制予以回应。对“社会治理体制创新”的理论意涵、现实路径进行深入探讨,将有助于充分化解社会矛盾、实现社会公正、激发社会活力和促进社会和谐。2014年有关“社会治理体制创新”的研究情况大致如下:(1)从中国治理文化的特殊性、治理情境的复杂性及治理内容的内生性等维度,揭示中国社会治理的本土特质。(2)对社会治理方式、制度、体系的宏观论述。涉及社会治理体制创新的主体关系及能力、关键环节、核心议题、基本依据、实践路径等方面,深刻剖析了“一主多元”“社会协同”“源头治理”“依法治理”“基层自治”“社会共治”“服务型政府建设”等社会治理方式的有效性和基本路径。(3)将社会治理的思维应用于相对微观的领域和实际操作层面,发掘在网络社会、城市/农村社区、社会工作实务、企业劳动关系、突发公共事件等具体情境中,社会治理理念的实现机制,以及其中蕴含的新特点、新价值,使中国社会治理创新的理论更加深入和丰富。

专家点评　2014年是全面深化改革的元年,也是创新社会治理体制机制的重要节点。鉴于此,各个学科都从其独特的视角关注、解读和研究中国式社会治理理论体系及其应用价值。面对中国社会结构和社会组织形式发生的深刻变化的新形势,社会学学界则以社会学的话语体系,从微观、中观和宏观层面重点论述了创新中国社会治理体制机制对于推进国家治理体系和治理能力现代化目标的理论意义和现实作用。不过,迄今,中国社会治理理论和实践的研究还仅仅处于起步阶段,下一步有待于拓展和深入研究的命题还很多,包括提升社会治理科学化水平与依法治国的内在关系研究，推进多层次多领域依法治理的理论基础、基本内容与现实路径研究，社会规范在社会治理法治化中的定位与作用研究，等等。

（点评人陆杰华　北京大学社会学系教授）

【代表性文献摘编】

“理想类型”与本土特质
——对社会治理的一种社会学分析

郑杭生

社会治理和善治或良治的核心之点，在于由国家力量和社会力量，公共部门与私人部门，政府、社会组织与公民，共同来治理和管理一个社会。治理较之于统治、管理更适合现代社会的需要，具有更多的比较优势。这些比较优势，简要地说，就是社会治理，更能发挥三大部门或三大主体各自的优势，更有利于彼此的良性互动，也更有利于避免各自的弱点，从而避免和减少各自的越位、错位、缺位、虚位，避免和减少各自的失灵，即“政府失灵”“市场失灵”和“社会失灵”，也更有利于避免彼此的弱点的聚合、叠加，避免由这些弱点的聚合、叠加所形成的恶性循环，也就是说，在社会运行和发展中，增促社会进步，减缩社会代价。

现代治理概念与统治、管理概念，既有联系又有区别。简要地说，“联系”主要是，治理也不能不这样那样地包含有统治的要素、管理的要素；“区别”则主要是，治理是一种更为高明、更可接受的统治，也是更有成效、更为成熟的管理。明确这一点，也就能更好地理解党的十八届三中全会为什么要从总体上用“社会治理”来代替“社会管理”，因为这两者确有区别，社会治理是一种更有成效、更为成熟的管理，而且社会管理一词在国际上并不通用，这里的管理主要指的是经济管理，与前面的“社会的”不匹配。

党的十八届三中全会提出“四个治理”原则，即坚持系统治理、依法治理、综合治理和源头治理。“系统治理”着重解决的是在中国的具体国情下社会治理的主体角色与主体关系问题，即谁领导、谁主导、主体间怎样互动的问题。“依法治理”着重解决的是社会治理实施的主要依据和手段问题，即主要依据什么、依靠什么来治理的问题。“综合治理”着重解决的是社会治理实施的其他依据和手段问题,即还要综合运用除法律外的其他手段来治理的问题。“源头治理”着重解决的是社会治理的选择次序问题,即不同类型社会治理的优先次序、轻重缓急、标本关系问题。从包含的丰富内容上说,“四个治理”事实上展示了这样六个结合,这就是治标治理与治本治理相结合;刚性治理与柔性治理(即硬性治理和软性治理相结合);社会服务与社会治理相结合;社区治理与社会治理相结合;政府主导与多方参与相结合;科学精神与人文关怀相结合。从互动的探索过程来看,“四个治理”涉及高端设计和各级低端设计的关系,中央经验与地方和部门、基层社区经验三个层次的关系问题。

总之,党的十八届三中全会对社会治理的中国化创新探索,贯穿了正确的立场、观点和方法:立场就是“维护最广大人民根本利益”的立场;观点就是中国特色社会主义理论的观点,也即当代马克思主义的观点;方法就是世界眼光与本土特质、一般与特殊相结合的具体分析方法,体现了对当代三大基本关系——中西关系、古今关系、理实关系(理论与现实、与实践的关系)的正确处理,即借鉴西方,但跳出西方;开发传统,又超越传统;源于现实和实践,又高于现实和实践。这些都是值得哲学社会科学界深入领会。

作者单位:中国人民大学社会学理论与方法研究中心。

摘自《社会学评论》,2014(3):3-11。

转载于人大复印报刊资料《社会学》,2014(9)。

社会工作在创新社会治理体系中的地位和作用

——一种基础—服务型社会治理

王思斌

一、社会工作在创新社会治理体制中的贡献和地位

社会工作可以而且应该在创新社会治理、建构社会治理体制中发挥积极的作用。从社会工作本质与社会治理体制建设相契合的角度来分析问题,构建社会治理体制可以有理念和治术之分。所谓理念是指创新社会治理体制被看成是一种理念上的重要变化,是不同于传统社会管理的新思想、新理念。所谓治术就

是把创新社会治理看作是社会管理技术和手段的变化。

从十八届三中全会对于创新社会治理体制的强调来看，它首先强调的是理念。社会治理的基本理念是维护广大人民的根本利益和社会秩序。社会工作的基本理念与之是相契合的，它不是一般地谈论维护人民利益，而是着眼于困难群体、弱势群体的现实生活，运用“助人自助”的服务理念，切实解决他们的生活问题，进而促进社会公正，实现有深厚基础的社会秩序。在实践层次上，社会工作对社会治理的贡献之一在于提供令服务对象和政府满意的服务，另一个贡献是它的社会倡导或政策倡导的功能。

二、社会工作的基础—服务型治理

在社会治理体制中，社会工作所从事的是基础—服务型治理。它有如下基本特点：第一，社会工作主要通过提供服务来参与社会治理。社会工作的天职是为困难群体、弱势群体和其他有需要的群体提供福利服务，有利于服务对象走出困境、融入社会、增强社会内聚力、减少社会矛盾和冲突。第二，社会工作是面对社会基层的服务。社会工作服务的基本对象是最基层的民众，是社会中的困难群体、弱势群体、特殊群体，在某种程度上他们也是利益被伤害的主要群体。第三，社会工作要解决的是基本民生问题。现阶段我国的社会矛盾众多，但基本民生一直是最受社会关注的问题。社会工作的职能就是协助政府更有效地解决民生问题，稳定弱势群体的生活，也稳定社会秩序。第四，社会工作力图在深层次上解决社会问题。治标不治本是人们对传统社会管理的主要批评，服务的表面化和形式化则是对政绩冲动的政府服务的概括和质疑。社会工作所追求的是深刻的改变，是改变效果的稳定性和持续性。这就是说，面向基本民众，关注基本民生问题，运用最接近基本民众的方法为困难群体和困境人士服务，社会服务与政策倡导相结合，基本民生问题的解决与人的发展和良性社会秩序的建构相联系，这就是社会工作的基础—服务型治理的基本内容与特征。

需要指出的是，社会工作有效地参与社会治理体制建设还必须具备一定的条件。从外部条件来说，首先作为具有主导功能的政府必须有新的更宽阔的社会治理观。其次，政府必须摆脱传统的社会管理思路，并走出新管理主义，建设一个服务型政府，在这方面可以借鉴新公共服务理论。另外，应该切实认识到社会治理是关乎经济发展、利益分配、公共事业发展、基本民生、社会矛盾解决等几乎所有领域的系统工程,对标本兼治必须做更全面深入的理解。另一方面,社会工作群体必须增强自己参与社会治理的能力,与政府建立良好的治理关系,增强自己提供有效社会服务、建构良性社会秩序的能力,这样才能更有力地促进社会治理和善治。

作者单位: 北京大学社会学系。

摘自《社会工作》,2014(1): 3-10。
转载于人大复印报刊资料《社会工作》,2014(10)。

中国社会治理的现代化

殷昭举

当前我国既处于发展的重要战略机遇期,又处于社会矛盾凸显期。应对我国社会治理现代化面临的诸多问题和挑战,需要创新社会治理思维和机制。其关键在于要把握社会治理规律,推动社会治理科学化和现代化。要提高我国社会治理科学化和现代化水平,必须把握社会治理的基本要求。第一,社会治理方略要实现法治与德治的有机结合。从社会治理角度来看,法治与德治都是为了规范社会行为,调节利益关系,减少社会问题,化解社会矛盾。第二,社会治理方式要实现社会管理与社会自治的有机结合。优化社会治理,既要加强党政主导、社会管理,又要坚持多方参与、共同治理。第三,社会治理手段要实现市场、政府与社会"三手"的有机结合。从资源配置方面来看: 市场的无形之手配置经济资源,主要遵循效率原则;政府的有形之手保障秩序、配置公共产品,主要遵循公平原则;社会的隐形之手维系人们的基础公共生活,主要遵循自治原则。三者都同时遵循法治原则。第四,社会治理机制要实现源头治理、动态管理与应急处置的有机结合。

中国社会治理现代化的主要内容包括创新社会管理机制、完善社会自治机制、夯实社会基础工作三个方面。创新社会管理机制的主要任务是着力从社会个体和公共群体两个层面及和谐保健、矛盾化解两个环节,构建相互支持的有机体系,防范化解社会问题,科学处置公共危机。社会保健预防机制包含两个重要方面: 社会个体保健机制和公共危机预防体系。社会问题化解机制其关键在于，强化和完善解决社会矛盾纠纷的法治机制，防止用"运动式治理"体制化替代法治化。它也包含两个方面：社会个体的矛盾化解机制和公共危机的应对化解机制。

社会自治机制主要涉及以下方面：第一，基层自治机制。一是通过社区建设，构建新型城乡社区自治模式；二是建立社会工作队伍；三是社会组织，充分发挥其在公共管理与服务中的积极作用，使其在政府与民众之间形成弹性作用。第二，社会动员机制。一是社会力量整合机制；二是社会主体激励机制。第三，社会互信机制。一是构建社会个体综合信息平台；二是完善政、群双向信息互动机制。

社会基础工作，从根本上讲，就是要在党的领导下，全面推进"五大建设"；从社会治理本身讲，主要是：第一，科学规划，包括土地、人口、产业、基本公共服务规划等；第二，法治建设，要维护法的统一、尊严、权威，强化社会运行基础规则，牢固树立规则意识；第三，道德建设，要完善社会主义核心价值体系，注重发挥社会主义先进文化的思想教育和优秀传统文化的道德教化作用。

提高我国社会治理科学化、现代化水平，努力朝着社会治理的理想状态迈进，需要抓好五个关键环节。第一，社会治理保健化。维稳的基础是维权，保健的基础是保障。第二，社会治理法治化。第三，社会治理系统化。社会治理的重点在基层，但是，创新社会治理则需要高层的统筹规划、总体协调和统一领导。第四，社会治理的社会化。第五，社会治理信息化。

作者单位：中共中山市委，中共潮州市委，中国人民大学社会学理论与方法研究中心、广州大学公法研究中心。

摘自《社会学评论》，2014(3)：30－40。

社会工作：社会治理创新的重要制度安排

宫蒲光

一、社会工作发展的总体思路

顺应我国现代化发展的客观需要，加快发展中国特色的社会工作，充分发挥社会工作在创新社会治理中的独特作用,是今后一个时期必须着力推进的一项重大社会工程。我国社会工作发展的总体思路:明确一个定位,促进两个融入,健全三个机制,实现四个转变。明确一个定位,就是明确我国社会工作还处于起步发展阶段的基本定位。促进两个融入,一是促进社会工作融入社会治理大局,二是促进社会工作融入民政事业发展大局。健全三个机制,一是健全社工、社区、社会组织"三社联动"机制,二是健全社工、义工"两工互动"机制,三是健全政府购买社会工作服务保障机制。推动四个转变,一是在工作重点上,推动社会工作由顶层制度设计向底层实践深化转变;二是在发展路径上,推动社会工作由少数地区、局部领域先行试点向各地区、各领域全面推进转变,由注重人才培养向人才培养与实务推进并重方向发展;三是在推动主体上,由民政部门单独推动,向积极争取党委、政府的重视支持,加快建立组织部门牵头抓总、民政部门具体负责、有关部门密切配合、社会力量广泛参与的工作机制转变,促进社会工作全面发展;四是在服务成效上,推动社会工作由少数人认知、少数人群享有向全社会认同、全体居民共享转变。

二、当前要着力抓好的重点工作

发展社会工作是一项长期性、复杂性、系统性工程,从我部工作部署上看,当前亟须抓好五项工作。一是强化激励保障。抓紧出台社会工作专业人才激励保障政策,研究制定不同等级社会工作专业人才的薪酬指导标准,鼓励有条件的地方在引进落户、档案管理、保险交付等方面创新突破,解决社会工作专业人才的后顾之忧。二是深化人才评价。一方面,尽快将社会工作者职业水平考试职能从部里转移出去;另一方面,积极做好政策修订、标准完善和监督检查等工作。同时要协调出台高级社会工作师职业水平评价办法,加快建立初级、中级、高级相衔接的职业水平评价体系。三是推进岗位开发。继续抓好社会工作岗位的认定、开发与设置,率先在民政系统开发出一批社会工作岗位。将岗位开发作为推进社会工作发展的突破口,抓紧研究制定社会工作岗位开发设置的指导性政策。四是促进社工服务机构发展。加快落实《民政部关于进一步促进民办社会工作服务机构发展的意见》,通过购买服务、公益创投、提供办公场所和启动资金、落实税收优惠和直接登记政策等措施,努力发展一批民办社会工作服务机构。五是夯实工作基础。积极争取在民政系统内设立社会工作行政管理机构、配备专门人员；积极协调财政部门将社会工作经费纳入财政预算科目，鼓励有条件的地方争取设立社会工作发展专项资金；积极引导企事业单位、基金会和公民个人捐资支持社会工作发展，加快形成以财政资金为主体、社会资金为补充的社会工作投入格局。

作者单位：民政部。

摘自《中国社会工作》，2014(7)：9－11。
转载于人大复印报刊资料《社会工作》，2014(10)。

复杂网络结构范型下的社会治理协同创新

范如国

社会本质上是一个开放演化、具有耦合作用和适应性的复杂网络系统，社会治理是一项庞大而复杂的系统工程。由于环境和社会事物的复杂性和不确定性，传统由政府主导的线性管理模式不能对复杂社会问题给出有效的解释和应对方案，有必要引入新的管理范式，即复杂科学管理范式。复杂系统理论与社会治理具有内在的契合性，能够揭示社会治理复杂性产生的内在机理及其规律。复杂系统理论表明，越是复杂的系统，系统协调的要求越高，协同效应也就越显著。

复杂网络既是社会治理的载体，又是社会治理的条件和机制。社会的复杂网络结构范型对优化社会治理行为，推进社会治理体系和治理能力现代化有着深刻的影响。社会网络既不是规则网络，也不是随机网络，而是小世界和无标度网络。一般而言，在社会系统中，社会主体往往具有多样化的需求，他们更多的是以社会网络中特有的"社团结构"(组织、机构、利益集团)形式出现。复杂社会网络表现出来的鲁棒性说明，在社会系统中有相当部分处于基层的公众、社会组织相对于政府而言似乎是"冗余"的，它们对保持社会系统的结构和功能稳定似乎远不如那少部分起核心作用的主体重要，但这些主体的存在是非常有价值的。在复杂社会网络中，参与社会治理的主体会根据个人的目标函数自发地与邻域中的主体进行择优连接，也会被其他主体连接，形成自己的网络聚集度(影响力)和在网络中的权力位置，进而产生与其网络位置相对称的社会影响，获得自己的利益优势或社会治理“话语权”。

社会治理协同创新机制,是将社会复杂网络系统的各个要素(子系统)进行系统优化、整合、调节与控制,实现社会治理目的所应遵循的制度性安排和规则。协同社会治理强调社会多主体之间协调互动的机制和体系,关注的是社会政治、利益和治理系统的复杂协同机制。社会治理协同创新机制构建的基本要求包括四个方面:第一,多元主体建立共同的协同创新意愿;第二,微观主体形成共同的利益基础;第三,以系统序参量为主要依据构建协同机制;第四,尊重差异协同原理。根据上述基本要求,从复杂网络理论和协同学等理论出发,构建社会治理协同创新机制,主要体现为以下内容。第一,社会治理多元主体复合的协同创新机制。第二,社会治理公众参与的“多中心协同治理”机制。第三,社会治理资源整合协同机制。第四,社会治理价值整合协同机制。第五,社会治理利益整合协同机制,主要包括以下几个方面:畅通稳定的利益表达机制;制度化的利益表达体系;公平稳定的利益分配机制;规范稳定的利益补偿机制;切实有效的利益冲突调处机制。第六,社会治理协同实施机制,主要包括:社会治理信息沟通与信息整合协同机制;社会治理应急预警协同网络机制;社会治理评价、监督协同机制。第七,社会治理的制度协同机制。第八,社会治理信任及可信承诺机制。

作者单位:武汉大学经济与管理学院。

摘自《中国社会科学》,2014(4):98-120。

源头治理

——社会治理有效性的基础和前提

景天魁

十八届三中全会在论述“改进社会治理方式”时提出:坚持系统治理、坚持依法治理、坚持综合治理、坚持源头治理。从源头来说,社会治理有四大问题值得重视和研究:源头之一是社会紧张度。当前,我国进入新的更困难的利益调整期,社会关系紧张,容易激化社会矛盾,导致社会交易成本增大,最终将使人人受损。源头之二是社会离散度。工业化和我国社会的快速变迁加速了我国社会人际关系的解体速度，同时社会道德失范也快速蔓延开来。源头之三是社会认同度。我国社会认同的困境加剧了社会成员的精神危机和信仰危机。源头之四是社会信任度。当前社会诚信缺失程度可谓触目惊心，令人担忧。由于上述四个源头方面的问题，使得一般化的社会管理无法解决社会深层次的问题，所以就要治理这个社会。源头治理效果优于危机处理，其优势表现为成本小、效果好、不留后遗症。

社会福利在各种治理方式中是源头治理部分最有效的举措之一。社会福利"四策"包括：(1) 健全福利制度，增强社会和谐度；(2) 发展福利服务，增强社会团结度；(3) 保障福利水平，增强社会认同度；(4) 加强福利治理，增强社会信任度。

缓解社会紧张的上策是福利建设。福利建设缓解社会紧张的社会效益主要体现在如下三个方面：第一，提高穷人对贫富差距的容忍度；第二，激发富人的社会责任感；第三，增强执政的合法性。总之，福利的社会效益就是穷人得实惠、富人得面子、政府得政绩、社会得安宁。政府只有把老百姓的福利放在执政的重要位置，才能容易得到社会的认可和拥护。

发展福利服务有利于增强社会团结度。发展以社区为依托的居家养老服务，坚持以福利服务化解中国老龄化危机将成为我国特色福利体系的最大亮点。社会服务体系存在以下四点创新：创新之一是服务主体多元化，也即如何从原来政府这个单一主体转变为政府、社区、家庭、公益性与专业性机构、社工和志愿者群体共同参与的多元化服务体系。创新之二是服务内容多样化，福利性社会服务、邻里互助社区服务及有偿社会服务构成多层次服务网络。创新之三是资源供给多渠道多方式，坚持政府、企事业单位、社会组织、个人等投资主体共同参与。创新之四是建立统一、合理、普惠的社会供给政策，从政策供给来说，应建立统一、合理、普惠的社会组织税收优惠政策体系，扩大社会组织所得税优惠的范围和幅度。

加强福利治理，增强社会认同度和信任度。福利治理在当前很突出的一个问题是增强公平性，解决碎片化的问题。所以，需要提出普遍福利的概念，应当从"大福利"出发探索中国社会福利体系的建设与完善问题。普遍福利作为基础性概念，从基本内容看，它强调公民基本福利需求的全面性，除了就业、养老、医疗、救助之外，还包含收入保障、教育福利、住房保障和社会服务等项目。福利的普遍整合包括福利管理机构整合、福利制度体系整合、福利政策体系整合、福利信息系统整合及福利监管体系整合。形成一种普遍的而又是整合的福利体系是我国福利治理的目标。福利治理,守住底线,让每一个身处困境者都能得到社会的关爱和温暖,是源头治理的重点,也是提高社会治理能力的关键。

作者单位:中国社会科学院社会学研究所。

摘自《北京工业大学学报》:社会科学版,2014(3):1-6,20。
转载于人大复印报刊资料《社会学》,2014(9)。

社会治理中的关系探究

李图强　张会平

一、社会治理关系的合作机制

所谓的"社会治理",其实质就是如何把治理主体的关系摆在制度设计的中心位置,弥补人为"分割"所造成的社会现实矛盾,实际上就是按照公共利益的法则来构建社会治理主体合作的结构,改变由于隔离所缺少的合作关系。在《全面深化改革的决定》中,以"治理"取代"管理"体现了治理主体的多元化,政府和各类型社会组织在合作关系的基础上,要逐渐探索出一种新型的"社会主导价值",体现新意义上的社会价值。组织合作意味着组织间为了达到某种目标而产生互动关系,表现出是由一种组织性的关系或网络来维系,也可能是一种组织性的机构来运作,这就是合作机制。它意味着这一机制既以合作为理论规范,又为治理主体运作提供保障。合作也是一种发展的框架,也就是"合作"的价值理念和观点可用来作为发展或透视一件事务的可能架构。

二、社会治理责任共同体

合作机制就是一个责任机制,或者准确地说,合作关系乃是以责任为基础文化的运转机制共同体。具体地讲,在我国现阶段,社会治理就是政府和社会组织、公民组织组成的公共行动责任体系,公共行动者各自有着复杂的动机,利己与利他共存，利益分歧和利益共享冲突交错，公共行动者是可以通过对话机制交流信息，克服有限理性的欠缺，能够通过合作和契约机制，将行动者锁定在利害相关的责任范围内。这是一个充满着合作意识和责任明确的公民共同体，政府与非政府部门都要学会约束自己的欲望，通过反思在利益互惠基础上，采取弹性的、灵活的、多样性的集体行动组合，寻求高绩效的公共问题的解决途径，实现公共利益的最大化。

三、社会治理关系的运转：相互尊重的规制模式

社会治理中的规制指的是治理参与者分配角色和管理间的相互作用的成套规则、决策程序和计划，公共责任作为规制的结构性基础，它实际上也是相互性的，即在政府履行对其他治理主体责任监管的同时，自身也要遵守规则的正当性。文章借鉴法国治理专家皮埃尔·卡蓝默分析的规制流程的三个方面，并结合我国现阶段治理的实际现状，提出规制的三种模式建构：第一，垂直分隔互动模式。受社会治理发展成熟度的限制，公共事务的治理方式仍习惯性以层级政府为治理中心，社会组织及公众则依存于这个层级架构之下，其关系似同上下级。此模式规制能力低，社会组织的活动系在公共部门层级组织下做有限度的发展，同时也是被用来策略性地支持公共部门的政策。第二，水平互补互动模式。随着双方的接触与行动，治理成熟度大为增加，社会组织开始反省自己的社会责任，政府也认识到自己能力的有限性，积极地寻求社会组织做互补性的支援。社会治理主体间强调互相依存配合的程度增加；社会组织开始脱离政府体系附合体的地位。第三，水平融合互动模式。随着政府与社会组织的协调运作和治理发展的高度成熟，现代治理主体的互动模式转向政府与社会组织及公民共构社会治理共同体。社会组织不再只是依存于政府之下的附和体，也不只是单纯功能性地配合公部门，而是与政府形成一种水平式融合的互动模式。

作者单位：中国人民大学社会与人口学院。

摘自《学海》，2014(4)：39－44。

转载于人大复印报刊资料《社会工作》，2014(10)。

深化社会治理体制创新研究
推动中国社会学走向世界

——专访中国社会科学院副院长李培林

王　广　唐红丽

关于我国当前发展阶段的突出特点，一种大家似乎都接受的概括，就是“经济持续发展、政治总体稳定、社会矛盾多发凸显”，或者说是发展关键期、改革关键期、矛盾凸显期“三期叠加”。首先要看到，这是巨大社会变迁中的社会矛盾。其次，这是伴随着社会巨大进步而产生的社会矛盾。再次，这是经济社会发展不协调、不均衡的结果。所以，要通过全面深化改革，建立起适应社会主义市场经济和民主政治的社会治理体制，激发社会活力，处理好社会矛盾，促进社会和谐。

政府、市场和社会的关系是创新社会治理体制的一个核心议题。创新社会治理体制，就是要适应社会主义民主政治和市场经济的需要，建立起一套新的社会运行的体制机制。一是建设“高效政府”。针对目前政府职能越位、错位、缺位同时并存的现象，要以简政放权和加强监管，推动政府由审批管控型向服务监管型转变，由注重招商引资向创造良好发展环境、提供优质服务、维护社会公平正义转变，由以政府管理为主向以吸纳社会参与的社会治理转变。二是维护“有序市场”。政府在宏观调控下发挥市场机制的决定性作用，但要坚决依法惩处假冒伪劣和一切扰乱市场的行为，营造平等使用生产要素、公平参与市场竞争、同等受到法律保护、共同承担社会责任的环境，也要杜绝市场的逐利机制侵蚀社会公益事业。三是构建“活力社会”。创新社会治理体制要坚持以民生建设为基础。要通过创新社会治理体制，积极发挥各种社会力量的作用，这不仅是积极培育新的社会组织，更重要的是实现已有的工青妇等人民团体的职能转换和社区组织的再造。要形成一切劳动、知识、技术、管理和资本的社会活力竞相迸发，一切创造社会财富的源泉充分涌流的局面。

现在，对中国社会发展中的一些重大经济社会问题的跨学科研究，都有社会学家的参与，可以说，近 30 年是中国社会学发展的“黄金 30 年”。社会学研究的进一步深化和社会学学科的进一步发展，要注重以下几个方面。一是进一步加强对我国所面临的重大现实问题的调查研究。中央提出加快推进以改善民生为重点的社会建设,这涉及就业、收入分配、社会保障、教育、医疗、住房、社会治理等众多社会学研究的领域,社会学应该广泛开展深入细致的调查研究,密切关注我国面临的重大问题和发展趋势。二是加强社会学的创新体系建设。中央提出建设创新型国家,社会科学也不能置身其外,就社会学而言,要从人才培养使用、科研管理、科研评价体系等方面,形成创新活力和机制。三是重视学风建设。我国社会学界有着良好的科研学风传统,但是目前学界也存在着一些浮夸之风,造成很坏的社会影响。在这样的背景下,加强科研学风建设显得尤为重要和迫切。四是中国社会学要走向世界。中国 13 亿人口这样一个大国发生社会巨变及金砖国家等新兴经济体的和平崛起,肯定会对世界经济政治秩序产生影响。这也是中国社会学产生国际影响的契机,中国社会学有责任向世界解读中国社会的变化,使中国社会学走向世界,使世界更好地了解中国。

作者单位:中国社会科学报社。

摘自《中国社会科学报》,2014-08-18(A⑤)。
转载于人大复印报刊资料《社会学》,2014(10)。

扁平化社会治理:社区自治组织与社会协同服务

王　颖

中国社会呈现扁平化结构特征,即由个体构成的新社区和由新社区构成的社会。行政管理体制中出现的部门合作及协同服务,仅是加强条块之间的沟通与协作,没有显现出"去中心化"的迹象。被扁平化的是由每一个个人构成的社会。因此,中国社会管理才会陷入前所未有的困境。

扁平化社会的出现,使传统科层组织体系的权威性受到前所未有的挑战。扁平化社会的治理,一定是众治,而不是任何一方独大的"他治"。众治体现一种自下而上的治理结构关系;是利用众人的智慧破解所有改革中遇到的困难和难题。实现众治须与社会资本的重塑结合起来,通过基层社区两种社会资本的重构,让社会在所有人的自愿参与下,重新建构有机团结。

网格化管理作为一种创新性的城市管理模式被许多城市甚至乡村所接受。

但是多年的社会实践证实,网格化管理在社会领域的治理方面始终没有建树。在管理固定不变的"城市部件"方面,网格化管理凸显了它在僵硬的科层体制中的协同性。然而,一旦进入社会领域,以分布式协作见长的网格化管理模式被完全架空了。网络化是将不同的主体、资源、信息连接起来,通过相应的网络软件实现沟通、联系、资源共享的目的。网络化是针对利益主体高度分散化、扁平化的再组织思路。而网络化的社会再组织是一种全新的治理思路,主要体现在以下三个方面:第一,网络化是一种重要的沟通手段,它可以使呈原子化状态的陌生邻里重新建立起经常性的邻里沟通、公共话题的社区对话和有意义的社区参与。第二,网络化是一种全新的组织运作方式,表现为自下而上的自组织和自主运作方式、社区组织活动参与的自愿性和多样性、开放性、联动性及组织之间的平等关系和非隶属性关系。第三,网络化平台是使碎片化的个人和组织重新自主连接起来的结构性枢纽。

网络化组织方式是社会领域消除碎片化实现"众治"的有效方式,关键在于三个社会建设行动主体如何携手实现社会领域的"众治"。一是新社区的自主性建设:转变观念,为新社区建立互连互通的网络平台,着力培养新社区中最活跃的志趣爱好者团队,建立社区网络平台的数据库,建设社区公共平台。二是大力扶持为社区提供培力服务和专业服务的社会组织:这些社会组织是政府连接社会个体最直接最有效的组织桥梁,是高度分散化社会再组织起来的助推力量。三是政府减政放权,做一个目标明确、方法得当的掌舵人。三者之间各司其职、互相配合,在破解分散化难题上,必将会形成极具中国文化特色的和谐社会局面。

作者单位: 中国社会科学院社会学研究所。

摘自《河北学刊》,2014(5):100-105。

转载于人大复印报刊资料《社会学》,2014(11)。

中国社会治理体制改革的视野、举措与意涵

——三中全会社会治理体制改革的启示

郑杭生　邵占鹏

中国社会治理体制改革需要在全面深化改革的全局中、在本土自信的高度上来认识。这两个方面在推进国家治理体系与治理能力现代化的实际举措上并

不分家，而是紧密结合在一起的，表现为改革力量、改革途径与改革关照三个方面，展现出了推进力量与规范力量并行、顶层设计与摸着石头过河相结合、“现实”问题与“目标”问题共思量的鲜明特点。

在中国推进国家治理体系与治理能力现代化的理论视野与实际举措的背后，中国社会治理体制改革有着不同于西方社会治理的丰富意涵。首先，中国社会治理体制改革与西方社会治理的语境不同。不同于西方社会善治与治理理论的现实背景与语境，中国社会治理体制改革是在全面深化改革的全局中做出的战略部署，通俗地讲是一种积极预见性的改革。其中存在的主动与被动、建设性与应对性差别是显而易见的。不单如此，西方善治与治理理论的兴起更多的是站在维护管理权威的立场上的，而中国社会治理体制改革则直指最广大人民的根本利益，社会治理体制本身的完善并不是改革的最终目的。立场上的本质区别反映出了中西方在执政党与人民之间关系上的不同，中国共产党与人民的利益是同一的，因此国家与社会的关系也是合作的。其次，中国社会治理体制与西方社会治理的关系结构不同。中国社会治理体制的改革是党委领导、政府主导的，中国社会治理模式是决策科学、民主监督、各方力量充分调动的，这种社会治理体制是立足中国国情、有着本土自信的道路选择。在改革攻坚期，在现代市场经济中，国家必须是强势而且高效的，这样才能对市场力量进行制衡，既防止其挑战国家的权力，又防止其侵害社会的利益。中国社会治理体制改革中三大部门所形成的关系结构有助于发挥好各方力量的优势，形成良性互动的改革合力。最后，中国社会治理体制改革与西方社会治理的发展方向不同。西方的社会治理仍然是囿于国家与社会对抗关系前提下的，以应对政府失灵与社会失灵为现实目标，以各方力量对抗与磨合为达成途径的治理模式，“善治”只是掩盖国家与社会之间力量的对抗与阶级本质的唯美幌子。相反，中国社会治理体制改革提出的推进国家治理体系与治理能力现代化的目标，是建立在国家利益与人民利益一致、政治国家与民间社会合作共赢基础上的。中国社会治理体制改革要发挥好国家与社会利益一致、合作关系的固有优势，立足中国历史、现实与未来，形成三大部门良性互动的关系模式，增促社会进步、缩减社会代价，为中华民族的伟大复兴贡献力量。

作者单位：中国人民大学社会学理论与方法研究中心。

摘自《江苏社会科学》，2014(2)：66－74。

热点七　甲午战争与东亚历史进程

【入选理由及专家点评】

入选理由　1894年爆发的甲午战争，对中国和东亚历史产生了深刻的影响。研究甲午战争，有利于深入了解中国政治、经济、文化等的变革，也有利于明晰日本历史的转折和东亚历史进程的演变，具有深刻的现实意义。目前研究情况大致如下：(1) 甲午战争爆发前的形势研究。学者们分析了甲午战争爆发时的世界局势，中国国内政治体制落后，中国和藩属国朝贡体系的变化，日本资本主义发展和战略战备计划等形势，论证了甲午战争爆发的必然性，驳斥了甲午战争突发论。(2) 甲午战争军事情况研究。涉及甲午战争中中日军事力量、战略、战术的比较，清朝陆海军的评价，甲午战争的情报问题。总结了甲午战争失败的政治、经济、文化、军事原因。(3) 甲午战争对中国的影响。学者们着重分析了甲午战争对近代中国国力、政治体制、经济形势、思想文化等的冲击和长远影响。面对新形势，总结战争经验、吸取教训尤为重要，诸如发展国力、杜绝腐败、实现强国梦想，避免战争，减少战争带来的人类灾难，等等，学者们进行了不同的思考。(4) 甲午战争对东亚历史进程的影响。甲午战争使中朝宗藩关系终结，日本的经济实力、军事实力空前膨胀，心理基础、意识形态、对世界的认识发生重大改变，欧美和日本等在华势力掀起瓜分中国的狂潮，日俄争夺朝鲜，中朝两国民族危机空前严重。

专家点评　1894年日本挑起的中日甲午战争，对中国及东亚历史进程产生了重大影响。中国的战败和《马关条约》的签订，使自1840年鸦片战争后开始的中国半殖民地化进程进一步加深。战争也促进了中华民族的觉醒。正是以甲午战争为契机，孙中山发起成立“兴中会”，提出了“振兴中华”的口号，康有为、梁启超领导了戊戌变法运动。从此，中国人民的救亡图存、谋求民族复兴的伟大斗争进入了一个新的历史时期。与此同时，日本借助甲午战争的胜利，尤其是向中国掠夺的巨额赔款，迅速走向了向外侵略扩张的军国主义道路，并取代西方殖民者成为中国和东亚各国人民最凶恶的敌人，成了第二次世界大战的策源地。铭记历史，才能面向未来，更加珍惜世界和平。

（点评人郑大华　中国社会科学院近代史研究所研究员）

【代表性文献摘编】

日本与甲午战争后的沪苏杭

戴鞍钢

一、日本对吴淞的觊觎

甲午战争后日本报纸公然声称："日本在上海择地开租界一事，以吴淞为佳。黄浦江瘀沙日厚，其势迟早必至无法可治，不能行船。如吴淞则日后必大兴胜之地，与上海来往之路又极便，日本当择租界于吴淞。"沿江一些地段则先后易主，至 1898 年初"吴淞口之蕴藻浜南沿江水深之地，除操厂一块，悉为洋人所得"。为杜绝列强觊觎，1898 年初两江总督刘坤一奏请吴淞自开商埠获准。随后，自开商埠的步骤渐次展开。不久北方义和团起义，1901 年《辛丑条约》规定疏浚黄浦江包括吴淞口瘀沙，列强不复再提开辟吴淞港区事，清政府的"自开商埠"遂陷于停顿。但日本并未放弃对吴淞的觊觎，1937 年日本大举侵华并占领上海租界以外地区后，即启动所谓"港湾及运河建设事业"，其中包括"吴淞建港""吴淞口小河的筑造""吴淞口小河的运河化工程"等。

二、日本在苏杭的租界

甲午战争后的中日《马关条约》，规定将苏杭和重庆、沙市等增辟为通商口岸。之后，日本便急切地部署在苏、杭两地设立其租界。1896 年 9 月中日双方签订协议，在杭州拱宸桥地区划界设立"商埠区"，并在其中设立日租界。1897 年，中日签订《苏州日本租界章程》，辟苏州盘门外相王庙对岸青旸地，西起商务公司，东至水绿泾岸，北自沿河十丈官路外起，南至采莲泾岸，为日本租界。但是，令日本始料不及的是，以欧美商人为主体的在沪外商，出于商业成本的考虑，并不热衷去紧邻上海新开埠的这两个城市拓展业务。于是，苏杭两地虽有日租界的设立，但独木难支，日本虽极力经营，仍难有起色。时至 1906 年，苏州日租界的商务仍显萧条。杭州被辟为通商口岸，同样没有动摇上海作为江南经济中心城市的地位。杭州开埠后,“只有两个国家——英国和日本——派遣领事到杭州”,英国领事馆于1900年建成,坐落在运河岸边,与日本租界相对。

三、日本染指江南内河航运

自苏、杭开埠和小轮开禁,人们纷纷易辙,“一时航运事业非常发达,所有内河客货运大都改用小火轮船。”从上海驶往苏南浙北的小火轮激增。在上述背景下,上海港登记注册的内河轮船,从1901年的142艘攀升至1911年的359艘。日资内河轮船公司四处布局,拓展航线,其中日资大东轮船公司引人注目。上海至浙江方向的航线,也有日资大东轮船公司的经营。1901年1月17日《中外日报》载,大东轮船公司又增设苏湖杭班轮航线;1905年,大东轮船公司亦新开上海硖石班轮。至此,日资轮船公司的触角,已深深楔入纵横交错的江南内河航运网络。

作者单位: 复旦大学历史系。

摘自《安徽史学》(合肥),2014(4):22-29。
转载于复印报刊资料《中国近代史》,2014(10)。

甲午战争前日本的战备及其战略计划

——兼驳“甲午战争突发论”

关　捷

日本侵略中国之心由来已久。早在1868年“明治维新”以前,日本的统治者就策划侵犯中国领土。明治维新之后,随着日本资本主义的急剧发展,统治集团对外侵略扩张的野心日益膨胀。19世纪90年代,日本加紧了战争的准备。首先,扩充军力,建立战时体制,培养军官。在日本整个扩军备战中,其近代化陆海军发展占据重要地位。1885年桂太郎、川上操六等自欧洲考察返国后,即按德国军制改编日本军队,改进军队装备,加强陆海军建设。1886年开始,日本实行兵制改革,而且针对中国陆海军状况加强战备。1869年开始建立海军兵学校培养海军初级军官,后发展为江田岛海军学校,到1894年共有21期学生毕业,其中700人参加了甲午战争。其次,加紧搜集情报。日本将中国作为主要侵略目标后，随即启动了情报战，不断向中国派遣各类间谍，组织谍报网。再次，实行全民皆兵，进行军国主义教育。第四，制造“侵略有理”的舆论。日本编造理由，制造舆论，为对外发动侵略进行辩解。第五，日本为发动侵华战争，加强物资准备，一是筹措军备经费，二是准备实战的枪炮舰船，三是重视后勤保障。

日本依据搜集的大量情报制定了侵华作战计划，更是明显暴露出日本的侵略本质。小川又次于 1886 年奉参谋部长山县有朋大将之命再到中国各地搜集情报，并在 1887 年制订出侵略中国的蓝图——《清国征讨策案》，提出“以五年为准备之期，然后待可乘之机而攻击之”。《策案》第一篇“彼我形势”计 11 项，概述现今之形势，概论制定进攻计划之必要。第二篇“作战计划”列 11 项，论述作战必胜之要领。第三篇“善后处理”7 项，提出日本对中国的处理措施。为达到攻占清朝统治中心北京的战略总目标，日本参谋本部的作战计划规定分三期实施，还根据海军的胜负，决定了三种作战方案。可进可退的作战计划进一步证明，日本侵略中国是蓄谋已久的，并非突发事件。

甲午战争爆发后，日本大本营根据形势变化，随时调整海陆军作战计划。这些计划，既有联合舰队和一、二军作战计划和山东作战军计划，还有陆军师团的具体进犯计划。日本海军典型的作战计划是 1895 年 1 月 19 日联合舰队作战计划，该计划包括主力军舰的进犯计划 31 项，也涵盖鱼雷艇队作战计划 3 项、击毁敌舰的作战计划 7 项。日本陆军的混成旅团，第一、二军和山东作战军都随时制定了作战计划。日军侵入中国本土的作战计划是：1894 年 9 月 21 日编成第二军，陆军大将大山岩为司令官，与第一军配合分两路侵入中国辽东半岛。为了进犯辽东半岛，日军第二军制定了一个比较详尽的登陆计划和作战方案。日军为了占领威海卫、歼灭北洋舰队，大山岩向第二师团长佐久间和黑木下达了进攻威海卫的作战计划。可见，日本发动侵华战争前，海陆军将佐都已熟悉大本营作战战略目标，他们所指挥的每一个战役皆为战略目标的一部分。

作者单位：大连民族学院。

摘自《山东社会科学》(济南)，2014(6)：107－113。

转载于复印报刊资料《中国近代史》，2014(10)。

甲午战争中的英美特派记者与旅顺大屠杀报道

刘文明

1894 年 11 月 21 日,日军攻入旅顺口,随后 4 天在旅顺市内抢掠屠杀,残杀居民约 20 000 人,制造了震惊世界的旅顺大屠杀。欧美报刊很快普遍报道了日军攻占旅顺的消息,但对大屠杀事件反应较慢。最先提到这一屠杀事件的是《泰晤士报》。随着特派战地记者长篇报道的问世,报道者的亲身经历揭示出旅顺大屠杀的真相,引起了世界舆论的关注。在西方战地记者中,首先对屠杀事件极为重视并去质问日本政府的是托马斯·科文。科文之后,克里尔曼作为战地记者连续发表了几篇关于旅顺大屠杀的报道,轰动了舆论界。科文和克里尔曼的报道引起了急欲与美国修订条约的日本政府的紧张,于是日本政府采取应对措施,对旅顺屠杀事件进行辩解并写成书面材料转给《泰晤士报》和《世界报》,这两家报纸分别于 12 月 15 日和 17 日刊出了日本政府的声明。两则声明的表述各有不同,但都突出强调了两个理由:一是清兵改装成平民继续抵抗,因此日军所杀是士兵而非平民;二是日本士兵见到被杀害的日军俘虏后极为愤慨,变得忍无可忍。

克里尔曼、科文的报道不仅引起了日本政府的强烈反应,同时一些亲日的英美报刊和记者也为日本辩解甚至对屠杀事件提出质疑。例如,《纽约论坛报》于 1894 年 12 月 20 日发表文章《旅顺"暴行"》,对克里尔曼 12 日的报道进行反驳。在否认旅顺大屠杀的西方记者中,A. B. 德·盖维尔是代表人物,战地记者的身份使其言论在欧美舆论界产生了极其恶劣的影响。12 月 30 日,盖维尔在《纽约时报》发表《日本人受到不公正指责》一文,这是他写给该报的一封信,声称"我觉得要马上说句话为日本辩护"。他在文中描述了清军如何虐待日军俘虏,强调日军进入旅顺时受到居民的袭击,虽然日军及其军夫杀死了许多抵抗者,但这些人都是换装的清兵而不是平民,并且说:"就我亲眼所见,我没有看到一个死亡的妇女或儿童,也不相信有任何妇女和儿童被杀。"从盖维尔为日本辩护的内容逻辑来看,与日本政府的声明完全一致,他以一个战地记者的身份为日本的狡辩做了注脚。

从 1894 年 11 月底到 1895 年 3 月,英美报刊对旅顺大屠杀的报道,一直伴随着争论和斗争。那么,是什么原因使这一不容否认的客观事实在报道中变成了一个具有争议性的事件?影响因素有许多,主要有以下三个方面:首先,日本政府对英美新闻机构及记者本人的收买利用，影响了一些报刊和记者对旅顺大屠杀的报道，甚至公然否认大屠杀并为日本辩解。其次，对旅顺大屠杀报道的争论，也与各报刊之间的竞争以及记者之间的个人恩怨有密切关系。再次，英美媒体在甲午战争中普遍倾向于日本的舆论氛围，使质疑和否认旅顺大屠杀真相的报道有了生存的土壤。

作者单位：首都师范大学历史学院。
摘自《社会科学战线》（长春），2014(10)：94－102。
转载于复印报刊资料《中国现代史》，2015(1)。

甲子史期的中国与世界

——从世界系统的形成演变看甲午年

苗东升

从 1834 年到 2074 年的四个甲子构成世界历史的甲子史期，对中国和世界都至关重要。第一，甲子一以中国沦为半殖民地完成了世界的系统化。进入 19 世纪以后，中国因为保有完整的封建制度和辉煌的文化成为抵制世界资本主义系统化最后也是最强大的外部异己力量，但通过近 80 年的鸦片输入，至 1830 年代英国已将中国捍卫主权的实力严重掏空，1840 年的鸦片战争标志着世界系统化过程开启了它的完成期。1894 年的甲午战争，中国完败、日本完胜，标志着世界系统化完成期的结束。中国沦为帝国主义列强的半殖民地，面临亡国灭种，中国社会救亡图存亦由此开始。第二，甲子二作为分系统的中国实现民族解放，极大地改变了世界系统的结构。由文化、政治渐次及于军事，中国社会为实现彻底的民族独立，进行了尖锐、激烈、持久的斗争，进行了广泛而深刻的自我改造，中国人民一面反抗外国侵略，一面越来越明确以中共的社会主义为革命方向，彻底打击和清算了帝国主义在中国的势力和根基，中共战胜国民党建立新中国，并在朝鲜战场成功抵制了美国的军事进攻。抗美援朝虽是一场局部战争，却奠定了中国半个多世纪和平发展的基础。第三，世界系统在甲子三中经历大曲大折，中国在曲折中宣布和平崛起。在甲子三的起步时期，中国开始社会主义改造，且迅速取得完胜，开始进行社会主义建设。苏联在与美国的争霸中衰落，以美国为首的资本主义阵营却出现了罕有的团结与和平。伴随着外部的中苏交恶、中美建交,中国内部的社会主义建设事业也是一波三折,充满荆棘。最终以邓小平主导社会主义的大规模的结构改革,使中国的社会主义逐步站稳脚跟,中国在发展的过程中提出了和平崛起的方针,更自觉、也更有成效地以大国身份参与世界系统的演化。只要应对得好,中国将在甲子四实现民族复兴,世界系统将抛弃霸权主义,开始考虑如何建立后资本主义社会。但随着甲午年新的回归,日本军国主义的孤魂野鬼也在文化和政治上回归。由此引发了一场文化战,只有彻底揭露日本右翼势力的反动性、疯狂性和欺骗性,打赢这场文化战,才能避免东亚不再被拖入战争,确保中华民族的复兴和世界的永久和平。从世界现状看,打赢绝非易事。因为这不仅是中日之间的文化较量,更是美国对中国发动文化战的一部分,因而具有世界系统的全局意义。但中国是顺应历史潮流,美日是逆潮流而动,中国现今实力大增,顺应历史趋势和潮流打赢这场文化战,中日两国人民乃至世界才能避免发生新的大战的危险。

作者单位:中国人民大学哲学系。

摘自《北京大学学报》(哲学社会科学版),2014(4):15-23。

中日甲午战争:日本历史的拐点与东亚国际格局

宋成有

1894年明治政府以国运相赌,挑起中日甲午战争。这场侵略战争摧毁了东亚传统国际秩序,成为日本武力崛起、扭曲中日两国关系的历史拐点,东亚国际格局面目全非。甲午战争在两种意义上标志着近代日本历史拐点的到来:其一,这是日本在1889年称为君主立宪的“大日本帝国”之后5年,首次以“帝国”名义对外发动的大规模侵略战争。选择对清交战,意味着日本脱亚入欧的不可逆转和“大陆政策”的付诸实施,表明日本最终选择了军国主义武力崛起的国家发展道路。其二,甲午战争意味着日本抛弃了1871年《中日修好条规》所规定的两国和平、对等的关系准则。甲午战争使中日之间近300年的和平局面被打破。在甲午战后的议和与《马关条约》的签订,中国被迫割地、赔偿巨款,并放弃了中国对朝鲜的宗藩保护关系。在随后引发的“三国干涉还辽”事件中，俄国在中国、朝鲜的影响大为增加，围绕朝鲜半岛殖民权益，日俄展开激烈角逐，朝鲜政局动荡，政变频频。1896 年至 1898 年，日本通过《关于朝鲜问题的日俄备忘录额》、《山县—罗拔诺夫协定》、《西—罗森协定》逐步在朝鲜由被动转为主动。与此同时，日本加进扩军备战，日俄战争不可避免。而在中国，为对日支付 2.3 亿两白银巨额战争赔偿与“赎辽费”，清朝政府被迫三次向欧美列强借巨款，沦为列强的金融附庸。日、俄、美等列强则借机通过在中国修筑铁路、开发矿山、投资设厂扩大在华势力，进而掀起在中国瓜分势力范围的狂潮。清政府的自救改革因缺乏稳定的外部国际环境、内部缺乏共识最终失败，民族危机突然加剧。同时期的朝鲜，由朝鲜高宗推行的“光武改革”也因为日俄战争的爆发而戛然而止，朝鲜沦为日本的保护国。其三，从更长的历史时段来看，《马关条约》破坏了中朝日三国三足鼎立以维护东亚和平安全的框架，日本将侵略的矛头指向朝鲜半岛和中国大陆，走上军国主义的不归路。中日两国在国家关系、经贸关系、国民观感层面都发生了深刻变化，日本民众侵华、仇华的民族沙文主义心态泛滥开来，“大日本帝国”观念深入朝野，军国主义思潮进一步泛滥，成为日本对外侵略扩张的支持力量。首批中国留学生在日本的遭遇，凸显了日本历史拐点对中日关系的苦涩含义。同时，甲午战后，借助中国的巨额赔款，日本的国家财政急剧扩张，开始以俄国为假想敌开始第二轮扩军备战，同时日本社会掀起了新一轮资本主义工业革命。甲午战争为日本赢得了一次重要的发展契机，日本进而期望通过再次战争获取更大的发展。急剧膨胀的军国主义将日本拖入万劫不复的战争毁灭之路。

20 世纪 60 年代以来，随着日本经济的恢复，日本的右翼势力逐步抬头。新世纪之交，日本经济低迷不振，日本国内诸多矛盾交织，日本政治右倾化势头有所增强。这两年安倍晋三领导的日本自民党的加速右倾化更值得警惕。日本的国家发展道路也面临着新的历史拐点。

作者单位：北京大学历史学系。

摘自《日本学刊》(北京)，2014(5)：15－35。

转载于复印报刊资料《世界史》，2014(11)。

甲午战争后日本对华知行的演变(1895—1905)

杨栋梁

甲午战争前,中国仍被西方人喻为“沉睡的雄狮”,是世界东方无出其右的大国。然而,战争的结果彻底暴露了清朝的虚弱本质,明治以来日本的中国观由此完成了从质疑到蔑视的根本性转变。甲午战争后,日本政界和知识界对中国的主流看法是:经此一战,中国业已国将不国,《马关条约》签订后“中国已死”论的出现,更是如实地反映了日本对中国的蔑视程度。1904 年的日俄战争,日本不仅铲除了俄国这个阻碍其向大陆扩张的绊脚石,而且再次确认了清朝的腐朽懦弱,其蔑视型中国观大举泛滥并走向固化。当时竭力贬低中国的报道和评论有以下种种:低级动物说;有家无国、一盘散沙说;文弱之国说;见利忘义说。

与中国认知上蔑视型中国观的形成与固化相对照,日本在甲午战争中形成的优越型自我认知,也随着战后对华扩张行动的步步得手而不断膨胀,进而又引起了自我使命的不断提升。既然中国这个东洋的传统老大已被打败,那么日本当然可以取而代之,成为“东洋盟主”,这是当时日本国民中形成的普遍意识。“三国干涉还辽”给日本上的一课是,日本虽然战胜了中国,但列强、特别是俄国还不允许日本在东亚的舞台上担任主角。由此,日本的东洋盟主梦受挫,优越型自我认知有所降温。之后,在 1900 年的庚子事变中,日本首次加入了列强侵华的统一行动。由于日本的出兵数量仅次于俄国且行动坚决,得到其他列强的赏识,从而改变了身份,被正式接纳为世界列强俱乐部的一员,其优越型自我认知也随之提升。1905 年,日本取得了日俄战争的胜利。这一结果使日本自信成了世界的“一等国”,日本人是世界上“最优秀”的国民。日俄战争后“东西文明调和论”的兴起,表明日本于甲午战争时期形成的优越型自我认知,已经被提到了一个前所未有的高度。

甲午战争后的十年,日本对华政策的目标是继续谋求在华权益的扩大,但是由于列强围绕在华权益的博弈及其相互制衡,以 1900 年的庚子事变为界,其对华行动选择的策略和实现路径也有明显变化。“三国干涉还辽”后,列强掀起了新一轮控制与瓜分中国的狂潮。日本深知实力有限,无法与列强抗争而排他性地垄断中国，因此采取了与列强“协调”行动共同蚕食中国。庚子事变后，随着国际地位的“提高”，日本的对外扩张野心继续膨胀，但在对华扩张问题上，它所面临的最大障碍已不是千疮百孔的清朝帝国，而是沙皇俄国。1904 年日俄战争正式爆发，日本取得战争胜利。《朴茨茅斯和约》签订后，日本政府确定了与清政府谈判的方针，即不仅要清政府承认日本“接管”俄国在中国东北南部的“权益”，而且变本加厉地要求清政府让出更多权益，将中国东北南部纳入自己的控制范围。

作者单位：南开大学世界近现代史研究中心。

摘自《东北亚论坛》，2014(5)：21－31。

转载于复印报刊资料《世界史》，2014(11)。

日本的甲午战争研究与“二元外交论”问题

张经纬

今年是甲午战争爆发 120 周年。在评析日本甲午战争研究脉络和潮流的基础上，重新审视“二元外交论”问题，在东北亚局势仍然存在诸多不确定因素的今天，具有重要的现实意义。

19 世纪末 20 世纪初，是甲午战争研究的官方修史阶段。这一阶段的研究，与其说是研究，不如说是叙述，主要成果是战史编纂。这一时期的个人研究所见不多，对后来产生影响的有 1898 年出版的坂崎斌的《陆奥宗光》一书。他在该书中提出了“二元外交论”。20 世纪 30 年代，是日本甲午战争研究的第二阶段。在这一阶段，少数学者已经开始使用档案资料对甲午战争爆发的原因、过程，以及当时日本所处的国际关系等进行分析，并出现了影响到战后的代表性学者。20 世纪 60 年代末开始，日本的甲午战争研究进入第三阶段，代表人物是中塚明和藤村道生。中塚明于 1968 年出版了专著《日清战争研究》。中塚明否认“二元外交论”，以丰富的史料说明，日本政府与军部合谋，持有明确的开战意图，并实行了开战外交。1973 年岩波书店出版的藤村道生的《日清战争》，被日本史学界认为是近年诸多成果研究起点的经典之作。藤村道生继承了“二元外交论”，这与中塚明有着很大的差异。20 世纪 80 年代以后，是日本甲午战争研究的第四个阶段。1995 年 12 月，日本东亚近代史学会编辑的《甲午战争与东亚世界的变动》出版发行。以此为契机,呈现出从资深学者到媒体人都广泛参与甲午战争研究的壮观局面。他们都认为在甲午战争之前的日本政府内部,大陆扩张政策处于劣势,企图回避对清战争的协调政策处于优势地位。政治、外交、军事各部门对清作战的准备尚不充分。尽管都认为应该避免与清朝发生战争,但由于对状况和具体事情处置应对上的失当还是导致了甲午战争。总之,甲午战争爆发之后的一个多世纪里,“二元外交论”在日本史学界连绵不断,且居于主流地位。

由于“二元外交论”本身不符合历史实际,且对后人的价值评判产生了严重的误导,因此有必要对“二元外交论”从世界现代化史、日本近代对外战略演变及甲午战争开战实情等诸方面进行分析,以对日本史学界的主流观点做出回应。明治政府实现了初步的工业化。财大之后,日本以本土为基地向周边扩张,这样首选目标自然就锁定朝鲜和中国。1876 年,日本靠武力胁迫与朝鲜签订了《江华条约》。日本借此否定了朝鲜与中国的藩属关系,否定了中国对朝鲜的宗主权。1884 年在日本的策划下,酿成了亲日派诛杀“心服中国者”的“甲申政变”,事后中日两国签订了《中日天津会议专条》。“甲申政变”十年之后,日本挑起了对中日两国历史、对东亚甚至世界历史影响深远的甲午战争。其次,从日本近代对外战略的演变来考察,日本近代对外战略的形成至少要追溯到幕末时期,甚至要追溯到 16 世纪末乃至更早。最后,从甲午战争的出兵和开战过程看,陆奥宗光和军部始终是沆瀣一气的,外交先行和军事后援也始终是配合默契的,从开始的动机到最终的结果看,根本不存在所谓的“二元外交”。

作者单位:中国社会科学院世界史所。

摘自《史学理论研究》(北京),2014(4):28-34。
转载于复印报刊资料《中国近代史》,2015(2)。

世界体系视域下的甲午战争再反思

周　峰

从世界体系的视角审视甲午战争,可以看出,甲午战争的爆发是日本国内资本主义扩张的逻辑必然,是东亚朝贡体系的式微和日本崛起的结果,也是列强争夺远东与殖民中国的进一步演进。

一、日本国内资本主义扩张的逻辑必然

中国近代自鸦片战争以来爆发的历次反殖民反侵略战争貌似是与各国的战争，但归结起来，都不是孤立的，其实质是与资本（扩张）的对抗。如果说，进入19 世纪，欧美各国资本主义的发展已经渡过原始积累阶段的话，日本的资本主义则刚刚开始。前者意欲占有市场，后者则表现为对领土和市场的双重要求。维新时期，日本国内的一个突出矛盾是产能和市场的严重不平衡。从短期看，战争将会影响正常的对华贸易；但从长远看，受其国土资源的限制，在中国获取殖民地意义深远。甲申事变的爆发，更使日本认识到，无军事暴力的手段不足以维持对外贸易的优势甚至垄断地位。甲午战争的结果，满足了日本资本主义扩张中原始积累阶段对领土（及其资源）和市场的双重需求。

二、朝贡体系的式微与日本的崛起

东亚三国在清代的朝贡关系可被视为整个朝贡体系的缩影。在以中国为主导的朝贡体系内部，还存在着日本以自我为中心所构建的“次体系”。前者以“礼”为核心，后者则趋于“利”。日本的主要任务是如何重组日本、中国、朝鲜、琉球的关系，以将日本置于中心位置。从 1874 年日本侵台开始，历经“江华岛事件”“甲申政变”，日本先是吞并琉球，然后成功获取对朝鲜的名义控制权。与此同时，加紧备战。1886 年，日本决定建造包括“三景舰”在内的 54 艘兵船。1888 年，日本完成陆军军制改革，以适应大规模征战之需。经过了约 20 年的战争准备，日本在甲午战争中获取胜利。从此，日本取得了对朝鲜的实际控制权，获得赔款割地通商之多项权利，日本开始取代中国成为东亚地区的主导力量。

三、列强争夺远东与殖民中国的进一步演进

甲午战争的爆发是列强争夺远东与殖民中国的进一步演进，因而可以被视为“两次鸦片战争的继续”。由于日本所处的特殊地理位置，美国要想深入东亚，必须以日本为跳板。美日同盟几乎是天然形成的：美国依靠日本的战略位置，日本依仗美国的军事实力。而朝鲜和中国毗邻，紧靠北方的“龙兴之地”，又是列强控制清政府的咽喉。因而，朝鲜又是列强争夺中国的天然要道。由于“利益均沾”原则，列强虽内部矛盾重重，但都坚守着获取最大的殖民利益这一信条，以致

无论哪国列强在取得清政府的不平等和约时都能和其他诸国握手言和。这既是日本敢于在列强已然瓜分中国的现状下,发动一场意在通过侵略朝鲜进而侵略中国的战争之原因,也是清政府自以为高明的“以夷制夷”策略频频失效的缘由。甲午战争之后,根据各国“最惠国待遇”中利益均沾的原则,列强多年以来试图进入中国腹地的愿望,终于借助日本的枪炮和《马关条约》得以实现。

作者单位: 南京大学政府管理学院,南京政治学院科研部。
摘自《东南学术》(福州),2014(4):51-59。
转载于复印报刊资料《中国近代史》,2014(10)。

甲午战争的历史教训与现实思考

张海鹏

2014年是甲午年,是中日甲午战争爆发120周年。甲午战争是中日两国不能忘记的历史事件。认真回顾与反思这场战争的历史教训,认识这场战争何以发生、何以成为那样令人不忍回首的结局,对于我们今天维护祖国领土完整与统一,更好地实现中华民族伟大复兴的中国梦,具有重要的现实意义。

一、爆发甲午战争的历史背景

19世纪80年代,“脱亚入欧”论的主张者福泽谕吉极力为发动侵华战争制造理论根据与舆论准备。明治维新后,明治天皇要“开拓万里波涛,布国威于四方”,图谋夺取琉球、朝鲜和台湾。1874年日军侵占台湾南部失败后,于1879年吞并琉球。1884年12月初朝鲜甲申政变失败,日本操纵朝鲜政局的图谋未能得逞,但却取得了向朝鲜派兵的权利。此后,日本抓紧扩军备战,建设海陆军,成立直属天皇的参谋本部,派遣大批间谍到中国侦察。1894年,日本发动侵华战争。1895年2月,日军攻占北洋海军基地威海卫,北洋海军全军覆没。1895年3月19日,李鸿章以全权大臣名义到达日本求和,4月17日被迫在《马关条约》上签字。

二、中国在甲午战争中失败的原因

对于中国在甲午战争中的失败,120年来都有不同的解读。这里依据历史事实，作一些分析。

第一，中日两国社会制度、发展阶段不同，是评估战争胜败的基础性因素。中国是一个半殖民地半封建社会。日本通过明治维新，大力提倡与开展“殖产兴业”，不仅引进西方资本主义的生产技术，而且引进西方资本主义的社会制度，使日本迅速发展成为一个后起的资本主义国家。第二，清政府缺乏对日本走向军国主义的清醒判断。日本发动这场侵朝、侵华战争，做了几代人的准备，包括政治准备、经济准备、军事准备、社会动员和外交准备，设计了多种实施方案。清政府朝野对日本明治维新以来的情况缺乏了解，对日本几代人准备“征韩”、“征清”的图谋未曾研究。清政府处理中日关系都是就事论事，不是放在欧美列强推行殖民主义侵略政策的大背景下思考，不去深究、探讨所有这些事件的背后原因，且往往处置失当。第三，清政府体制内耗严重，领导力量薄弱。第四，清政府把国家安全寄托在列强调停上，没有做战争准备。第五，清军战略上消极防御，步步退让。第六，清朝的军事体制落后，难以指挥调动、形成合力。第七，国际环境总体讲对清政府不利。

三、对历史教训的几点思考

回顾 120 年前的甲午战争，客观地看待中国失败的历史教训，我们可以得出几点认识。

第一，要避免落后挨打，关键在于国家综合实力强大。国弱民贫，经济落后，难免受外人欺凌。国家强大的基本要素有三：经济实力增长，外部势力不敢小视；社会制度先进，外国不能轻视；人民奋发向上，外国不会恣意动武。第二，外交交涉要以国家实力为基础。19 世纪 90 年代的清王朝正好缺乏这样的基础，却要谋求以夷制夷，无异于与虎谋皮，实际上被外国列强玩弄于股掌之中。第三，历史的辩证法再次证明，依靠武力对外侵略扩张最终都是要失败的，这是历史规律。第四，改善中日邦交要正视历史。第五，日本军国主义给中国人民带来的刻骨铭心的历史灾难不能忘记。日军攻进旅顺，兽性大发，在旅顺进行大屠杀。日本军人对平民的野蛮大屠杀，是日本军国主义精神的体现。日本第二次侵华战争期间在中国各地的屠杀，包括南京大屠杀等，都是这种军国主义精神的再现，将永远被钉在历史的耻辱柱上。

作者简介：张海鹏，中国社会科学院学部委员。

摘自《求是》(北京)，2014(14)：20－23，原文约 5 000 字。

甲午战争思辨

邵维正

中日甲午战争已经过去120年了。两个甲子积淀着几代中国人的经历、痛苦与思索,留存于中华民族的集体记忆之中。历史启迪智慧,发人深省,催人奋进,尤其是在中华民族走向复兴的今天,更应对中日甲午战争作一番深沉的思辨。

一、纪念胜利理所当然 反思失败更为深刻

在人们的习惯里,纪念胜利是常态的、兴奋的。然而,提及失败的教训,往往使人不自在,总感到气愤和伤感。殊不知,反思失败更有必要,更具有纪念胜利所难有的刻骨铭心。甲午战败后促成了中国的思想启蒙运动就是一个很好的说明。甲午战争中国的失败尤其是《马关条约》的签订,给沉闷的中国社会以很大的震动。如果说鸦片战争警醒的是以林则徐、魏源为代表的先进中国人,那么甲午战败震惊的则是整个中国社会。康有为联络1 300多举人集会,连夜起草万言请愿书,强调"非迁都不能拒和,非变法无以立国"。思想闸门一旦打开就掀起了一个又一个民族救亡的浪潮,孙中山作为民族民主革命的先进代表在诸多爱国者中脱颖而出。甲午战争爆发四个月之后,面对空前的民族危机,孙中山在檀香山发起成立了兴中会。他在亲自起草的会章中第一次喊出"振兴中华"的号召,大声疾呼"亟拯斯民于水火,切扶大厦之将倾"。多难兴邦。失败是坏事,总结失败的教训继而奋起,就能转变为好事。反思失败是为了不再失败,总结教训是为了不再重犯。甲午战争120年后的今天,日本右翼势力蠢蠢欲动。我们痛定思痛,以史鉴今,提高警觉,激发中华民族的自尊自强,具有重要的现实意义。

二、观念陈旧制度腐朽 国力不落后也会挨打

"落后就会挨打",已成为人们的共识。其实甲午战争之前,总体上中国的硬实力并不落后于日本。从自然条件、经济状况、军事力量综合评估应该认为,中日总体力量对比中国强于日本。那么,中国在甲午战争中为什么会遭受惨败?

这正是需要中国人深刻反思的。

中日两国观念、制度、文化上的差异，直接或间接影响着战争的胜负。中国在甲午战争中不仅败在战场，也败在软实力上。这虽然是百年前的教训，但举一反三的反思仍有价值。切莫忘记，我国历经了几千年的封建专制，从根本上变革这一制度遗留的各种社会弊端是一个长期而艰巨的任务。

三、陆防边防不可懈怠 海洋意识更需增强

国家安全是中华民族的最高利益。对中国来说，海洋是重要的安全屏障。甲午战争的主战场在海上，数以千计的将士葬身于浩瀚的海洋。这促使人们反思如何对待海洋这个重大战略问题，因为近代中国所受的侵略大多来自海上。

纵观世界大国的发展历史，共同的路径大多与海洋息息相关。历史上的中国也曾在海洋上有过杰出的表现，千年之前就开辟了“海上丝绸之路”，通过海上贸易和文化交流，沟通东西方的联络。而自清朝初年实行“海禁”，后来发展为“闭关政策”，禁锢了自己的手足，导致中国与世界的隔绝，海权的丧失加剧了近代中国的落后。甲午海战的失败也就难以避免了。

近代中国的惨痛教训、当代中国的战略需求都明白地告诉我们，建设海洋强国的历史使命已经落在当代中国人的肩上。

作者简介：邵维正，解放军后勤指挥学院政策理论教研室教授。

摘自《光明日报》(北京)，2014－07－16(14)，原文约 4 000 字。

热点八　老龄化背景下的养老服务体系优化

【入选理由及专家点评】

入选理由　在养老保障领域，20 世纪 90 年代以来，学界主要以资金制度为研究对象，而对服务机制探讨不够充分。在当前养老保障资金制度建设已取得较大进展的同时，如何在老龄化背景下，通过优化养老服务体系来增强养老资源的可及性成为学界的重要议题。研究议题主要包括：(1) 澄清对养老服务的认识误区。基于实地调研，学者们主要澄清了"将居家养老等同于家庭养老""将社区养老等同于机构养老""将机构养老等同于市场化养老"等误区。(2) 考察养老服务体系建设的国际经验和教训。重点总结了美国、英国、德国、瑞典、荷兰、加拿大等国家养老服务构建的经验与教训。(3) 完善养老服务结构体系。重点探讨了三类养老服务方式的功能定位、互动配合、协同推进等内容。(4) 优化养老服务责任体系。以传统"孝道"文化为基础，着眼于政府、社会、国民个人等主体在养老服务体系改革与发展中的责任分割，具体勾勒了政府财政、社会组织、民间资本、家庭与个人的责任内容、承责路径和方式。

专家点评　老龄化形势严峻，养老服务需求巨大，养老服务体系建设任务紧迫而繁重。正是在这样的背景下，学界以高度的社会责任感集中且深入地研究养老服务体系的建设及其优化，硕果累累，成绩斐然；而且其中的不少研究成果已经在养老服务的实践中得到转化。当然，这一研究还有进一步拓展和深化的空间。特别是需要开阔视野，将养老服务放到更广阔的背景下予以研究。如联系养老保险制度改革，探究资金与服务的关系；在全面深化改革的大潮中，研究有助于养老服务发展的配套政策和多部门合力机制；借助互联网、物联网的迅猛发展，来建设并优化养老服务网络体系；按照依法治国的理念，明晰养老服务责任体系，等等。我们期待着养老服务的理论研究和实践探索齐头并进、相得益彰。

（点评人童星　南京大学政府管理学院教授）

【代表性文献摘编】

中国一线城市社区居家养老服务质量评价

廖楚晖　甘　炜　陈　娟

作为发展中的人口大国，我国正在形成第一个老年人口增长高峰，就目前面临的养老压力大的问题，本文选取具有代表性的一线城市，建立评价指标体系，采用模糊综合评价方法，对这些城市社区居家养老服务的质量进行评价。

研究表明，目前中国一线城市社区居家养老服务质量存在如下问题：一是从调查结果中的人员配置和受访老年人对志愿者的满意度情况来看，存在专职人员配备不足的问题，不能满足社区老年人群体的照料需求；二是从志愿者人员供需层面来看，志愿者中专职技术人员的比重较小，服务工作缺乏系统性和连续性，老年人群体对志愿者服务的满意度并不高；三是许多社区居家养老机构设施设备简陋，办公面积不足，以及养老服务设备老化，影响了社区居家养老服务机构功能的发挥；四是受到政府财力的影响，服务机构网点建设总量不足，服务设备陈旧，使得老年人对养老服务机构的需求意愿不高。

应对上述问题的政策建议如下：

第一，我国养老服务机构的发展目前面临着需求的复杂性问题，容易使得养老服务供需矛盾激化、服务质量不高和资源的配置低效率。因此，为满足社区居家老年人在生活上和精神慰藉方面的各种需求，需要建立专业的服务队伍，配备合理的管理人员，健全服务设施，提高服务水平。

第二，我国的养老服务领域面临着养老服务机构市场化的政策预期，充分考虑政府财力，积极推动建立和发展公建民营、民办公助及政府采购相结合的模式，建立健全投融资机制，加大政府扶持力度，同时明确社区居家养老机构资金来源各方的责权利关系，提高服务资源利用率。

第三，我国养老服务机构的发展存在着服务标准难以量化的问题，需要建立健全社区居家养老服务的评价指标体系，引入社会监督，在社区居家养老机构内形成“监督—反馈—调整—决策”的运行机制，以有效利用社会各方资源，提高服务质量。

摘自《中南财经政法大学学报》，2014(2)。

全文转载于人大复印报刊资料《社会保障制度》，2014(7)。

应对老龄化社会的挑战：中国养老服务政策目标定位的演化

林　卡　朱　浩

对于养老服务政策的分析要涉及以下三方面的内容，即需求群体的界定、服务的提供，以及体系发展的政策导向。这些讨论不仅可以反映出各社会群体之间的利益关系，也反映出中国政府在养老体系建设中所形成的政策选择。从这一视角看，我们可以把中国养老服务政策目标定位的演化通过三个阶段来加以阐发，即人们在补缺模式下的养老自助和社会网络的帮助，在社会救助模式下的社会养老服务，以及在公共财政支持下的普遍公共服务体系的发展等阶段。

养老服务体系的建设，与家庭关系和社会基本网络的特点和社区工作密切相关。在中国，千百年来的家族主义和宗法制度有力地支持了家庭养老体系的运作。新中国成立以来的历次社会改造运动削弱并瓦解了这一宗法制度，但在新的社会基础上，农村集体福利体系和城市社区服务体系的运作有效地支持了家庭养老体系。在这一体系中，家庭成员和基本社会网络仍然是养老的基本单位；只有那些“三无”老人(即无劳动能力、无生活来源、无法定赡养人和扶养人)才是社会养老的支持对象，而针对普通的老人群体，政府力图维护家庭养老体系的运作，强调家庭养老的意义，并在法律上规定了子女和亲属赡养老人的责任。

自20世纪80年代以来，这一体系开始经历重大的改造。其服务对象群体由“三无”老人群体向特殊老人群体转变，包括失能、失智老人和社区内其他具有福利服务需要的老年人群。发展家庭养老仍然是基本的方向，但农村集体经济的发展和城市企业福利体系的发展在一定程度上为老人生活保障提供了一定的支持。在这个过程中，政府倡导“社会福利社会办”，主张通过发展社区福利来支持当地社会组织参与养老服务，通过发展社区工作丰富了服务内容(包括提供各种有偿或低偿服务)，而补缺型的社会福利理念逐渐成为过时。

进入20世纪90年代，养老服务体系进入新的发展阶段。三方面因素促成了这一发展。首先是农村集体经济的瓦解和城市集体福利体系的削弱要求我们以社会运作的方式来解决养老需求问题；二是福利改革导致了福利责任的重塑；三是由老龄化社会的挑战和独生子女政策所导致老年服务资源的短缺，也要求国家通过设立公共养老体系的方式来解决这一问题。由此，在20世纪90年代中后期，我国养老服务的财政支持力度在不断加大，并建立起以地方政府投入为主，中央补助、福利彩票公益金资助、社会捐赠资金相结合的资金投入机制。政府在老年公共服务方面提供了许多优惠政策和项目，包括2001年推出“星光老年之家”计划，“十二五”期间启动“阳光计划”、“星光计划”等计划，并制定了以奖代补的政策，通过税收、土地等优惠政策鼓励民营资本参与到老年公共服务中来。

这些政策变化要求我们在工作中要推进养老服务体系全方位发展：不仅要满足重点老年人的基本生活需求，也要把社会养老体系的发展方向界定为普遍的公共服务；不仅仅要满足重点老年人群体的基本需要，也要强调满足非基本需要；不仅仅要针对特殊需求群体，也要为全体老年人提供普遍的公共服务。为此，养老服务要以低保、失能、独居等老年人为保障重点，也要立足于老龄工作的“五有”目标，将养老服务作为一种普遍性的公共服务以提升人们的生活质量和社会质量。

摘自《山东社会科学》，2014(2)。
全文转载于人大复印报刊资料《社会保障制度》，2014(4)。

医养护一体化健康养老模式探析：以上海市佘山镇为例

邵德兴

随着人口老龄化，特别是高龄、失能和慢性病老年人口的急剧增加，老年人健康养老问题愈益突出。由于我国现有的老年人养老模式如家庭养老、自己养老、社区养老和社会养老等普遍存在有养无医、医养分离等问题，难以满足老年人不断增强的健康养老需求，探索医养结合型健康养老模式已势在必行。然而，近年来一些地区开展的健康养老模式探索，无论是医疗机构增设养护服务、养老机构增设医疗服务、医疗机构和养老机构开展服务合作，或建立医养护结合型的新型养老社区等，其本质上仍属于机构养老范畴，只能满足部分老年人特别是那些具有支付能力的高龄、失能半失能老年人养老护理服务需求，难以解决我国规模庞大的老年人口健康养老问题。如何在现有行政体制结构和资源约束条件下，通过资源整合和服务网络构建，把机构养老、社区养老和家庭养老服务有效衔接，形成多元化、多层次、上下相接、左右贯通、医养护一体化的健康养老服务模式已成为我国应对人口老龄化挑战的重要课题。对此，上海市佘山镇进行了初步探索。

佘山镇医养护一体化健康养老模式是一种适应人的生命周期变化，基于现有行政体制和社区资源，集医疗、养老、康复、健康管理、生活照料于一体，机构养老与社区居家养老相衔接的新型养老服务模式。其创新经验是：第一，政府主导，打破行政壁垒，搭建医养护一体化运作平台，用足用活医养护政策资源；第二，医养结合，整合社区医养护服务资源，实现社区养老资源利用效益最大化；第三，医护结合，强化机构互动和健康治理，提升社区老年人生命质量；第四，机构养护和居家养护相结合，建立无缝隙社区照护服务体系，提高社区居家养护的专业化、职业化水平。但是，由于佘山镇医养护一体化养老模式是在现行行政体制和社区资源配置格局下，依靠镇政府强力推动才得以运行的，能否实现可持续运行仍然有待观察。目前面临的突出问题是：第一，行政体制壁垒，下改上不改，改也难改。第二，利益协调困境，卫生民政也不愿放弃主导权。第三，卫生人才不足，扩大服务范围力不从心。第四，社会参与不足，面临公益与营利的双重困境。为了推进医养护一体化健康养老模式，试提出以下政策建议：第一，加强领导，构建医养护一体化行政协调机制。不仅要打破基层政府医养护相关部门间的行政壁垒，而且要协调基层政府与上级医养护相关部门间的关系，争取上级部门支持。第二，深化合作，建立医养护一体化利益协调机制，使医养护相关部门间的互动合作关系规范化、制度化。第三，整合资源，构建政府—市场—社区多元化服务供给体系。第四，强化服务，建立职业化的专职医护人才队伍。

摘自《浙江社会科学》，2014(6)。

全文转载于人大复印报刊资料《社会保障制度》，2014(8)。

城乡老年人社会养老服务需求特征及其影响因素

——基于对家庭养老替代机制的分析

田北海　王彩云

本文运用嵌入性分析视角，从理论上阐释了家庭养老的替代机制并提出了社会养老服务需求影响因素的若干假设，进而运用对湖北省474位老年人的问卷调查资料，在经验上分析了老年人社会养老服务需求的结构特征及其影响因素。研究的主要结论有：

首先，在老年人社会养老服务需求的结构特征方面，整体而言，老年人社会养老服务需求处于较低水平；比较而言，老年人对“老有所医”“老有所伴”“老有所依”（即生活照料）“老有所乐”“老有所学”和“老有所为”服务的需求水平呈现出渐次降低的态势，其对医疗护理与精神慰藉服务的需求相对强烈。

其次，在老年人社会养老服务需求水平的影响因素方面，其结论有以下几点：

第一，身体机能是老年人社会养老服务需求的硬约束条件。相对而言，高龄、身体健康状况较差、生活自理能力较弱的老年人有更高的社会养老服务需求总体水平。

第二，老年人社会养老服务需求嵌入于其家庭结构情境之中。受资源约束机制影响，家庭人口越多、儿子数越少及已丧偶或无配偶的老年人，其家庭养老的条件越不充分，其社会养老服务需求的总体水平越高；受家庭养老多重目标机制的影响，家庭代际数越多，老年人家庭养老偏好越强，其社会养老服务需求的总体水平越低；受现代养老观念家庭传播效应影响，上过大学的家庭成员越多，老年人对社会化养老服务的认可度越高，其社会养老服务需求总体水平越高。

第三，由于家庭养老的文化意义优于其经济意义，除文化程度外，老年人的经济社会地位对其社会养老服务需求总体水平并无显著性影响。

第四，受当前养老方式的自我强化效应影响，相比于当前养老方式为家庭养老的老年人，当前在机构养老的老年人社会养老服务需求总体水平更高。

上述结论表明，作为家庭养老的替代品，社会养老服务被老年人需求的程度取决于家庭养老的可替代性,而家庭养老的可替代性则主要取决于老年人的身体机能、家庭结构及当前养老方式,而非老年人的经济社会地位及社会养老服务本身的功能与品质。

对于身体机能较差的老年人而言,其社会养老服务需求是一种客观的现实性需求,而非主观的感知性需求。也就是说,在家庭养老观念仍然占据主导地位的时代背景下,对于多数老年人而言,无论其经济社会地位高低,只要其身体健康且具有生活自理能力,老年人首先会考虑家庭养老;只有当他们的身体机能持续下降,且家庭养老条件或资源不足时,老年人才可能考虑寻求社会养老服务支持。从这个意义上讲,对于身体机能较差的老年人而言,其社会养老服务需求是一种刚性的、不可逆的需求。这种需求一旦产生,如果无法得到及时响应,老年人将会处于孤立无助乃至绝望的境地。

上述研究发现的政策启示有:

第一,尊重多数老年人的家庭养老意愿、强化居家养老的基础地位应作为中国社会养老服务体系建设的基本原则。

第二,以高龄、身体健康状况较差、生活自理能力较低、鳏居的老人为重点对象,以社区和养老院等社会养老服务机构为依托,以社会工作者、专业医护人员和志愿者为主体,为老年人提供及时的医疗护理、精神慰藉、生活照料、社会参与及权益保障服务,是当前中国社会养老服务体系建设的当务之急。

摘自《中国农村观察》,2014(4)。

西方典型国家私营资本参与养老服务体系建设

郭　林

在养老服务供需矛盾背景下,很多西方发达国家开始注重私营资本在养老服务体系建设中的作用,以期在不减少养老服务规模的基础上,重构养老服务的责任承担结构。总体而言,西方典型国家构建私营资本参与养老服务体系建设的机制包括四项基本内容——基础:资金保障制度,核心:养老服务市场化机制,保障:评价和监管机制,关键:尊重具体国家的文化传统。

一般而言,养老服务公共资金引导模式可划分为两种类型:非正式照料引导模式与专业服务引导模式。前者的政府责任主要为基于补偿逻辑来向养老服务者支付费用,公共支出的主要目的是为老年人提供经济支持。也就是说,老年人必须依靠非正式照料网络来为自身提供服务,这与公共部门直接提供的家庭照顾服务差异巨大。后者的政府责任主要为建立养老服务供给机构,提升这些机构的雇佣关系正规化水平,满足老年人的服务需求。德国和瑞典的养老服务资金引导模式属于较为典型的非正式照料引导模式和专业服务引导模式。荷兰、英国和法国的同一机制则处于两个典型模式的中间。荷兰的模式与瑞典相似,但其更加注重机构养老服务。英国和法国处于两个典型模式的中间,后者更倾向于德国模式,与德国的不同之处在于其更加注重居家养老服务。

私营资本经由市场竞争参与养老服务体系建设的目标有两个:一是提升养老服务接受者及其家庭的选择自主性,二是提升质量有所保障服务的供给效率。英国和瑞典的经验显示,消费者选择和个人预算并没有广泛增加老年人的自主权。选择很可能是老年人自主权的负担而非工具。个人预算用户仅有一半能够容易地获得信息和建议;不到一半的被服务者能容易地选择服务或变换服务。因此,很多人并不想要组织和协调他们自己所需服务的责任。西方典型国家采取了将养老服务融资与提供相分离的措施。德国落实融资和提供相分离的过程将营利性机构纳入了养老服务提供体系。英国类市场化的改革引入了旨在使最具效率的提供者得到回报的竞争。由于服务者的薪水占服务支出的比例很大,只有雇佣不合格的员工与降低人员配置比,竞争才会降低服务费用,但上述两种路径均降低服务质量。需要指出的是,因服务具有不易观察性,私营机构进入养老服务领域按市场竞争规则运行往往注重降低养老服务费用而非提高养老服务质量,这给劳动力市场带来了很大问题。

养老服务有四个特点使其难以被测量。其一,养老服务是无形的。其二,养老服务的质量评估具有经验性,需要消费者亲身体验以把握其价值所在。其三,养老服务的密集型会导致很大的服务异质性。不同服务者的表现会有很大差异,同一服务者不同时间的服务表现会不同,同一服务者在服务不同被服务者时的表现亦会出现差异。其四,养老服务产品的消费和生产同时进行且紧密相连,很难将提供者对服务质量的影响与消费者对服务质量的影响割裂开来。上述特点造成了养老服务的质量很难在事前被观察和测量。基于上述特点,评价养老服务质量应以服务结果指标体系为主。近年来,英国政策制定者尝试建立聚焦结果的评价指标系统。而对被服务者的经验调查也努力按注重结果的思路发展。

一个家庭选择养老服务方式的决定由其成员共同作出,家庭外养老服务提供主体特别是私营资本应从家庭的实际需要出发来提供合意的养老服务。家庭一般将社会嵌入型的服务作为质量高的服务,其要求服务者和被服务者之间具有良好的信任关系。服务是一项很私人和亲密的活动。因此,对服务者的信任是形成良好服务关系的根本所在。一个稳定和持续的服务关系是塑成服务者和被服务者信任型关系的核心条件。一般而言,由家庭成员或其他关系紧密者为老年人提供的服务已具备信任型关系的要素;而私营资本提供的养老服务首先应该注重信任型关系的培养,否则,其不仅无法提供有效的养老服务,而且会对自身可持续发展带来消极影响。调查显示,德国在2002年,约75.5%的被调查者认为与服务者的服务关系是作出养老服务方式决定的主要因素之一。

摘自《国外社会科学》,2014(6)。

物联网应用于失能老人长期照护体系的模式探讨

席　恒　丁　一　翟绍果

人口老龄化的快速发展和人口的高龄化趋势,使失能老人的长期照护成为养老的焦点和难点。社会化照护体系尚不健全,难以满足失能老人对长期照护服务的需要。物联网具有全面感知、可靠传送、智能处理等功能特点,将其用于失能老人长期照护服务,可以提高效率,降低成本,优化资源配置。在物联网快速发展的背景下,目前部分城市老年服务的信息化程度在提高,其与失能老人长期照护服务需求在逐步对接。

失能老人长期照护服务项目包括生活照料、康复护理、精神慰藉和社会支持四个层面,未来可以通过创新物联网应用,扩展失能老人长期照护服务模式。(1)在介入工具方面,物联网可以做到通过实时监控失能老人及其居住环境的状态,针对失能老人的实际状况提供满足需求的服务,扩展服务内容、服务方式和服务功能,保障老人健康。(2) 在介入模式方面,借助物联网技术在失能老人和服务提供方之间构建“智能”的综合性服务平台,一方面整合能够通过物联网实现的失能老人长期照护产品,扩展服务项目;另一方面为老人提供实时的服务供给,提高服务效率,实现服务效用最大化。为此,该综合服务平台需要建立感知层、网络层和应用层三层体系。(3) 在运营模式方面,通过自动实名认证将服务链条向前延伸,即将物联网中的“物”的属性和信息同社会保障系统连接,实现自动实名认证。通过项目合作机构加盟或者招标采购将服务链条向后延伸,例如政府发放可用于物联网服务的助老券、服务券,出台专项措施引导失能老人及其家人使用智能照护系统,降低失能老人的长期照护成本。(4) 在管理模式方面,由政府、市场、非营利组织共同成为失能老人长期照护服务的供给主体,将政府力量和市场力量结合起来。一部分可由政府购买企业提供的助老服务,对符合条件的独居老人、残疾老人及中低收入户提供免费的“智慧养老”服务,另一部分社会化运营,另外通过制定行业标准,提供财政补贴等措施,探索民建公助、公建民营、合作建设、签约外包等方式,鼓励企业投资,共同推动长期照护服务的信息化建设。

将物联网应用于失能老人的社会化长期照护体系后,会带来长期照护服务理念和服务方式的改变,并可提升服务能力。为此,政府及社会机构还应做到以下几点:以失能老人的长期照护需求为基本导向,坚持整合资源、优势互补的原则;创新养老服务理念,探索实体养老和虚拟养老之间的协同;做好市场调研,开发应用智能照护服务产品;立足现实,分步实现智慧养老。

摘自《山东社会科学》,2014(11)。
全文转载于人大复印报刊资料《社会保障制度》,2015(2)。

论中国居家养老服务体系建设中的核心问题

丁建定　李　薇

居家养老服务的健康发展关系到社会养老服务体系的发展和完善,中国居家养老服务体系建设中存在以下核心问题。

居家养老服务基本理念存在问题。养儿防老的理念导致服务对象降低对居家养老服务的使用率,一定程度上影响老年人对居家养老服务的可求性,这种理念也使得国家和社会在养老服务供给中的责任相对较为淡化。机构服务优于居家服务的理念,即居家养老服务的安排者认为机构服务优于居家服务。机构服务和居家服务不存在孰优孰劣,两者各有优缺点,只是适用范围不同,片面强调机构养老服务的优势势必会影响服务使用者的抉择。基本生存观念使得居家养老服务内容仍停留在较低层面的生活照料服务,同时降低居家养老服务的准入门槛,不利于居家养老服务质量的提升和专业化的发展。

居家养老服务政策理解存在问题。强调养老服务机构化,即将老年人集中在养老服务机构中养老。养老服务是否应该机构化取决于服务人群的界定及明确的功能定位。社区养老服务并非社区照顾,在推行养老服务过程中过于强调养老服务社区化,社区养老服务是居家养老服务的重要支撑,社区是为居家养老服务提供资源,它是居家养老服务发展的中介。在社会经济条件有限的情况下,探索养老服务产业化是必要的,但要明确区分产业化的对象。福利性养老服务是保障特殊困难老年人基本生活服务需要的保障性服务,一旦产业化会损害政府和社会对老年人的基本责任。养老服务机构标准化存在过于强调硬件设施档次、规模、货币价值的倾向。

居家养老服务基本方式存在问题。忽视老年自力与自主服务,老年人的自力与自主服务对家庭和社会具有积极的作用,能弥补养老服务社会化的不足。强调家庭养老服务,家庭养老服务的核心地位不表明其在居家养老服务中承担主要责任,此外,还存在社区养老服务抽象化、推崇机构养老服务等问题。

居家养老服务资源配置存在问题。政府对养老服务方式、养老服务对象政策扶持力度不均衡,居家养老服务政策的城乡不均衡;财政资源在服务对象上的配置存在不均衡性,削弱了居家养老服务补贴制度的公平性。市场资源的引入伴随着对居家养老服务公益性的质疑,在缺乏政府有效管理的情况下,民间资本投入居家养老服务程度越高,居家养老服务公益性会越低。家庭成员流动性导致老年人获得由家庭成员提供照顾的可能性降低,也会导致居家养老服务家庭资源不足。相对于庞大的老年人口,现有居家养老服务专职工作人员确实过少;相对于老年人群体巨大的养老服务需求,社区志愿者数量和服务层次较有限;社区中介组织的发展状况限制了居家养老服务的组织力量的发挥。

摘自《探索》,2014(5)。

老年照护服务补助制度与成本分析

何文炯

老年照护服务是老年保障体系中的重要项目，随着人口老龄化、高龄化和家庭小型化趋势，其重要性不断提高，但这却是当前最薄弱的项目。老年照护服务资源不足，且配置不合理，公平性不够，效率也不高。这种局面亟待改变。

最近几年，各级政府开始重视老年照护服务问题，在土地、财政、税费、信贷等方面出台了一系列政策，促进了老年照护服务事业发展，尤其是机构养老发展较快。然而，这些政策对于引导资源合理配置和促进社会公平的贡献不多：重机构养老，轻居家养老；重公办，轻民办；补供方多，补需方少。因此，要转变政策设计思路，由补供方为主转向补需方为重点，增加有效需求，培育服务市场，建议实施老年照护服务补助制度。

老年照护服务补助制度，是指政府为满足一定条件的失能老人提供老年照护服务补助的制度。这里所说的"一定条件"是一套清晰而可操作的规则，即补助对象评估制度，以失能程度和家庭经济状况为核心指标，用以评估老年人失能状态及其家庭经济状况和照护能力，从而确定评估对象是否可以享受补助及享受补助的档次。该项制度由地方政府民政部门组织实施，其资金来源于同级财政，对于财政困难地区，可以通过中央财政或上级财政转移支付加以保障。失能老人拿到这笔补助后，可以自主选择购买照护服务的项目、地点和方式。

按照失能老年人数与照护服务补助标准之间的逻辑关系，可以建立该项制度的成本分析模型，进行财务可行性论证。根据2010年全国第六次人口普查资料和老年照护服务市场调查情况，在经过多种方案的政策模拟，并将结果分别与国家财政收入规模、最低生活保障资金规模和财政对职工基本养老保险基金补助规模进行比较后，发现老年照护服务补助制度的实施成本在财政可承受之范围，因而这项制度具有较强的可行性。

把老年照护服务补助制度作为老年保障领域的一个基本项目，是保障失能老人基本权益、并尊重其选择权的制度安排，是调整老年保障领域财政支出结构、推动老年照护基本公共服务供给机制创新、促进老年保障服务资源优化配置的改革之举，需要一系列有效的配套措施。建议逐步减少对老年照护服务供方的财政补贴，适度控制退休职工(含公务员)养老金增长幅度，将养老金确定在一个合理的水平，由此两项匀出部分资金用于老年照护服务补助，从而减轻财政新增支出压力。同时，加快建立老年照护服务质量评价指标体系和评价方法，深入分析老年照护服务的成本构成及其核算方法，进而确定服务价格及其调整机制。

摘自《行政管理改革》,2014(10)。
全文转载于人大复印报刊资料《社会保障制度》,2015(2)。

机构养老与孝道：南京养老机构调查的初步分析

风笑天　江　臻

三十多年来我国社会的人口结构和家庭结构变化的一个明显的趋势是老龄人口的增加，由此带来了社会中家庭养老压力的增大。与此同时，作为家庭养老方式的一种补充，机构养老的方式开始在我国城市中出现。由于这一养老方式与中国传统文化中与家庭养老方式密切相关的孝道观念形成了一定的冲突，因此，机构养老不仅仅由于其在养老方式上的新颖性值得我们注意，更加值得我们注意的还有它背后的东西，那就是它所带来的人们对“孝道”的认知的改变。值得探讨的问题是，将老年人送进养老机构是子女不孝顺的表现吗？入住养老机构的老人和家属如何看待机构养老的现实？本文将利用对南京养老机构中老人及其子女的个案访谈资料，初步分析和探讨了与机构养老有关的养老方式及其孝道问题。

研究结果表明，无论老人还是子女，都不认为老人进机构养老是子女不孝顺的表现。但是访谈中发现相当一部分老人表现出对家庭的依恋，有相当一部分老人表示还是要回家，他们虽然能够认识到养老机构以后必然是大势所趋，随着社会的发展，子女工作的忙碌，肯定是越来越多的老人住进养老机构养老，但是他们同时还表达了对家的渴望，表示住养老机构是个暂时的选择，以后还是要回家的，对于他们中的一些人来说，回家仍然是一个根深蒂固的想法，一个愿望，一个盼头。他们把养老机构和家分得很清楚，觉得养老机构不能代替家。

这些已经实行了机构养老方式的老年人及其子女是如何看待“孝道”的呢？访谈中发现大部分的被访对象都不同意“把老人送到养老院的子女是不孝顺的”说法。虽然他们认可、赞同的还是居家养老，但也并不因为自己没有实行居家养老而认为子女是不孝的。对于子女因工作忙碌，不能很好地照料自己的饮食起居和日常家务的事实，老人们都认为这种情况是正常的，并没有将之归结到子女不孝上。子女的哪些行为是孝呢？老人认为：一是子女来探望；二是子女的生活帮助（帮助老人洗澡、带药、带菜等）；三是子女过年过节把自己接回家；四是给零用钱。

父母入住养老机构，为人子女者的看法和感受主要有两种情形：一种是对机构养老的积极态度。认为不论采用哪种养老方式，让父母受益就是孝的，其认知和行为能很好地统一；另一种是对机构养老的矛盾态度。有些子女发生了认知和行为的不一致，他们认知上秉承传统的老人应在家中由子女赡养照料的观念，因而引发了焦虑和紧张，心理感受非常复杂。

研究表明，养老机构的出现并不简单意味着孝道的弱化，也不意味着已经入住养老机构的那些家庭都毫无障碍地完成了从传统孝道到现代新孝道认同的转化。绵延数千年的传统孝道作为传统文化和价值观的一部分，在现代社会继续对人们起着影响作用。这种影响作用表现在观念层面，是人们对孝的认知留有传统孝道的痕迹；在行为层面，是人们选择机构养老的时候承受了心理压力。传统孝道观念影响着子女和父母双方面的感受，即使是子女主动决定让父母入住养老机构，那也不意味着子女内心毫无压力、毫无困难地认可并接受自己的决定和行为。从入住养老机构的大多是高龄、丧偶、疾病老人可以看出，只要家庭还有能力照料老人，他们实行的还是居家养老。

研究还表明，文化观念的改变是一个复杂的过程，也是一个持续长久的过程。尽管传统孝道的某些内涵仍然对社会生活起着影响作用，但是不可否认的是，孝道本身在传统文化的基础上产生了新的内涵，出现了新的发展趋势。社会变迁中的孝道，仍然是现代社会一个正面的文化标签。

摘自《哈尔滨工业大学学报（社会科学版）》，2014(5)。

全文转载于人大复印报刊资料《社会保障制度》，2014(9)。

政府购买养老服务过程中的第三方评估制度探讨

李 春 王 千

本文在分析我国政府购买养老服务中第三方评估的问题及结合国外尤其是西方国家的经验之后,提出我国政府购买养老服务中第三方评估制度设计与完善的主要路径,包括:

一、建立开放型的第三方评估主体资质管理制度

在第三方评估主体的资质方面,可以考虑从独立性、专业性、权威性三个维度细化资格条件。要进一步推动“去行政化”,微观上要在第三方评估制度设计过程中厘清政府部门与第三方评估主体之间的行为边界,规范各方权利与义务以及惩戒、申诉机制。第三方与政府部门之间既不是屈从的隶属关系,也不是对抗关系,而是友好的合作关系。一方面要深化双重管理体制改革,改变过去重审批、轻监管的制度与做法,进一步推进备案制,为第三方组织赋权增能,同时尽快完善年审制,规范第三方评估主体的行为。另一方面,要减少或限制党政领导干部在第三方评估主体中的任职、兼职情况。另外,要建立第三方评估主体分类管理制度。养老服务类型多样,为保证评估主体专业性,有必要建立分类引入制度,让专业的人做专业的事,让第三方主体在其擅长的领域发挥评估优势。

二、完善第三方评估信息公开制度

一是要建立健全政府购买服务的信息公开机制,按《政府信息公开条例》的要求,各省市要细化政府购买养老服务过程中的信息公开办法或细则;二是要建立健全养老服务主体的信息披露机制,仿效慈善组织或上市企业的信息披露机制,规范养老服务供给主体的信息披露制度,尤其是要规范养老服务机构信息披露的操作规范和格式规范;三是要建立健全第三方评估结果动态发布机制,尤其是在信息发布规范格式、发布流程、发布渠道等方面予以科学设置和规制,并建立信息公开与答复、纠偏制度,针对人民群众关心或疑惑的问题给予及时的解答,对信息的错误解读或扩展等进行及时纠正和引导,从而实现养老服务多元主

体之间的良性沟通，达致多方的互相理解与支持。

三、建立健全第三方评估养老服务的声誉激励制度

声誉理论认为，在经理市场竞争过程中，即使没有企业内部的激励，经理们出于对个人今后职业前途和外部市场压力的考虑，也会积极努力地工作。对政府购买养老服务的绩效评估来说，由于服务的专业性、服务过程不易量化等特点，第三方评估不易监督，评估质量不易把握等问题，单靠信息披露无法彻底解决，这就有必要建立健全第三方评估主体的声誉激励制度，由聚焦于解决信息不对称的问题转向通过引入“时间”因素，通过长期多次重复博弈来实现对第三方评估主体的激励和约束。这就有必要按照国务院印发的《社会信用体系建设规划纲要(2014—2020)》的要求，依托相关部门对养老服务机构和第三方评估机构的法人单位信息资源库，完善组织登记管理信息，将第三方评估主体的业务记录、信用记录及社会反响记录等资料记录和保留下来，并借助大数据技术等实现存储、整理、分析和查询等功能，方便利益相关者查询和监督。

四、规范第三方评估的流程管理制度

流程绩效管理是基于过程的绩效管理模式，其基本思想包括以业务过程为中心，打破传统组织分工理论的窠臼，强调过程的连续性和整体性；遵循顾客至上的原则，根据顾客需求建立设计、生产等环节，实现各个环节的联动与互动；强调过程的规范化、系统化和可持续性。过程理论认为对过程质量的控制将自然而然地导出高品质的合乎要求的产品或服务。借鉴这一思想，在政府购买养老服务过程中规范第三方评估的流程管理制度需要做好三个方面的工作：一是建立健全第三方遴选制度，按照评估业务能力水平、评估信誉记录等科学合理地选择第三方主体，尽量避免主观因素的干扰；二是完善第三方评估流程，要按照科学规范的绩效评估的程序，建立健全绩效评估的信息保真制度和结果运用制度；三是要建立评估申诉制度，给予被评价的养老服务机构对评估结果进行申诉和沟通的权利、机会，并从确定申诉参与方、界定申诉范围、明确申诉管辖、设计科学的申诉程序等方面进行完善，确保第三方评估制度的法治化和民主化。

摘自《中国行政管理》，2014(12)。

热点九　教育综合改革背景下招生考试制度的理性探究

【入选理由及专家点评】

入选理由　以高考和中考为代表的学校招生考试制度，不仅关涉社会公正和教育公平，而且对基础教育各阶段的教育质量、对社会人才选拔和个体成长产生极大影响，因而既是受公众持续关注的社会热点，又是学界十分重视的教育理论、教育实践与教育政策研究的学术交汇点。学者们基于以往的实践变革和理论探究，在2014年聚焦如下几个方面进行了更深层次的探究：(1) 在继续探讨招生考试制度之社会功能的同时，更加强调招考制度改革的育人价值，更加关注其对学生成长、人才培养和选拔的导向与激励。除了强调国家的政策性推动外，还强调高校招生考试的自主权和学生的自主选择。依此破解招考难题，才能更好地将万千学子争过的“独木桥”变成合理选拔人才、促进学生学习、维护公平公正的“立交桥”。(2) 反思自主招生与异地高考政策，借鉴历史经验和国外人才选拔方式，提出高校要引入多元化的评价、选拔和录取机制，实现高中学业水平考试、大学招生录取与综合素质评价的“三位一体”，并建构理论模型为政策实践提供有效路径。(3) 针对生源渠道差异(尤其是基础教育质量差异)和名额分配制度(如分省定额制)等的利弊及其原因等问题展开深入研究。学者们提出了严控部属高校属地招生计划比例，提高中西部和人口大省的录取率，增加农村学生上重点高校的人数，或在遵循国家利益最大化、兼顾考试公平与区域公平，以及生源多样化等原则的基础上，采取分层调控的办法。(4) 针对考试科目能否选择、能否一年多次考试、文理是否分科、是否加大高校自主招生比例、是否减少高考加分项目和分值等具体问题展开学理探索。

专家点评　作为连接基础教育与高等教育的关键环节，人们常用“牵一发而动全身”来形容高考改革的敏感和复杂。以高考为核心的考试招生制度，对提升文化教育水准、维护教育公平和社会稳定、促进社会阶层流动具有重要的作用，其改革不仅一直是教育界关注的热点，而且经常成为全社会关注的焦点。2014

年9月国务院出台《关于深化考试招生制度改革的实施意见》，更是有充分理由将招生考试制度改革作为2014年中国十大学术热点之一。这次改革是恢复高考37年来最全面、最系统的改革，是教育综合改革中最重要、最复杂的改革。对于高考这么一项影响重大、万众瞩目的重要制度，2014年是一个转折点，以往新闻报道多、理论研究相对较少，一般议论多、深入分析相对较少，零星探讨多、系统研究相对较少这种"三多三少"的局面开始改变。

（点评人刘海峰　厦门大学考试研究中心教授、博士生导师）

【代表性文献摘编】

优质高中招生名额分配制度：合理性与面临的挑战

李静美

2014年1月，教育部发布的《关于进一步做好小学升入初中免试就近入学工作的实施意见》提出，"将不低于50％的优质高中招生名额合理分配到区域内初中并完善操作办法"（以下简称优质高中招生名额分配制度，在各地实践中也多称之为指标到校政策）。

一、优质高中招生名额分配制度的实质：更注教育公平

优质高中招生名额分配制度，是一种分校择优录取办法，它将优质高中部分或全部招生名额按照一定原则分配到区域内各初中。这有助于减少义务教育段择校，缓解薄弱校生源流失、师资流失、升学率低等发展困境，提高其办学积极性，打破优质初中持续"独占"优质高中教育资源的局面，促进义务教育均衡发展。同时，在每个学校分别择优录取，改善着因竞争起点不同而造成薄弱群体难以公平获得优质高中教育机会的现象，这符合不同学习背景下学生"机会均等"的公平原则，是教育公平的内涵所在。

二、优质高中招生名额分配制度的合理性分析

（一）能完整表达准公共物品的属性，体现普通高中作为准公共物品的公共性

普通高中教育，作为一种非公共物品，兼具公共性与竞争性。其作为基础教

育,不仅担负着学生升学的责任,更是培养学生公民素质的重要阶段,同时基于它的公共性,对普通高中教育资源,尤其是优质高中教育资源进行公平合理的配置显得至关重要,政府作为推进教育公平的主体,对优质高中招生名额分配进行宏观调控就较为必要。此外,生源的均衡,也是初中学校公平竞争的基础,该制度有利于实现校际的公平竞争,规范准公共物品的竞争性。优质高中招生名额分配制度实行的分校择优录取既表现了教育所提供公共服务的公共性,也体现了公平而有序的竞争性和排他性,具有一定的合理性。

(二)能深刻反映教育公平的内涵,关注弱势群体的受教育机会

在我国,学校在办学条件、师资水平、教育质量等方面存在较大差异。优质高中招生名额分配制度实行的分校择优录取,正是基于当前的教育差距,对优质高中教育资源的重新分配,关注到了弱势群体的教育机会,符合当前的教育价值追求——公平。同时这种招生录取方式,产生的是一种有序竞争。一方面体现为它虽然弱化了初中学校间的竞争,但学校分配到的优质高中招生名额数与其毕业生人数、综合办学水平等相挂钩,不但不会降低他们办学的积极性,相反会提高学校改善教学的热情和教师工作的积极性;另一方面这种机制似乎加剧了校内学生间的竞争,但这种竞争产生的是相对劣者,而非对某个学生群体的淘汰,具有一定合理性。

三、优质高中招生名额分配制度实施过程中面临的挑战

(一)优质初中与薄弱初中学生的"同分不同命"问题

优质高中招生名额分配制度实施的分校择优录取,突破自由竞争式的优质高中入学机会分配方式,反而带有一点计划色彩,这挑战着人们的思维惯性。尤其对于优质初中的部分学生而言,招生录取制度的改革可能让他们与优质高中无缘,相反,和他们同样分数,甚至可能比他们考试分数低的一般初中和薄弱初中的优秀学生却是政策的受益者。这项政策旨在促进校际公平,然而优质初中和薄弱初中学生的"同分不同命",使这项政策面临着"生际公平"的挑战。然而,这种机制淘汰的不是某个社会群体,而是相对劣者,还是更具公平性。但也要科学设计优质高中招生名额分配实施方案,以实现最大多数人的公平。

(二)指标生是否会影响优质高中升学率

优质高中招生名额分配制度的实行,也是对优质高中生源的重新调配,优质高中作为招生录取制度改革的利益主体,他们关心的是录取制度改革是否会影

响升学率。由于该制度对指标生降分录取，他们担心生源质量下降，进而影响升学率。因此，至少在制度实行的初期，他们会对政策的合理性提出质疑，可能会变相或有选择地执行政策。

此外，优质高中招生名额分配制度的改革可能还面临着中考“移民”、以生源均衡促义务教育均衡是否合理等合法性挑战。

优质高中招生名额分配制度作为招生录取办法改革的产物，它希望一方面该制度可以通过相应的配套政策，给予利益受损群体以补偿；另一方面，不断增加优质教育资源，扩大优质教育资源的覆盖面。此外，优质高中招生名额分配制度的具体实施还需要制定科学、公平的操作办法，才有利于政策目标的达成和教育公平的实现。

作者简介：李静美，女，教育部人文社会科学重点研究基地东北师范大学农村教育所2012级教育经济与管理硕士研究生，研究方向为农村教育政策、教育管理(吉林 长春 130024)。

摘自《教育学术月刊》，2014(7)：51－55。

转载于复印报刊资料《中小学教育》，2014(9)。

高考分省定额制的形成与调整

刘海峰　李木洲

一、高考分省定额制的形成

(一) 招生定额权上收阶段(1949—1951年)

1949年，高校招生基本沿袭新中国成立前的旧制，招生名额由高校自行根据办学规模决定，录取基本是“以分取人”。1950年，国家开始收回高校招生名额分配权。1951年，新中国首次作出高考招生名额倾向特定阶层的规定。可见，1949—1951年是统一高考建制的准备阶段，在名额分配问题上表现出“权力上收”的特征，其整体趋向是不断加强国家的宏观调控与定量化分配。

(二) 大行政区配额阶段(1952—1958年)

在完成对高考名额分配权力的上收后，1952年，按照大行政区分配名额。到1958年，主要是以各省、市、自治区为单位招生，全国性高校可在全国招生，同时也允许部分院校在协作区招生。可见,通过1958年招生计划的调整,特别是教育管理权的下放,高校招生已进入由“大行政区定额”向“分省定额”的过渡阶段。

(三)分省定额调控阶段(1959年至今)

经过1958年的计划调整,1959年,高校招生采取“统一领导与分散办理相结合的方式”,高考进入分省定额时代。1977年恢复高考后,仍实行分省定额制,并开始实施有计划的招生体制改革。1985年,高校招生进入国家任务招生计划与调节性招生计划并存的“双轨制”阶段。到1994年,教育部规定:“学校可根据社会需求和办学条件自行调整招生规模,国家调控招生总规模和专业结构”“录取时,对同一学校只规定一个最低控制分数线,不再按国家任务和调节两种计划分别划定分数线”。至此,我国高校招生进入了“并轨制”时代。

经过多年发展,目前基本形成了国家宏观控制总量,高校根据经济社会发展需要,在对市场人才需求进行分析、预测,以及结合自身办学条件、毕业生就业情况自主制定分省(区、市)招生名额的办法。

二、高考分省定额制的问题及成因

(一)高考分省定额制存在的问题

我国高校招生早已形成以本地招生为主的逻辑和惯例,而“在中央与地方联合共建、部属高校下放及强调高校服务地方经济发展的背景下,高考分省定额最终演化为‘两倾’,即倾斜的高考录取分数线与倾斜的招生名额投放”。然而,当前的高考平均录取率已达75%,高考竞争的实质是对优质高等教育资源的争夺。因此,分省定额的问题集中表现在“985工程”和“211工程”等部属高校或重点高校的名额投放与分数线的划定上,及由此引起的高等教育入学机会的区域性差异。

(二)高考分省定额制的问题成因

高考分省定额的问题成因极其复杂,既有历史原因,又有现实原因;既有考试发展的规律性内因,又有国家政治、经济及教育等发展性外因。但总体而言,高考分省定额制的问题成因主要是大学分布不均、投入分摊的共建办学模式及基础教育发展失衡等。

三、高考分省定额制的调整

当前关于高考分省定额的改革,应认清如下两点:其一,在经济、教育等区域发展严重不均的历史阶段，高考分省定额必须坚持，以确保高考录取的相对区域公平。其二，仅改变高考分省定额规则，难以从根本上消除历史形成的各地高考录取差异。因此，应力图通过国家宏观调整逐步使其回归到一个相对公平的位置。

首先，从分省定额制的原本精神——维护公平出发，高考分省定额制的调整至少应遵循三大原则：一是国家利益最大化原则；二是兼顾考试公平与区域公平的原则；三是生源多样化原则，即生源的民族多样化和地区多样化。

其次，从高考的功能及其现实价值与影响来看，可采取分层调控的办法加以矫正。所谓分层调控，即根据高校的办学水平与层次采取不同的方式进行调控。高校招生名额的调控应以"985工程"大学为主，"211工程"大学次之，省属及其他高校再次之。

最后，需要强调的是，由于各省（区、市）的高等教育资源分布与人口数量存在较大差异，对于北京、上海、江苏、湖北、陕西等优质高等教育资源特别集中与相对集中的省市，应充分考虑生源多样性和区域公平问题，可由国家根据各省、市、自治区的考生总量宏观调控，使之名额分配趋于相对合理，同时通过制度设计与资源调整，逐渐促进高考录取机会的均等化。当然，要实现高考录取机会的均等化，调整名额分配只可治标，难以治本，关键还有待于经济高度发展推动并实现高等教育资源与基础教育资源的均衡化。

作者简介：刘海峰，厦门大学高等教育发展研究中心教授，教育研究院院长、博士生导师、长江学者特聘教授（福建厦门 361005）；李木洲，博士、湖北大学教育学院讲师（武汉 430062）。

摘自《教育研究》，2014(6)：73－78。

转载于复印报刊资料《中小学教育》，2014(10)。

高考招生制度改革的走向与挑战

钟秉林

一、发展推动高考招生改革

与经济社会发展和教育改革的现实需求相比，现行高考招生制度呈现出三个“不适应”现象：首先，不能很好地适应高等教育大众化阶段的现实需求。其次，不能满足科学选拔优秀人才的需求。最后，基础教育的变革对包括高考招生制度在内的各类考试评价制度提出了相应的改革要求。

高考招生制度设计的初衷，旨在为不同阶层、不同地域、不同民族、不同性别的考生，提供公平竞争高等教育入学机会的平台，将高考成绩作为入学的唯一依据或主要依据，借此最大限度地保障教育公平和社会公正。近年来，由于优质高等教育资源严重短缺和教育腐败现象等种种原因，高考招生制度在实施过程中出现了一些违背制度设计初衷的现象，高考招生制度的公平性不断遭到侵蚀。对此，社会公众表达了强烈不满，并将批评指向了高考招生制度本身和教育系统内部，不断提出改革的诉求。

二、高考招生制度改革的挑战

随着高等教育规模的扩张和体制改革的不断深化，高等教育利益相关者增多，不同利益群体对高考招生制度改革表达了各自的利益诉求。从理想的角度来看，应当实现公平和效率二者之间的统一，但必须承认，公平和效率往往代表了不同的价值诉求，在制度设计中不可避免地会面临取舍。

高考招生制度的基本功能是为高等学校提供甄别和选拔人才的依据，满足高等学校的人才培养需求，它只能解决当前有限的优质高等教育资源的合理配置问题，尽可能实现入学机会公平；而要满足社会公众接受高质量高等教育的迫切愿望，让更多的考生进入好的大学就读，则要通过转变高等教育发展方式，引导高校加强内涵建设、不断提高人才培养质量来逐步加以解决。

可见，高考招生制度改革必须应对多元化的目标诉求，受政治、经济、文化等诸多因素的制约。在进行高考招生制度改革的顶层设计时，必须要处理好近期与长远、内部与外部的关系，既要遵循教育规律，服务于教育自身改革发展的目标，又要具有广阔的视野和全局意识，加强系统研究和综合改革，“跳出教育看教育”。

三、优化标准，选拔合适人才

高考招生制度改革的目标，应是有利于高校优化人才标准和评价方式，科学甄别选拔合适人才；有利于引导基础教育深化改革，促进学生健康成长；有利于促进高等教育入学机会均等，保障教育公平和社会公正。

必须改革入学考试的方式和内容，增加考生的自主选择权，保证高考的科学性和规范性：一是改革入学考试方式，调整考试科目；二是改革入学考试内容；三是改革高考命题方式。必须改革招生录取方式，扩大高校招生自主权，健全人才选拔的综合评价和多元录取机制。必须通过加强宏观调控和实施专项计划，进一步促进入学机会公平。要将招生名额向入学机会少的人口大省、贫困地区和农村家庭适当倾斜；要逐步降低部属高校属地招生计划比例；要部属高校和省属重点高校安排一定比例的招生名额投向边远、贫困、民族地区。

四、高考招生制度改革的路径

首先做好顶层设计，实行渐进式改革。要加强系统研究和科学论证，细化高考招生制度改革的目标与任务，形成清晰的路线图和时间表。要明晰中央与地方、政府与高校的责任，确立高校的招生主体地位；建立跨部门工作机制，形成推进改革的合力，并开展综合改革试点。要加强风险评估和改革试点的跟踪与评价，建立纠错机制，确保风险可控。

其次加大治理力度，规范考试招生秩序。要防惩并举，坚决打击各种高考舞弊行为和违规招生行为，规范考试招生秩序，维护考试安全和制度的公信力；要清理和规范各种加分政策；加大对高校和地方招生工作的监管。

制度的改革还要充分考虑到不同地区、不同群体对于高考招生制度改革的利益诉求，坚持综合协调、循序渐进，尽可能实行增量改革或建立利益补偿机制，依法依规保障合理合法的利益，避免造成既得利益的激烈对抗。另一方面，对于违规或非法获取的利益，无论面临多大阻力，都要坚决予以取缔，保证改革顺利平稳推进。

高考招生制度改革的系统性很强，只有高等教育和基础教育、教育系统内部和教育系统外部协调改革，才能顺利推进。因此，在组织好考试和招生这两个环节改革的同时，还要推进和实施一系列配套改革，如高中课程改革、学生评价制度改革、高校人才培养模式改革，以及包括户籍制度改革在内的社会管理改革等。

作者简介：钟秉林，北京师范大学教授，中国教育学会会长，主要从事高等教育政策与管理研究。

摘自《光明日报》，2014-09-08(6)。

转载于复印报刊资料《中小学教育》，2015(1)。

高校“三位一体”综合评价招生模式改革的分析

——基于利益博弈的视角

吕慈仙　乐传永

“三位一体”综合评价招生模式是指，高校根据中学学业水平测试成绩（中学会考成绩）、综合素质评价成绩（高校根据自身需求组织的综合素质面试成绩）和统一选拔考试成绩（高考成绩），按照一定比例折合成综合成绩，然后择优录取的模式。本文基于利益博弈的视角，分析高校“三位一体”综合评价招生模式改革的利益冲突和利益博弈的聚点均衡。

一、招生模式改革中的利益博弈

招生模式改革中的政策制定者（以高校为例）、政策执行者（以中学为例）和政策实施对象（以学生为例）就像经济行动主体一样追求利益最大化，彼此之间存在着明显的相互竞争和相互合作的博弈关系。招生模式的改革，虽然一定程度上冲击了中学的正常教学秩序，但同时带来了提高升学率的利益；虽然一定程度上加重了学生的考试负担，但同时带来了获得多元录取的利益；虽然一定程度上增加了高校的考试压力和抵御腐败的风险，但同时带来了选拔适切性生源的利益。

二、利益博弈的几对关系

（一）高校与中学

招生模式的改革，拉近了高校与中学的距离。高校获得了“招生自主权”，在选拔优秀生源上获得利益。同时，中学获得了学生“推荐权”，在进一步提高“升学率”上获得利益，因此一般情况下，大家都会积极参与。

（二）高校与学生

招生模式的改革，也拉近了高校与学生的距离。考生（含家长）可以参加综合素质评价测试，以通过测试的高校层次和专业为参照点，以高考的实际成绩和预期收益为指标，选择对自身最为有利的高校和专业。高校同样可以根据自身学科特点和各专业培养目标，在综合素质评价测试中选择最适合的生源，以促进教学改革,培养优秀毕业生,提高社会认可度。

(三)中学与学生

中学与学生长期以来都是相互依靠、紧密联系的关系。学生依赖中学优质的师资、良好的办学条件和有效的应试指导等,来取得较好的高考成绩,以获得进入理想大学的利益。同时,中学依赖学生的优异表现,赢得学生、家长和社会更多的认可,以获得大量直接或间接的利益。

三、"三位一体"招生模式有关利益博弈均衡的探索

(一)建立各方利益的均衡表达机制

"三位一体"综合评价招生模式改变了由"中学推荐"的方式,改为每位考生根据高中会考成绩自荐报名,这种模式兼顾了不同区域、不同阶层考生群体的利益,一定程度上缓解了由于社会经济和教育水平不均衡等因素所造成的报考机会不公平的利益冲突,让普通民众和弱势群体有了利益表达的渠道。同时,"个人自荐"模式,很大程度上避免了中学推荐考生时出现"荐良不荐优"的现象。

(二)建立考核内容的能力导向机制

"三位一体"综合评价招生模式改变了考核内容,减少了对知识的测试,强调对综合素质的考核。以能力为导向的考核方式基本确立,考察的内容在于学生的平时积累,无须考前特别准备,减轻了学生参加多次考试的负担;同时在一定程度上促进了中学转变教学方式,有效实施素质教育。

(三)建立招生模式的多元参与机制

"三位一体"综合评价招生模式保持了自主招生"非零和博弈"的利益冲突,在博弈过程中达成互惠互利。同时,综合评价模式探索建立了一种多方参与的机制。首先是中学"对接高校",邀请中学协助完善综合评价的考核方式和内容,以提高考核的科学性和有效性,同时了解高校的人才取向,重视学生综合素质的培养;其次是高校"对接高中",向中学传递新人才观念,了解中学的教学进度和教学内容,合理安排综合测试的时间;第三是学生"参与其中",让学生充分了解在综合考核中自己需要付出什么样的成本,能获得什么样的收益,哪些方面能力是需要自己今后着力培养的。综合评价招生模式的关键是高校与学生之间建立了双向选择机制,学生可以报考多个高校,可以获得多个入选资格证,然后根据高校办学质量、学科专业特色及提供的优惠条件,选择自己最心仪的高校和专

业。高校也可以通过自己组织的综合素质面试选拔具有专业潜质的最适切性的人才。

综上所述,“三位一体”综合评价招生模式改革兼顾了高考统一性和多样性的发展方向,在高校、中学和学生之间建立一种有利于长远发展的资源有效配置机制和各方利益的均衡表达机制,建立让学生选择到满意的专业,让高校招收到适切性的学生的双向选择机制。

作者简介:吕慈仙,宁波大学教务处副处长,副研究员;乐传永,宁波大学成教学院院长,教授(浙江 宁波 315211)。

摘自《教育研究》,2014(1):98-104。

转载于复印报刊资料《高等教育》,2014(5)。

坚持科学选才与促进公平的有机统一

——对深化高考改革的几点认识

瞿振元

一、对我国现行高考制度的基本分析

我国现行高考制度在过去的30多年中为培养造就社会主义事业的建设者和接班人做出了历史性贡献,而且在现实生活中得到了普通百姓的总体认可。但不可否认的是,高考制度确实存在一些弊病。

一是有违公平的事情时有发生,有些甚至很严重。二是由于受历史的和经济社会发展水平差异的多种因素的影响,区域、城乡入学机会尚不公平。三是招生录取体制不完善。四是考试内容改革有待深化。五是优质教育资源供给不足与人民群众对优质教育资源日益增长的需求之间的矛盾突出。

这些问题是科学选才与促进公平之间冲突的现实表现,有些是制度问题,有些是工作问题。做好完善性、渐进式的改革就是要把完善制度与加强工作结合起来。

二、坚持科学选才与促进公平有机统一的举措

2014年8月29日中央政治局审议通过的《关于全面深化考试招生制度改

革的实施意见》(以下简称《实施意见》)积极回应社会关切，为解决上述突出问题，提出了具有实质性意义的改革措施。

1. 改革招生计划分配方式。一是要严格控制部属高校属地招生的比例，合理配置分省指标。二是增加农村学生上重点高校的比例。三是要继续提高中西部地区高考总录取率。

2. 改革高考的形式和内容。将普通本科与高职院校的考试招生相对分开。高职院校将重点探索"文化素质＋职业技能"的考试评价办法，逐步增加以这一方法录取的学生比例。明确要求依据高校人才选拔要求和国家课程标准，科学设计命题内容，增强基础性、综合性、应用性，全面考查学生独立思考和运用所学知识分析问题、解决问题的能力；2015年起增加使用全国统一命题试卷的省份。完善高中学业水平考试，建立高中学生综合素质评价制度。考试科目、分数赋值、文理不分等方面的改革需要先行试点，取得成效后再逐步推开。

3. 改革招生录取体制机制。要进一步规范高考加分项目，合理度量加分分值，同时要严格管理、强化监督。要改变只运用行政权力或是只强调高校自主招生权力的思维方式和管理模式，建设各利益相关方责权对称、双向互动、运转高效、监督有力的治理关系。《实施意见》从高考志愿填报、招生录取批次、投档方式、信息公开、考试安全、诚信制度、法规建设和违纪的查处等方面做了系统设计。还对高校的招生章程、重大事项处理，学校内外监督、回应考生申诉等都提出了要求，尤其是对规范和完善自主招生提出了更为明确具体的要求。从2015年起，将推广试点高校在全国统一高考后安排自主招生考核。

三、高考改革需要协同推进和广泛支持

高考承载着促进社会公平的社会责任，推进高考改革需要多方面改革的协同推进和社会的广泛支持。教育中的不少问题本来就是社会矛盾的反映和转移，社会各方要共同为高考改革想招，一起为高考改革发力。

1. 加快劳动人事制度改革。逐步改变就业过分重视"学历"乃至"校历"，收入分配过于悬殊等现象。如果一个人的就业、晋升、收入、流动等都与学历乃至校历挂钩而不重视能力，那么高考升学的过度竞争是无法解决的；如果技能型人才的地位和收入不能得到提高，职业教育也是不能真正发展起来的。在这个意

义上说,加快劳动人事制度的改革,并且与教育制度的改革协同推进,显得尤为重要。

2. 依法治招,强化社会风气建设。抓紧考试招生立法工作,加强规范管理的刚性和力度。对考试招生中的腐败问题,一定要依法查处;要更加充分地应用现代信息技术克服招生工作中的人情干扰。进一步完善并拓展应用“网上录取”。另外,要大力加强诚信制度建设。无论考试、测试,还是学生在校成长记录都离不开诚信。

3. 继续大力发展和提高高等教育质量。这是解决人民群众要求上好大学问题的治本之策。优质教育资源供给不足是当前我国高等教育领域的主要矛盾,并由此引发了教育公平、招生就业等一系列社会高度关注的热点和难点问题。对此,我们要以“发展具有中国特色、世界水平的现代教育”的理念,规划和建设国家高等教育体系,包括进一步促进东中西部协调发展,以不断增长的优质高等教育资源,整体提升高等教育质量;以合理配置优质教育资源供给,大力促进教育公平,满足人民群众上好大学的期盼。

作者简介: 瞿振元,中国高等教育学会会长、研究员。

摘自《中国高教研究》,2014(10):1-4。

南京国民政府时期(1927—1949)大学面向边疆招生模式的变革及其影响

张学强

一、南京国民政府时期大学边疆招生模式变革的背景及其宗旨

为应对日渐严重的边疆危机,南京国民政府在1927年成立后便明确主张通过教育力量促使边疆民族地区形成三民主义信仰之统一意识形态。随着时局的发展,南京国民政府对种种政治势力争夺蒙藏等地边疆青年的性质及边疆青年教育重要性的认识更趋清醒。与此同时,一些民族宗教文化团体及学术机构也认识到边疆青年高等教育对边疆开发与建设的重要性,开始积极推动边疆青年在内地接受高等教育。

二、南京国民政府时期大学面向边疆招生的主要模式

（一）保送分发、从宽甄试模式的确立

1929年的《待遇蒙藏学生章程》确定了大学面向边疆少数民族的保送分发、从宽甄试的招生政策，为后续政策法令的制定与修订确定了基调。整体上看，保送分发政策本质上是南京国民政府以增加边疆少数民族学生进入内地高校（及中学）入学机会为目标的优惠性政策，是中国现代教育体制中创造性解决边疆少数民族高等（及中等）教育机会问题的宝贵尝试。

（二）自由投考、从宽录取模式的推行

南京国民政府于20世纪30年代开始对边疆考生实行自由投考、从宽录取的政策并一直延续到在大陆统治结束，在统一招生时如此，在单独招生时亦如此。

（三）各方推进、定向培养模式的尝试

由政府及民间不同力量推进、通过定向培养的方式招收边疆青年入学是南京国民政府时期大学边疆招生方式的积极探索。而政府层面也在大力推行定向招生。

相较以往而言，此三种招生模式的推行有着多方面的突破。首先，从招生意图上看，在保留原有推进边疆抚化、维护边疆稳定的政治目标基础上，也体现了培养边疆各种建设人才的教育目标，具有了一定的实用性；其次，从招生对象上看，突破了以往以主要考虑少数民族上层子弟的做法，更多地将入学机会分配给普通的少数民族子弟，具有了明显的平等性；再次，从招生模式结构上看，确立了多元化的招生结构，为边疆学生进入大学提供了更多的机会。

三、南京国民政府时期大学边疆少数民族招生的积极影响

（一）结构性的突破

结构性的突破不仅表现在多种招生模式的共存，也呈现出开放性（公私立大学的普遍参与和民间宗教与文化学术团体的积极推进）、公平性（从注重政治身份到强调民族身份）、优惠性（从宽录取与政府和民间补助体系的形成）、严密性（招生制度细节的不断完善和对冒充学生的处理）、特殊性（旁听和补习措施的推行）和灵活性（就近分发、自由报考与定向培养相结合）等特征。另外，招生模式

也随着时局的变化而不断调整。

(二) 数量上的增长

相对于结构上的突破,数量上的增长则更为直观。因缺乏记录,南京国民政府时期边疆学生进入高等学校读书的人数无法准确统计,但可以肯定的是,三种招生模式的推行使得1949年前的二十余年间进入高校学习的边疆青年人数较以往有了大幅增长。

四、南京国民政府时期大学边疆少数民族招生的局限性分析

(一) 招生规模有限

大学招收边疆学生的规模虽较以往有实质性的突破,但考试、录取的情形却不容乐观,边疆学生的入学人数占全国大学招生人数比例与其人口数量占全国人口数量的比例仍极不协调。从保送分发政策的实施状况来看,分发数量虽逐年增长,但仍严重不足。另外,定向招生培养的模式也是偶一为之,并未形成气候。

(二) 冒籍投考严重

对于汉族学生冒籍蒙藏等边疆学生投考内地专科以上学校,南京国民政府一开始便从制度上进行了防范与处理,但仍屡禁不止且愈演愈烈。这主要是因为,边疆少数民族学生缺少投考大学的动力并听任汉族学生冒籍投考而不加以检举,使冒籍投考连年因循;各边地保送机关因疏于职守或人情请托而审核不严,而蒙藏委员会因保送机构及学生数量很多且地域偏远而无法一一调查核实;对于大学来说,由于无法做到确切审核考生身份,有时即使明知考生冒籍但因有蒙藏委员会及各保送机构的凭证而无法斥革。

(三) 教育质量低下

通过优惠政策得以录取的边疆少数民族学生,不管是正式生还是旁听生,学业程度与一般学生相差很大,大学又无特别有效的补救措施,因而质量的低下便是难免的。边疆基础教育的极其落后,直接影响到边疆学生接受高等教育的能力。

(四) 等级政治延存

强调民族身份而非政治地位是南京国民政府时期面向边疆的大学招生政策的基本原则,因此具有教育民主化与开放性的气息。但边疆有其不同于内地的特殊政治统治情形,一些边疆地区(尤其是藏区)旧有的统治结构并未完全瓦解,权贵世家的统治依旧延续,为了适应此种情形并获得更大的影响,在大学招生政

策特别是军政类学校的招生政策中，对于少数民族世家子弟也有特殊的优惠待遇，蒙藏委员会对此有专门的安排。

作者简介：张学强，西北师范大学西北少数民族教育发展研究中心。

摘自《华东师范大学学报：教育科学版》，2014(2)：7－12。
转载于复印报刊资料《高等教育》，2014(11)。

农民工随迁子女异地高考政策制定过程透析

——从制度分析与发展框架的视角出发

李　根　葛新斌

本文拟从制度分析与发展框架的视角出发，分析异地高考政策的形成和影响，以期有助于对该问题的认识。

一、影响异地高考政策舞台的外生变量分析

（一）非均衡的优质高等教育资源配置现状

全国2 442所普通高等学校只有115所是中央部属高校，它们基本代表了当今我国的优质高等教育资源。但是它们的区域分布是非均衡的。此外，优质高等教育资源是相对固定的而非流动的，是稀缺的而非充足的。在目前的高等教育管理体制下，高等教育优质资源的非均衡性、稀缺性和固定性将促使行动者获取尽可能多的优质资源。在政策操作层面上，上述方面往往影响着异地高考政策制定过程和“高考资源”的分配。

（二）价值观与农民工随迁子女分布状况

首先，目前社会上弥漫着“本科出身论”与“名校出身论”观念。其次，户籍人口与非户籍人口之间，以及中央舞台和地方舞台行动者之间的价值取向殊异。此外，农民工随迁子女分布状况也对异地高考政策产生重要影响。农民工随迁子女数量不断增长之态势会对流入地初、高中教育承载能力产生严峻考验，这可能导致流入地政府不断提高异地高考的门槛。

（三）高考相关规则

首先，与户籍制度相绑定的高考报名办法。其次，不公平的高校招生规则。

此外,现有的高等教育办学经费分担机制以及行之多年的高考分省命题管理办法等相关规则,都对异地高考政策制定过程产生着重要影响。省部共建的财政分担机制在很大程度上造成了中央部属高校招生“属地化”现象加剧,而高考分省命题管理办法则影响着“异地借考”政策构想的深入实施。

二、异地高考政策制定的各行动舞台分析

(一)异地高考政策的中央舞台分析

面对异地高考多元利益的诉求,中央政府将难题交给教育部及相关部委和地方政府来破解。但教育部的实际动员能力极为有限,因而只能将政策决策权交给地方政府。由这种“中央指导、地方决断”的模式可见,形成最大程度的政策共识是中央舞台行动者选择的基本策略。他们着眼于广阔的经济社会发展背景而不是仅就高考领域现状作出决策,是异地高考政策的主导者,对政策议程的走向具有决定性的影响。

(二)异地高考政策的地方舞台分析

首先,在压力型政治与行政体制之下,地方舞台行动者在制定本地实施意见的过程之中,前期调研显得不够充分,政策出台较为仓促,价值取向趋于保守。其次,一项政策的顺利执行,往往是利益相关者多次沟通和协调的结果。然而,地方舞台中的行动者与非正式舞台行动者之间的交流和沟通明显缺乏。更为重要的是,在现有高考相关规则与高等教育资源配置状况等因素的影响之下,地方舞台在拟定政策措施上呈现出显著的类型差异。由此可见,实际利益考虑和资源配置状况是地方舞台行动者决策的基础。

(三)异地高考政策的非正式舞台分析

在异地高考政策制定过程中,非正式舞台行动者采取了多种方式影响中央舞台与地方舞台的决策。这些行动促进了其与中央舞台、地方舞台的互动,在某种程度上影响了异地高考政策制定过程。此外,非正式舞台内行动者基于不同的价值偏好及活动策略会形成不同的政策倡议联盟,不同联盟相互批评和竞争,一定时期占主导地位的联盟会更深刻地影响到中央舞台和地方舞台的选择。

综上可见,中央舞台的功能主要体现在宏观规划、确定基本价值和政策方向之上;地方舞台的功能体现在制定具体方案、寻求实施路径与具体操作之上;非

正式舞台则作为巨大的政策议题网络发挥着利益表达、意见交流和形成压力集团等作用。

三、改进异地高考政策制定过程的主要建议

（一）明确异地高考政策制定过程中中央和地方政府的职责

一是中央舞台行动者应发挥关键性作用，加大对异地高考政策的统筹力度，把农民工随迁子女异地高考改革与户籍制度改革、高等教育管理体制以及高考制度改革结合起来。二是中央舞台和地方舞台之间应构筑较为合理的部属高校办学经费分担机制。三是在继续落实“两个为主”政策的基础上，明确农民工随迁子女高中阶段教育经费的筹措与分担机制。四是要建立相应的监督和问责机制。

（二）加快高校招生考试与指标分配规则的优化调整

首先，从高校招生考试的内容到录取标准的设计都应该更加科学合理。其次，应改革分省定额的招生指标分配规则。同时，尝试由教育部牵头实施“农民工随迁子女高校招生专项计划”，中央舞台对随迁子女流出地的剩余指标在全国范围内进行调配，专门用于解决农民工随迁子女高考招生指标不足的问题。

（三）完善异地高考各方利益的整合机制

一是中央舞台的行动者应持有整合性、超越性及前瞻性的政策立场，完善异地高考各利益方的制度化表达渠道，加强中央舞台、地方舞台和非正式舞台行动者之间的交流互动，促进他们就录取指标调配、异地高考门槛设置标准等问题进行沟通，让各方充分、有效地表达其利益关切。二是推行增量改革或建立补偿机制，保障异地高考各方合理合法的利益。三是加强农民工及其随迁子女的组织建设，提升非正式舞台行动者利益表达的话语权，解决其利益表达过程中出现的镜像化和碎片化问题，重启异地高考改革的政策议程。

作者简介：李根，华南师范大学教育科学学院博士研究生，从事教育政策科学、教育管理学研究；葛新斌，华南师范大学教育科学学院副院长，教授、博士生导师，从事基础教育改革、教育管理学研究。

摘自《高等教育研究》，2014(4)：16－22，28。

普通高校招生多元录取机制的“理念型建构”：因果适当还是意义适当？

林小英

一、新招生方案的“理念型建构”

2013年11月的《中共中央关于全面深化改革若干重大问题的决定》中，提出了新的考试招生改革方案。提出：招考分离；义务教育就近入学；推行学业水平考试和综合素质评价；职校分类招考或注册入学；综合评价多元录取机制；招考减少科目、不分文理、一年多考；学分转换、终身学习。在新招生方案中，从义务教育到高等教育的每个阶段都考虑了系统内的秩序等级的需求，而不仅仅只看重系统外部的供给和需求。但是，在这个方案中，每个环节的技术控制或监测方式相当细致和精密，学生作为其中被规范化控制的对象，究竟首先是社会中的个体，还是学校中的受教育者？这就涉及新招生方案作为一个整体参照的客观意义脉络的边界问题。

二、新方案设计的“手段—目的”逻辑：因果适当性

新招考改革方案起始于义务教育阶段的免试就近入学，终止于不同类型的高校之间实现以学分互认为载体的资源共享。最终都汇聚于一处关键点：普通高校的招生录取。在这里，我们似乎能够明显地看到一种“手段—目的”的因果适当性逻辑。

每个一般目的性的行动，都发生在“目的—手段”的关系里。行动者的目标一旦确定，那么依据达到这个目标的客观经验脉络去设定特定的手段就变得有必要了。从恢复高考一直到现在，高校招考承载的就是类型性的目的或功能，每次创新性的多元化录取方式虽然表现各有不同，但也确实表现出类型性的手段特征。

三、以高校招生为中心的新方案的深层逻辑：意义适当性

教育改革经常违反工程学的两项基本原理：第一，设计解决方案前务必理解要解决的问题所在；第二，在不能预知什么行动将导致怎样的结果时，就不要

试图一次性改变太多。在纯粹的“手段—目的”的因果适当逻辑无法为理想的大学价值提供充足的意义支持时，就必须加入意义适当的逻辑了。

要使大学生活更加令人满意，所有人就必须认同并支持更长远的大学教育目标。这才算是正确地将“普通高校招生录取”或者“多元化录取”这个政策环节放到了一个恰当的客观意义脉络之中了。意义适当性的逻辑在因果适当性的逻辑作为前提的情况下，新招生方案才能从“理念型建构”自我实现为“现实型建构”。

四、结论

显明逻辑表现在新方案中遵循的是“手段—目的”或“为了—建构”的分子式因果联结，在数次高校招生改革方案中，直接被放置于公众面前的是这样的命题：为了高校招到优秀的学生这个目的，就得选用普通高考、自主招生、学业评价、多元录取等手段。而在这个环环相扣的方案中，每个独立的教育阶段似乎都成就了暂时的教育培养目标，但实际上在没有把学生送到最后的环节时，这些所有的目标都注定都只是手段。

如果在因果适当性的逻辑基础上加入意义适当性逻辑，就会像“理想类型”那样提醒我们需要将“义务教育”“高中教育”和“大学教育”这三个重要的学生成长阶段置于各自特定的意义脉络之中。教育系统走到这个环节，社会情境脉络才应该作为主要的背景登场，教育系统此时才需要坚定而不失立场地来思考这个问题：社会对教育的要求是什么？大学能做什么？不能做什么？也许这样才能让大学赢得社会对其必要的尊重和信任，社会也因此才能从大学那里获益良多。

因果适当逻辑和意义适当逻辑毕竟是思想构念，不是既存的、可观察的事实。社会事实从来都是纷繁复杂的，而认知上的逻辑从来都是清澈简单的。因此，我们必须在最后将两种逻辑放在一起考虑，任何意义适当的诠释只有在因果适当的情况下才是可能的，反之亦然。就新招生方案来说，将因果适当逻辑中的“因”和“果”还原到各级教育应该放置的“意义脉络”中进行重新界定，才能让这个政策的“理念型建构”恰如其分地实现成“现实的构建”。

作者简介：林小英，北京大学教育学院副教授。

摘自《全球教育展望》，2014(2)：15－27。

转载于复印报刊资料《高等教育》，2014(5)。

普通高中学业水平考试制度设计的十个关键

刘宝剑

一、考试性质：水平考试还是选拔考试

普通高中学业水平考试应当是一种基于普通高中学业标准的水平性考试，学生通过考试证明达到了哪一级标准，就可以给予相应的水平认定。但是，作为一种标准参照考试，需要有严谨、清晰的学业标准、考试标准和与此相配套的大容量题库，这在较短时间内是无法做到的。因此，目前的普通高中学业水平考试只能是“具有一定标准的常模参照考试”。

二、考试级别：“国考”还是“省考”

应当把此项考试定位在“国家级”，由教育部对考试标准、科目设置、命题依据、成绩呈现等方面作出统一规定，以保证其权威性和规范化，也为各省之间的成绩互认和高校招生、单位用人时的相对公平打下基础。但是目前各省在普通高中教育方面的差异还比较大，采用的课程计划、教科书也不尽相同，应当允许各省在考试的具体内容、形式、时间及成绩使用等方面有所区别。

三、科目设置：全部科目还是部分科目

科目设置应当包含现行课程方案中除“综合实践活动”以外7个学习领域的14个科目，其中技术、艺术、体育与健康及科学实验等除了“应知”更强调“应会”的科目，应当采用“理论笔试”“机上考试”和“操作表现评定”等考试方式，“操作表现评定”可由国家或省制定考试（或考查）范围、施考流程、评分原则及公示要求，由市县教育部门、学校具体组织实施。

四、内容范围：必修课程还是选修课程

必修与选修课程都应纳入考试范围，相应地采用必考与选考，对选考不应指定科目，但有一定的数量要求。在现阶段先考必修课程，选修课程的学习情况在学校认定的学分中来体现。同时，加快建设以模块为基本单元的“海量题库”，创

造条件让选修模块的考试实行“机上考试”。

五、命题立意：知识还是能力

学业考试的命题应当是“双基立意”，即注重基础知识和基本能力的考查，主要检测学生对课程标准要求的学科主干知识的识记、辨析、理解和初步应用。另外，随着高考科目的减少，高中学业考试在高校招生中的“权重”将会加大，但不应因此而加大高中学业考试的区分度强化甄别功能。

六、成绩呈现：分数制还是等第制

目前大部分省份均采用等第制。其中分数结合比例制，既考虑原始分数又进行常模参照，如：规定 90 分及以上为 A 等，若此时 A 等人数占参加考试人数的比例不到 25%，可以适当降低 A 等分数线。这种划等方式在一定程度上体现了标准参照考试的要求，同时兼顾到了考生的“公平诉求”，弱化了试题等值压力。因此，采用等第制是符合水平性考试的性质和宗旨的，而且沿袭了以前施行多年的普通高中毕业会考的做法，学校师生和社会也容易接受。

七、参考要求：全部科目还是部分科目

普通高中全体在校学生都必须参加高中学业考试“所设全部科目”的考试，而且应当把学业水平考试成绩作为决定学生是否如期毕业的刚性条件，但不必要求所有科目都要及格，为防止学生过度偏科，可以要求“每个学习领域都有科目达到及格以上”。

八、报考方式：自由报考还是限定报考

普通高中学业水平考试应采用所有科目“一次同时开考”，让学生根据自己的课程修习计划自由选择考试科目。为了便于学校安排教学计划，发挥教师对学生学习的指导作用，学生确定报考科目应当“在学校的指导下”，这也便于学校对学生课程修习过程的监管和教学上的及时改进。

九、考试机会：报考一次还是多次

施行普通高中学业水平考试的根本目的是为了更好地落实国家课程目标，

优化教学方式,促进学生学习。因此,应当给学生多次报考机会,以最好的一次成绩计入档案。如果考虑到考试次数过多会给高中教学带来负面影响,加重学生的课业负担,允许学生在校期间每个科目最多可以报考两次是比较合适的。

十、考试对象:普通高中学生还是包括其他人员

目前应将普通高中学业水平考试的报考对象限制在普通高中在校学生,至多对于那些离校前因学业水平考试成绩未能达到毕业要求而没能取得毕业证书者,可以允许其继续参加不及格科目的考试,成绩符合毕业要求了将结业证书换为毕业证书。

普通高中学业水平考试作为一项国家教育制度,其设计、建立、实施、完善需要一个较长的周期。乘着举国上下全面深化改革的浩荡东风,集思广益、精心设计,加快建立起相对独立、基本完备的、常态运行的普通高中学业水平考试制度,应是我国教育事业改革发展的当务之急。

作者简介: 刘宝剑,浙江省教育考试院。

摘自《上海教育科研》,2014(1):20-23,15。

转载于复印报刊资料《中小学教育》,2014(5)。

双轨制高考改革的难点思考与展望

胡纵宇　毛建平

一、破解路途困局:高考双轨制改革的难点思考

难点一:合理的办学定位

“两类人才、两种模式的高考”,“双轨制高考”字面的信息一点也不复杂,复杂的是如何实现两类人才的培养、如何进行两种模式的考查。人们需要清晰认识当前学校办学定位的复杂性,构建科学的高校分类体系,引导高校合理定位,差异化生存,避免办学的同质化倾向。同时也要树立培养高质量技能人才的意识,建设一批具有特色的培养技能型人才的高校。

难点二:确定轨道的依据

学生选择高考轨道应该主要根据兴趣与特长,但实际却并不是这样。在做

不到按需分配的时候，就一定有筛选，筛选总要有一定依据，也可以称作选拔标准。如果双轨制高考改革最后仅是卷面不同，仍由分数决定录取院校，实质上就是分数决定轨道，就可能出现学生不是基于兴趣而是基于可能获取的分数选择考试模式；如果技能考核是门槛，就会出现普高学生多考一张技能证书，使自己能够参加技能型人才选拔考试，以"知识优势"挤占技能型学生的发展通道。应该使"对未来发展方向的思考与选择"成为职业高中与普通高中、学术型院校和技能型院校、学术型人才和技能型人才的分轨依据，而不再是简单的中考、高考时分数的区隔。

难点三：公平与效率的平衡

"高考中的公平是指基于考试成绩的公平，即'在分数面前人人平等'；效率是指综合各方面因素，不拘一格地选拔优秀人才"。双轨制高考改革朝多样化考查和多元录取方向的行进，而如何实现公平与效率的兼顾和平衡必将成为改革的一个难点。社会主义核心价值观在社会层面倡导的价值取向"自由、平等、公正、法治"，是对教育改革处理公平与效率问题的根本价值取向。高考改革必须遵循教育的价值取向和顶层设计。

难点四：改革的社会支持系统

高考双轨制改革最大的难点还不是高考自身，而是转变人才观，建立改革的社会支持系统。要改变目前对技能人才教育和发展的轻视，建立有机的社会支持系统，需要双轨制高考改革用自身"实力"说话；同时，基础教育、高中、职高、高等院校、学生、家长、教师、教育主管部门要带头转变观念，更重要的是需要来自各级政府、人事部门、企事业单位等的支持。

二、重新铺设轨道：高考双轨制改革的展望

在教育的大众化时代，"多样化"仍然是高考改革的主要方向。当然，多样化并不意味着"轨"越多越好，高考必须保持相对的稳定性，重视改革前后政策的延续，保证中学教育教学工作在健康有序的轨道上发展。选择用"双轨"制来定义这场高考改革，意味着首先要认识高考制度的自在逻辑，才能对它进行合理的改革。其次，两种高考模式改革的起点是从政策出台前的调研开始，从职业高中和高中的分列开始，甚至是从小学阶段工程师和科学家的理想建构开始，终点至少是社会对两类人才的同样认可，甚至没有终点。再次，两种高考模式在高考中的

地位应该大体均衡。第四,一种高考模式一定对应着高中和基础教育阶段某种人才培养模式,同样也连接着高等教育的某种人才培养模式。第五,重视对改革的监督与反馈,适时调试改革的内容与方式,为高考改革多找“巡道工”。让高校参与高考改革,“确立高校的招生主体地位”。

三、结语

教育的本质是为了人的全面发展。在单一高考模式的指挥棒下,学校、教师、学生和家长只能将目光锁定在学生学业能力的培养上,无暇关注能力的多元性。双轨制高考改革努力为学生的各种能力倾向提供发展的可能路径,虽然有着这样那样的局限性,但它毕竟是朝着“自由的人”的终极目标的艰难行进。相信在深入调研、认真分析、审慎思考之后推出的高考双轨制改革举措一定会更加完善,能够真正实现制定时的初衷:一切学生,皆可成才。

作者简介:胡纵宇,南京邮电大学电力学院,南京师范大学教育科学学院博士研究生;毛建平,南京邮电大学人文学院。

摘自《教育发展研究》,2014(10):12-18。

转载于复印报刊资料《中小学教育》,2014(10)。

热点十　边疆民族问题研究

【入选理由及专家点评】

入选理由　边疆民族问题一直以来都是关系到国家安全和边疆稳定的重大理论和实践问题。近年来，随着国际形势与中国区域经济政治地位发展的变化，边疆民族问题越来越成为社会热点，在学术界也引起广泛争论。关于边疆民族问题的讨论主要集中在以下几个方面：一是从理论层面深刻阐述了边疆、民族、民族关系等基本概念的内涵，在此基础上探索性地提出了很多新的知识范式与理论模式，为国家解决边疆民族问题提供智力支持；二是从历史的角度，主要是从边疆地区社会史及国家历史观的角度系统梳理了边疆问题的历史脉络以及过去历朝各代的边疆政策实践；三是从现实的角度，从政治、经济、文化、社会与生态等多方面，观察边疆地区民族问题的现状，总结有益的地方经验，并针对出现的问题提出对策建议；四是跨学科的参与，对这一问题的探讨已不再局限于民族学，史学、人类学、社会学、国际关系研究、政治学等学科都从不同维度呈现这个问题，为边疆问题的学术研究开拓了新的领域，带来了新的观点与见解，从而深化了对于边疆民族问题的学术理解与解释，在一定程度上起到了促进边疆民族问题研究的引导性作用。

专家点评　解读中国统一多民族国家的发展规律与历代治理边疆的成败得失，阐明中国统一多民族国家形成的必然性与合理性，并为民族团结提供学理依据，为解决边疆社会经济发展过程中所凸显的问题提出对策建议，凡此种种，均呼唤着新的边疆研究范式的登场。本年度的边疆民族问题研究既是对边疆现实情势的回应，也是对一些新的研究方法的深化及再开拓。

（点评人于逢春　中国社会科学院边疆研究所研究员）

【代表性文献摘编】

当代中国民族问题治理体系和治理能力现代化初探

贺金瑞

新中国成立前夕通过的《共同纲领》,将民族区域自治制度确立为我国解决民族问题的基本制度。这种制度设计也有着充分的历史前提和基本经验。历史上占据中原的王朝治理周边少数民族具有不同的模式和经验,研究当代中国民族问题治理体系和治理能力现代化应该借鉴历史经验。

古代历史到建立新中国前的王朝时期和民国时期对周边少数民族地区的治理分为两个阶段:主要以处理族际关系为主的中国古代族际主义取向治理模式;以处理边疆区域性问题为主的近代区域主义取向治理模式。

18 世纪后,开启了以区域主义为根基的"内地化"治理模式。从清末开始直到民国时期,中央对边疆民族地区的治理方式发生了巨大的变革。其原因有三:第一,边疆危机的加剧;第二,民族主义的影响;第三,人口流动加速使资源分配出现倾斜。事实证明,在中国,忽视族际关系、强化国家主义的治理取向,有意识地消除或限制在边疆民族地区治理体系中保留民族因素是绝不可能成功的,单纯的区域治理达不到目的,民国时期边疆民族地区治理乱象都是由此产生。

关于当代中国民族问题治理体系和治理能力现代化。首先,民族问题治理体系包括以民主法治的方式推进民族地区治理体系建设;在社会管理和公共事务管理方面可以通过多种组织和多种机制治理;推进形成政府、社会、民间和谐共生的合作治理体系,以及建立边疆民族地区治理能力现代化评价指标体系及其实证评估体系。其次,民族问题治理主体间性。我国作为统一多民族国家,应坚持民族不分大小一律平等的"主体间性"治理模式,肯定族际间是你中有我我中有你的主体间依存性,确立以族际间平等合作的关系作为边疆民族地区民族问题治理的核心。再次,本土性、族群性治理资源。在边疆民族地区,由于血缘关系、信仰关系和地缘关系形成社会认同,结合传统的、本土性和族群性资源可以形成特殊的社会治理结构,发挥特殊的社会资本的优势,有以下两个方面可以成为治理因素发挥治理作用。包括传统社会组织和传统习俗及其社会治理作用及发挥宗教组织在社会治理中的积极作用。此外，边疆民族地区治理能力现代化包含了现代观念的植根与深入、治理主体的多元与互动、法制体系的创新与完善及治理机制的改革与转型。最后，当代中国民族问题治理体系的总目标包括在政治上，持续推进少数民族的民族认同与国家认同和谐发展；在经济上，加快民族地区经济社会发展，实现共同进步共同繁荣；在社会建设上，社会治理的目标是让社会获得一种理想的、良好的、善的秩序状态。

作者单位：中央民族大学哲学与宗教学院。

摘自《中央民族大学学报：哲学社会科学版》，2014(4)：20－26。

从亚洲内陆边疆到中间圈
——中国边疆研究视角的变化

黄可佳

拉铁摩尔没有被当时流行的民族国家观念所束缚，没有将中国防御北方游牧民族的长城作为民族国家的“边界线”来处理，而是视为一个广阔的边缘地带。拉铁摩尔认为沿着北方长城边疆，以长城为代表的边界具有双重功能，一方面抵御外来游牧民族的侵袭，另一方面限制内地人民向外发展，对此的解释是因为汉族过于深入草原环境时，就会与中国分离。拉铁摩尔和巴菲尔德对中国内陆边疆的研究，采用人类学的方法，开启了边疆史地研究的范式转换，在一定程度上，其实就是要移用施坚雅的思路来揭示汉地社会和非汉族的中国各边疆地区之间互动与整合的复杂历史过程。人类学取向在边疆史地研究中的优势逐渐发挥。

拉铁摩尔用生态决定论的理论来解释中国为何没有南方边疆，认为汉族向南方发展没有任何限制，而在向北方和西方发展时却不是这样的。与北部边疆不同，拉铁摩尔认为在南方，无论怎样发展，汉族都不会与中国分离，而只能为中国增加新的土地，并逐渐同化吸收当地的居民。

在“三圈说”的概念体系中，用围绕核心圈的中间圈来表示人们今天所称的少数民族地区，这一概念涵盖了拉铁摩尔提出的内陆边疆地区，也包括了西南的藏彝走廊和东南的部分少数族群。在对核心圈和中间圈的研究中，国家制度与国家话语始终是一个不能回避的问题，即使在中间圈的边缘，也能在区域史中看到国家的影子。从核心圈“国家与社会关系”到中间圈的“国家与少数民族的关系”，考察不同层面下的民族上下关系的互动及族群流动，应成为认识中国社会的必要步骤。

现代性固定了边疆，同时也由于现代性加强了对边界的强调、对外圈海洋边疆的研究，因近年日益突出的海洋边疆问题而受到关注，但在研究中缺乏从中国在天下观支配下对待边疆问题的态度这一角度上的学术思考。面向海洋的生物产业方式与作为传统中国社会基础的灌溉农业有天壤之别，就像中原王朝无意于占领草原地带类似，对海洋的管理也很少被提上帝国的行政日程。

为了体现各区域的多层次性，王铭铭没有使用“中心边缘”的概念，而使用“三圈说”来界定人类学研究的对象和范围，是一种延续中华帝国传统的侯服、甸服、绥服、要服、荒服“五服”观念的概括，是一种以天下为视角的人类学，试图建立人类学研究中的完整的中国社会。在考虑中国的南部边疆问题时，从核心圈、中间圈和外圈三个圈层的互动角度来解读这种时代变化，无疑对中国人类学和历史学的研究是非常有意义的。

作者单位：北京联合大学考古学研究中心。

摘自《社会科学》，2014(10)：141-146。

“迪庆经验”：边疆的另一种知识可能性

刘　琪

历年来，在社会秩序上，云南迪庆藏族自治州以“民族和谐”与“民族团结”为最大特征，暴力冲突事件几乎与这里绝缘。从族群组成来看，迪庆是一个多样性显著的地区，不同族群、不同宗教、不同文化背景的人们在这片土地上生息与共，和睦相处。在当下民族与宗教意识复兴的社会背景下，迪庆俨然成为一个“特例”。从根源上，迪庆的地方社会是建立在一种超越族群、超越宗教的秩序基础上的，形成了超越族群与宗教的“共同体”。

这种“共同体”至少存在着两个重要的因素。首先，在长期的共同生活中，各个族群形成了共同遵守的伦理规范。其次，当地人民的情感归属，首要的并不是指向自身的民族或宗教群体，而是指向村落，或者说，指向他出生与成长的“家乡”。在这个层面上，“迪庆经验”的重要的启示是，无论是哪个民族或哪个宗教的成员，他首先都是人类共同体的一分子，而人之所以为同类，必定会有某些共同的伦理诉求与情感渴望。从这里出发，找到人与人、群体与群体之间的相处之道，建构包容不同民族与宗教的共同体，或许并没有想象中那么困难。

迪庆这样的等级秩序既有深刻的历史根源，也是现代性的产物。现代性的最大特征之一，即在于在民族—国家疆界内部营造出连续的、一元的政治文化体系，曾经处于化外之地的边疆人民，需要按照“中心”的要求改造自身。教育，是支撑这套体系的关键力量。现代教育系统教授给“边疆”的知识，是剥离了地方性的知识，它教会了人们在现代社会如何生存，但同时也蕴含了深重的现代性危机。若要纾解这种困境，首要的一点，便是需要对“边疆”与“边疆问题”的实质进行再认识。

从“迪庆经验”中可以看到，边疆完全可能是充满活力、智慧与创造力的，甚至，由于特殊的历史机缘，边疆可能生产出一种“中心”并不具备的知识。这种知识，是在实践中产生的知识，它直接指向的问题是：不同族群、不同文化的人，如何在同一个社会中和平共处？对这个问题的回答，在某种程度上是超越时空的，从中提炼出的一些原则，或可为当今民族国家建设提供助益，亦可促使人们重新思考“边疆”的知识图景。今天大多数中国人头脑中的边疆，是在与“中心”的关系中被定义的边疆，在这套关系体系中，边疆成了整体性的“他者”，它的形象注定是落后的、愚昧的、沉默的，只能被“中心”言说。在这个意义上，“边疆”不只是“麻烦制造者”，它也蕴含着另一种知识可能性，即，如何在多样性的基础上构建社会秩序。从历史上看，“边疆”始终是多人群、多文化、多宗教的交融之地，在不同的“节点”，都可能存在使不同人群和平共处的不同方式。对这种知识的探寻，必须首先剥除附着于“边疆”之上的刻板印象，也必须对草根的力量、人民的智慧、地方的创造性有着充分的尊重。只有放下自身的傲慢与偏见，深入“他者的世界”，才可真正达至对他者、对自身、对中国、对世界更深切的认识与关怀。

作者单位：华东师范大学社会发展学院。

摘自《学术月刊》，2014(8)：64－70。

生存交互性：边疆中国的另一种解释

纳日碧力戈

萨林斯提出的“生存交互性”可以帮助人们克服民族偏见，对中国作民族共生的解释；充分利用比较民族志的优势，解释万物共生、万象交融的中国何以能够带来和睦共生和公平正义。

“生存交互性”对人们研究“边疆”和边疆民族及其关系，具有启示性，可提供另外一种理论视角和实践风格。各个民族、各个族群、各个人群互为边疆，互为环境，共享粒子，共有物质，而现代性带来的国民国家的边疆，只不过是政治博弈和政治协商的结果，还有根据其他分类标准划分的其他“边疆”。此外，如博厄斯和萨丕尔所说，语言、文化、种族的边界一般不会重叠，语言的边疆、文化的边疆和种族的边疆也不会重叠。同样，这些边疆也往往和政治边疆有出入，即同一个国度会拥有不同的语言、文化、种族、族群和民族。存在不同的边疆并不可怕，可怕的是把这些边疆人为对立起来，让它们水火不容，你死我活。智慧的做法是将它们并置起来，以“光光交彻”的眼光允许它们共生互补，从中寻找重叠部分，培养社会成员的重叠共识。

何处是“边疆”？民族志解释的“边疆”不同于现代性解释的“边疆”。民族志解释的“边疆”是“人人边疆”“万物边疆”“互为边疆”，因为在物质共享的意义上说，人们都要服从生存交互性，服从互为环境、共生互利的大道。现代性解释的“边疆”是单纯的市场竞争原则或者说是弱肉强食的森林法则支配的“边疆”，只有破坏、消灭、同化，没有建设、创新、共生。从人类生存的长远利益出发，人们需要调整心态，创新理念，让紊乱的“心动”变得有神韵、有节奏，真正成为“旗动”和“风动”背后的“心动”，而不是毫无对象的“心乱”。

人文社会科学研究固然要为社会发展和社会建设服务，但是，研究不能建立在“动物法则”之上，也不能让市场经济统辖一切，更不能把同化作为解决民族关系问题的法宝。以生存交互性为起点，以同情关爱为入口，以公平正义为手段，以伦理美德为精神，建设民族新政治，发展民族生态新理念，进而以政治协商、族际礼让重新定位民族关系，从“己所不欲，勿施于人”推衍出“彼所不欲，勿施于人”，以先学习他人文化换来自己文化的弘扬，以美人之美，换来各美其美，最终走进美美交融的和而不同的生态世界。

作者单位：复旦大学社会科学高等研究院。
摘自《学术月刊》，2014(8)：61－63。
转载于复印报刊资料《民族问题研究》，2014(10)。

中国西北陆疆民族地区
城乡发展一体化思路和途径探讨

徐黎丽　杨丽云

文章以中国西北陆疆民族地区城乡发展历史资料与现代西北陆疆若干城乡调研数据为基础，通过比较古今中外城市发展轨迹和城乡一体化理论成果，提出中国西北陆疆民族地区城乡发展一体化的思路，即以保障国家陆疆安全和平发展为前提，乡村牧场以农业、牧业为主导产业，城市以商业、工业和文化产业为主导产业，城乡并重，最终实现族群和谐、城乡互补、边疆稳定的"小城大村"目标。需采取的具体途径：公路铁路口岸所在乡镇与乡村牧场发展一体化与戍边相协调；所有边境县辖区乡镇与乡村牧场互补发展；避免县城、地州、省区城市过度城市化，走小城与大村并重的发展之路。

中国西北西部的陆疆民族地区城乡一体化途径自古以来因自然与文化特征不同而显示出不同的特点。第一，中国西北陆疆民族地区以宜于人类生存的绿洲为基础，日益形成分工协作、互相补充的城乡一体聚落。第二，城乡一体的绿洲聚落发挥着连接驿站和组成国家基层行政管辖单位的功能。从中国西北陆疆城乡历史发展轨迹可以看出，中国西北陆疆各族人民自古以来在遵循自然规律的前提下，以水源和绿洲为基础，形成城乡一体的绿洲聚落，对内构成生产生活自保的社会体系，对外发挥驿站和国家基层行政单位的功能。这种顺应自然、因地制宜的城乡发展一体化的绿洲聚落，不仅是西北陆疆自古以来城乡建设的特色，更为今天城乡发展一体化的道路提供了历史的借鉴。

关于当前中国西北陆疆民族地区城乡发展一体化中的问题，第一，没有深入考虑西北脆弱的生态环境对城乡发展一体化的长远深刻影响。第二，没有充分考虑城乡资源的互补性,并根据互补性的资源建立城乡互补性的产业,加快城乡融合的步伐。第三,没有充分考虑到当前中国西北陆疆民族地区城乡发展一体化不是以城市为中心,也不是以乡村和牧场为中心,而是城乡并重。第四,没有吸取国内外过度城市化的教训。

西北陆疆民族地区城乡发展一体化的思路:以保障国家陆疆安全为前提,乡村牧场以农业、牧业为主导产业,城市以商业、工业和文化产业为主导产业,城乡并重,最终实现族群和谐、城乡互补、边疆安全的“众多小城镇点缀边疆大乡村”的城乡发展一体化目标。城乡一体化的具体途径:公路铁路口岸所在乡镇与乡村牧场一体化发展与戍边相协调;所有边境县辖区乡镇与乡村牧场互补发展;避免县城、地州、省区城市过度城市化,走小城与大村并重的发展之路。

作者单位:兰州大学西北少数民族研究中心暨民族学研究院。
摘自《西北师大学报:社会科学版》,2014(4):63-71。
转载于复印报刊资料《民族问题研究》,2014(9)。

“国家化”视野下的中国西南地域与民族社会
——以“古苗疆走廊”为中心

杨志强

“古苗疆走廊”实系国家动用强大的军事政治力量,犹如在“异域”的丛林中开辟的一条政治、军事、经济及文化的空间,是左右整个西南边疆地区安危的一条重要的“国家走廊”。明王朝之所以设置贵州行省,目的就是为保障由湖广入滇的这条驿道的安全。如此一国政府为一条交通线而建置一省级行政单位之举措,在世界历史上亦属罕见,并且也因此改变了中国西南地区地缘政治版图的格局,深刻地影响了沿线少数民族社会的历史发展进程。

关于“古苗疆走廊”与明清时期的国家整合,首先,就“古苗疆走廊”与“改土归流”之关系而言,明代最早的“改土归流”地区始于洪武元年(1368年)的广西忻城土司,而贵州也是最早实施“改土归流”且最频繁的地区之一,其范围则基本是沿驿道沿线展开的,国家力量基本上只能控制沿驿道沿线地区,形成一条狭长的政治、经济及文化的线性空间。其次，从“古苗疆走廊”对西南地区文化教育、城镇分布格局、经济市场等的影响看，中原王朝权力在西南地区将政治、军事力量集中于驿道沿线之分布格局，其影响必然会在社会经济及文化诸方面领域表现出来，并呈现出“国家化”影响下的整体性特征。第三，从“古苗疆走廊”对西南民族/族群社会文化及族群关系的影响看，贵州在建省前，“西路”驿道穿越现今贵州西部及西北部，系芒部、水西等土司统辖的腹地；“东路”驿道千余公里的漫长道路则分属川、滇、湖广三省。

自元代统一云南后，尤其是明清时代，西南边疆地区被纳入中华帝国体系的整合过程，其“国家化”及“内地化”两者在这里交相重叠，而首当其冲者即“古苗疆走廊”沿线周边的地域及民族社会。从这一意义上看，“古苗疆走廊”可谓为一条对西南国家整合影响至深的“国家走廊”。所谓的“国家化”，在前近代时期主要指的是中原王朝在政治、经济、文化诸领域自上而下地对边疆地区进行控制的“一体化”整合过程。“内地化”则主要指的是边疆与内地在“同质化”演绎过程中，基层社会自下而上地对王朝政治体系及意识形态在心理认同上的趋同过程，而这往往与汉族移民的大规模流动有密切的关系。

总之，回顾明清时代西南边疆地区的地域及民族社会变迁的历史，可以看到，如果脱离了宏大的“国家叙事”之框架，便无法把握隐含在地方文化多样性背后的普遍性要素及整体性的因果关联。对此提出以下几点看法：首先，元明清时代，是中国西南地区纳入中华帝国体系的重要历史时期，以云南及贵州为中心的西南边疆，经历了由“疆域”向“版图”、“边疆”到“腹地”的巨大转变。其次，因受西南地区复杂地理形势的影响，交通状况往往成为制约王朝权力统治力度强弱的最重要因素。第三，历史上曾系“苗疆腹地”的贵州省，此前多被排除在边疆学研究领域外，某种程度上也限制了学者的视野。“古苗疆走廊”的开辟对西南地区纳入中国疆域版图的过程既有着重要作用，同时其域内“边疆”与“内地”曾长期交错共存的现象，对从动态角度把握中国疆域版图变迁的空间关系及过程，拓展中国边疆学研究的视野也将具有积极推动作用。

作者单位：贵州大学人类学研究所。

摘自《广西民族大学学报：哲学社会科学版》，2014(3)：2－9。

转载于复印报刊资料《民族问题研究》，2014(8)。

从精英吸纳到公民政治参与

——云南边疆治理中政治吸纳模式的转型

袁明旭

新中国成立以来,云南边疆治理中的政治吸纳主要是一种精英吸纳模式。这种模式曾经在边疆治理中发挥了重要作用。在社会转型全面加速推进的全球化时代,精英吸纳模式的局限性昭示出政治吸纳模式转型的历史必然性。随着中国民主法治的全面推进,边疆治理中的政治吸纳模式应该自觉地转向普遍化的平等的公民政治参与,使边疆治理实现多元主体的共治善治。

随着民主政治建设的推进,我国政治吸纳逐渐向公民政治参与迈进,云南边疆治理中的政治吸纳也逐渐由精英吸纳模式向公民参与模式转型。长期以来,云南边疆治理主要是一种精英吸纳模式。这种模式是统治者采取特定的方式把社会精英分子纳入到政治体系的核心圈,注重发挥精英分子的作用,而普通大众则处于政治体系边缘。

云南边疆治理中的精英吸纳模式的特点具体表现在以下方面:其一,以民族区域自治制度吸纳主体民族。即通过民族区域自治制度的实施把边疆主体民族纳入到国家的政治体系之中。其二,以政治安排机制吸纳民族精英分子。即通过具体的方法把少数民族上层人士吸纳到政治体系的权力中心,使其成为权力圈层中的一分子。其三,以政治沟通的方式吸纳民族精英分子。即通过加强政治沟通,从政治情感上把少数民族尤其是民族精英吸纳到政治体系中来。其四,以干部选任体制吸纳民族精英分子。即通过实行培养和使用少数民族干部的制度,把少数民族中的精英分子吸纳到国家的政权体系之中。其五,以政党组织吸纳民族精英分子,即主要通过党的各级组织尤其是基层组织吸纳各民族中的优秀分子。

但随着社会转型和发展,这种吸纳模式面临着合法性、合理性、代表性、有效性及适应性等方面的挑战。其一,公民民主意识的勃发质疑着精英吸纳模式的合法性。其二,政治制度的适应性缺失影响着精英吸纳模式的合理性。其三,经济转型加速催生着精英吸纳模式的创新性。其四,全面的利益分化侵蚀着精英吸纳模式的整合性。其五,新社会阶层的生发彰显着精英吸纳模式的局限性。

其六，政治文化水平的提高消解着精英吸纳模式的有效性。

政治吸纳模式从精英吸纳向制度化的公民参与模式转型势所必然。为实现政治吸纳模式的自觉转型，可以选择以下路径和方法。其一，加快政治体制改革，提高政治的制度化水平。其二，加快公共组织的功能性转型，加强公共组织的建设和发展社会组织。其三，大力发展市场经济，深化利益分配制度改革，加大边疆民族地区扶贫力度。其四，加强政治文化建设，更新传统政治观念。

作者单位：云南大学公共管理学院。

摘自《思想战线》，2014(3)：1－3。

转载于复印报刊资料《民族问题研究》，2014(7)。

论中国的边疆政治及边疆政治研究

周　平

中国的边疆是国家疆域边缘部分具有特殊性的，国家采取特殊措施对该特定区域进行治理的基础上界定的。生活于边疆这个特殊的政治地理环境的人们，组成了具有特定内涵的边疆社会。在这个特定社会环境中形成和运行的政治，与国家核心区的政治具有明显区别，因而可以界定为“边疆政治”。

边疆政治的特殊性，表现于政治生活的各个方面，一是从政治权威来看，边疆地区的政治权威具有多样性和复杂性。二是从政治文化来看，边疆地区流行的政治文化明显区别于内地。三是从政权体系来看，边疆地区政权的组织、职能和面临的问题都有自己的特殊性。四是从中央与地方的关系来看，边疆地方与中央的联系，不如内地那样紧密和紧凑。五是从治理方式来看，边疆的治理显然与内地的治理之间存在着巨大的差异。

随着人们对边疆政治的特殊性和意义的逐渐自觉，边疆政治研究也逐渐形成，历史上的边政研究就是其典型。在近年来中国逐渐崛起的过程中，边疆及其治理的地位和意义日渐凸显。在这样的背景下，边疆政治受到越来越多的关注，进而也凸显了边疆政治研究的意义和必要性。为了促进边疆政治研究的健康发展，就必须对边疆政治研究本身进行全面的分析和论证，进而明确边疆政治研究的性质、地位和任务，并厘定中国边疆政治研究的主要议题。

经过长期的发展，中国的政治学已经走向成熟和自主，为边疆政治的研究奠定了必要的知识基础和方法论基础，以及必要的学科支撑。中国边疆政治研究，是针对"边疆政治"这个特定领域进行的系统研究，是中国政治学研究中一个富有特色且重要的组成部分。中国边疆政治研究植根于和归属于政治学学科，它与政治学学科中的相关分支学科的联系最为丰富和密切，也是讨论中国边疆政治研究的学术定位时首先要涉及的领域。中国边疆政治研究是地方政治研究的一种类型，它与民族政治研究在内容上存在一定程度的交叉，它与政治地理研究直接相关，它与政治学理论研究相互影响，它与民族学的关系也十分紧密，它与中国边疆史地研究及边疆学之间具有多重联系。

当前的中国边疆治理研究，不仅要巩固边疆政治研究这个特定的研究领域，而且要对边疆现实生活中的诸多政治现象和政治问题进行持续研究，着力于为国家在全面的边疆治理中加强对边疆政治问题的治理提供思路和方案。具体包括三个层面：一是边疆政治的理论阐释和基本理论问题研究；二是现实的边疆政治问题研究；三是边疆政治问题的治理研究。中国边疆政治研究的主要议题包括边疆的界定与演变、边疆的社会与人民、边疆的政治制度与政府、边疆的开发与建设、边疆的民族及宗教问题、边疆的社会组织及其管理、边疆的社会政治稳定、边疆的安全与防御、边疆的治理等。边疆政治研究必须将其作为重点，进行全面深入的研究。

作者单位：云南大学公共管理学院。

摘自《思想战线》,2014(1)：8－15。

认同与建构：20世纪的西北边疆与现代国家

韦　兵

理解当代中国的一个重要路径可能是要将其纳入现代国家形成的历史进程这一维度来思考问题，中国现代国家形成是一个多层面、多维度的复杂过程。19世纪以来作为现代国家的西北边疆的形成无疑是中国现代化进程中极其重要的一个层面，这一层面的路径与特点或虽以某种方式被凸显、放大，却是理解中国的一把钥匙。

就中国而言,充满挫折的现代化进程中,面对强大的外部威胁,以国家力量主导,力图构建完整的基于历史和传统的现代国家版图,这就是19世纪以来中国最刻骨铭心的现代北部边疆形成经验。在某种意义上,现代中国脱胎于拥有悠久历史和传统的古代中国;但在另外一些意义上,比如全球现代性进程的视角下,这也是一个全新的中国。

在中国现代国家形成所谓外生主导过程中,外在压力是一个重要的主导力量。中国是在危机中被迫去辨认、理解、应对的,而生活在边疆的人们则需要花更长的时间来理解、适应这种外在的规定。内外压力下的中国凭借国家权威推动现代化进程的路径选择有其历史必然性。在理解中国现代国家形成中,国家这一层面仍是极其重要的,当然这里的国家既包括政治,也包括其历史和文化。

1949年以后的中国共产党继续完成了中国现代国家的建构,无论从体制上还是认同上,都大大推进了现代国家的建立。边疆这一层面,以阶级斗争这一超越民族和宗教的理想,统一了认同,在功能上形成了一个国族的共同认同。在建构共同认同这一点上,新中国成立初期比民国在处理中国的内生性上更成功。边疆的这种成功也被普遍理解为新中国国家建设成功的一种体现。

当然,1949年以后自下而上形成认同背后也是强大国家权威的推动。在今天,阶级斗争已经不可能担任超越理想的功能,一个尖锐的问题是如何在一个国家权威路径依赖的体制下在边疆建立超越性认同。30年前,发展经济压倒一切是必然的选择。但是,单纯以经济建设为中心不能承担凝聚一个国家长久认同,所以今天超越单一经济利益考虑也是一种必然,这一必然在边疆地区被放大凸显,或有可能倒逼出国家发展路径的反思与变革。

边疆的问题要放在现代中国历史进程中来看,要放在现代国家形成的体制路径上来看。在中国,边疆问题大部分是历史进程和体制本身问题的边疆式放大,这些问题存在于中国所有地方,只是在边疆的复杂内外背景下显得更尖锐、更棘手。边疆问题的解决极大程度依赖国家在历史进程中完成政治制度和社会治理的 现代转型。边疆的困扰是中国现代社会转型的困扰,边疆问题归根到底也是一个中国问题。

作者单位:四川大学历史文化学院。

摘自《学术月刊》,2014(8):46-52。

民族国家建设下的边疆教育及其困境

——以国民政府时期夏河县教育为例

储竞争

在传统中国社会中,统治者对于边疆少数族群要么"因其旧俗"以示羁縻;要么在政治与文化上施行同化之政策。真正把边疆少数族群作为特殊的施教对象,以至边疆教育的提出、政策的制定与机构的创立,还是在国民政府成立之后。此时的边疆教育是作为民族国家建设的重要工具与内容而提出的,其实施过程中必然涉及国家与边疆族群之间的互动。文章考察了国民政府与以五世嘉木样(拉卜楞寺寺主活佛)及黄正清为代表的藏族实力派在夏河县边疆教育中的分歧与合作,进而来透视国民政府时期边疆教育的发展困境,及近代民族国家建设在西北的推进。

国民政府把边疆教育作为推行民族国家建设的工具与内容,力图把夏河县的政治与文化纳入民族国家的系统之内。而地方实力派则希望借助边疆教育的发展提高本族群的知识技术水平,提升其政治地位。由此,边疆教育成为双方博弈的工具,但这种博弈却是在总体合作的背景中进行的。这是因为,作为中华民族重要组成的少数族群,其实力的增强,是有利于整个中华民族的,因此通过边疆教育提高少数民族族群的知识与技术水平,成为国民政府与地方实力派的共同要求。此外,国民政府通过政治、经济、文化诸手段积极协调与地方实力派之间的关系,并尊重其风俗与利益,为边疆教育的推行减轻了阻力。同时地方实力派对政府势力渗透的抵制,也是以不损害国家的团结与稳定为前提的,而其向内地学习的迫切要求,也在一定程度上淡化了其对于国族化教育的抵制。

总之,夏河县边疆教育的发展表明,作为统一的中华民族共同体,在西北族群地区进行民族国家建设具有天然的基础,但是协调好中央与地方、国族与族群之间的关系是民族国家建设得以顺利进行的保障。边疆教育发展的不足,也说明帝国主义仍然是中国民族国家建设最大的障碍。以日本为首的帝国主义的侵略,掠夺了大量民族国家建设赖以进行的物质基础,而救亡的急迫性又使中国民族国家建设以急就章的形式推行,不可避免地出现诸多不足与问题。

作者简介：储竞争，华中师范大学近代史研究所博士生，主要从事西北近现代区域史研究。

摘自《北方民族大学学报》：哲学社会科学版（银川），2014(1)，原文约8 000字。

第二章　2014年度中国十大学术热点提名条目

提名热点一　“一带一路”战略：跨越时空的宏伟构想

【文献数量】

全部文献　2 016篇

论　　文　1 996篇

“复印报刊资料”转载12篇

【入选理由】

2013年9月和10月，习近平主席出访中亚及东南亚国家时先后提出“以创新的合作模式，共同建设丝绸之路经济带”和“共建21世纪海上丝绸之路”的战略构想，受到了国际社会的高度关注和积极响应，正在逐步成为区域各国的广泛共识和实际行动。学界对此也展开了广泛的探讨，主要集中在以下方面：一是“一带一路”的范围。从中国国内的区域经济版图看，“一带一路”的陆上走廊将国内经济开发区、沿边开发区串联起来，打破了原有点状、块状的区域发展模式；贯穿中国东部、中部和西部，又连接主要沿海港口城市，为我国区域合作新格局提供了全新的着力点与突破路线。从国际上看，“一带一路”是世界上跨度最长的经济大走廊，发端于中国，贯通中亚、东南亚、南亚、西亚乃至欧洲部分区域，东牵亚太经济圈，西系欧洲经济圈。二是“一带一路”战略的路线。（1）中蒙俄经济带：主要通过环渤海、东北地区与俄罗斯、蒙古等国家的交通与能源通道，并向东连接日本和韩国，向西通过俄罗斯连接欧洲。（2）新亚欧陆桥经济带：通过原来的亚欧大陆桥向西通过新疆连接哈萨克及其中亚、西亚、中东欧等国家。（3）中国—南亚—西亚经济带：通过云南、广西连接巴基斯坦、印度、缅甸、泰国、老挝、柬埔寨、马来西亚、越南、新加坡等国家；通过亚欧陆桥的南线分支连接巴基斯坦、阿富汗、伊朗、土耳其等国家。（4）海上战略堡垒：分别由环渤海、长三角、海峡西岸、珠三角、北部湾等地区的港口、滨海地带和岛屿共同连接太平洋、印度洋等沿岸国家或地区。三是“一带一路”战略的意义：“一带一路”是跨越时空的宏伟构想，从历史深处走来，融通古今、连接中外，顺应和平、发展、交流、理解、包容、合作、共赢的时代潮流，承载着丝绸之路沿途各国发展繁荣的梦想，赋予古老丝绸之路以崭新的时代内涵。它契合沿线国家的共同需求，为沿线国家优势互补、开放发展开启了新的机遇之窗，是国际合作的新平台。“一带一路”战略具有经济、政治、文化、安全、宗教等多重意义，不仅仅是简单的通道、经济区建设，而是涉及各个方面，是一项综合设计。它将充分依靠中国与有关国家既有的双边、多边机制，借助既有的、行之有效的区域合作平台，各类合作项目和合作方式，旨在将政治互信、地缘毗邻、经济互补的优势转化为务实合作、持续增长的优势，其建设的核心目标是物畅其流、政通人和、互利互惠，以促进各国的经济共同发展、区域稳定和繁荣。

【文献链接】

1. 白永秀、王颂吉：《丝绸之路经济带的纵深背景与地缘战略》，《改革》，2014(3)；

2. 陈玉荣、汤中超：《经济全球化背景下的“丝绸之路经济带”国际学术研讨会综述》，《国际问题研究》，2014(4)；

3. 丁晓星：《丝绸之路经济带的战略性与可行性分析》，《学术前沿》，2014(2下)，转载于复印报刊资料《中国外交》，2014(5)；

4. 冯宗宪：《中国向欧亚大陆延伸的战略动脉——丝绸之路经济带的区域、线路划分和功能详解》，《学术前沿》，2014(2下)；

5. 龚雯、田俊荣、王珂：《“一带一路”跨越时空的宏伟构想》，《人民日报》，2014-06-30；

6. 郭爱君、毛锦凰:《丝绸之路经济带:优势产业空间差异与产业空间布局战略研究》,《兰州大学学报》:社会科学版,2014(1),转载于复印报刊资料《区域与城市经济》,2014(9);

7. 何义霞:《“丝绸之路经济带”:战略考量、前景展望与建设思路》,《当代世界与社会主义》,2014(4);

8. 胡鞍钢、马伟、鄢一龙:《“丝绸之路经济带”:战略内涵、定位和实现路径》,《新疆师范大学学报》:哲学社会科学版,2014(2),转载于复印报刊资料《区域与城市经济》,2014(5);

9. 黄建钢:《“浙江舟山群岛新区·现代海上丝绸之路”研究》,海洋出版社,2014(9);

10. 惠宁、杨世迪:《丝绸之路经济带的内涵界定、合作内容及实现路径》,《延安大学学报》:社会科学版,2014(4);

11. 霍炳男:《浅析共建丝绸之路经济带的背景与由来》,《中国经贸导刊》,2014(5);

12. 孔根红:《推进“一带一路”宜处理好若干关系》,《中国投资》,2014(10);

13. 李忠民:《“丝绸之路”经济带发展研究》,经济科学出版社,2014(2);

14. 连雪君:《传统的再发明:“新丝绸之路经济带”观念与实践——社会学新制度主义在地区国际合作研究中的探索》,《俄罗斯研究》,2014(2);

15. 刘建超:《“一带一路”建设是亚洲国家的共同事业》,《光明日报》,2014-05-28;

16. 柳思思:《“一带一路”:跨境次区域合作理论研究的新进路》,《南亚研究》,2014(2);

17. 马莉莉、任保平:《丝绸之路经济带发展报告:2014》,中国经济出版社,2014(9);

18. 马莉莉、王瑞、张亚斌:《丝绸之路经济带的发展与合作机制研究》,《人文杂志》,2014(5),转载于复印报刊资料《区域与城市经济》,2014(8);

19. 全毅、汪洁、刘婉婷:《21世纪海上丝绸之路的战略构想与建设方略》,《国际贸易》,2014(8);

20. 任佳、王清华、杨思灵:《构建新南方丝绸之路参与“一带一路”建设》,《云南社会科学》,2014(3),转载于复印报刊资料《区域与城市经济》,2014(8);

21. 王海运：《“丝绸之路经济带”构想的背景、潜在挑战和未来走势》，《欧亚经济》，2014(4)；

22. 王志远：《丝绸之路经济带的国际战略内涵解析》，《新疆财经》，2014(3)，转载于复印报刊资料《区域与城市经济》，2014(9)；

23. 卫玲、戴江伟：《丝绸之路经济带：形成机理与战略构想——基于空间经济学语境》，《西北大学学报：哲学社会科学版》，2014(4)；

24. 吴磊：《构建“新丝绸之路”：中国与中东关系发展的新内涵》，《西亚非洲》，2014(3)，转载于复印报刊资料《中国外交》，2014(8)；

25. 肖洋：《跨境次区域合作与丝绸之路经济带：基于地缘经济学的视角》，《和平与发展》，2014(4)；

26. 邢广程：《海陆两个丝路：通向世界的战略之梯》，《学术前沿》，2014(4)，转载于复印报刊资料《中国外交》，2014(7)；

27. 杨晨曦：《“一带一路”区域能源合作中的大国因素及应对策略》，《新视野》，2014(4)；

28. 张文木：《丝绸之路与中国西域安全——兼论中亚地区力量崛起的历史条件、规律及其因应战略》，《世界经济与政治》，2014(3)，转载于复印报刊资料《中国外交》，2014(6)；

29. 赵华胜：《浅评中俄美三大战略在中亚的共处》，《国际观察》，2014(1)，转载于复印报刊资料《中国外交》，2014(1)；

30. 郑海麟：《建构“海上丝绸之路”的历史经验与战略思考》，《太平洋学报》，2014(1)，转载于复印报刊资料《地理》，2014(1)；

31. 中国人民大学重阳金融研究院：《欧亚时代——丝绸之路经济带研究蓝皮书2014－2015》(全两册)，中国经济出版社，2014(10)；

32. 周民良：《多方努力共建丝绸之路经济带》，《中国发展观察》，2013(12)；

33. 周明：《地缘政治想象与获益动机——哈萨克斯坦参与丝绸之路经济带构建评估》，《外交评论》(外交学院学报)，2014(3)，转载于复印报刊资料《中国外交》，2014(10)。

【学术会议】

1. 北京：中国对外战略调整与“一带一路”倡议学术研讨会，6月20日，主办：中国社会科学院亚太与全球战略研究院；

2. 北京:“一带一路”华夏论坛,9月5日,主办:《中国投资》杂志社;

3. 上海：共建丝绸之路经济带中哈学术研讨会,9月7日,主办：上海社会科学院；

4. 西安：丝绸之路经济带顶层设计暨习近平同志首倡丝绸之路经济带一周年座谈会,9月11日,主办：中国区域科学协会丝绸之路经济带专业委员会和陕西省区域经济研究会；

5. 开罗:“一带一路”专题研讨会,5月7日,主办：中国驻埃及大使馆。

提名热点二　协商民主理论研究

【文献数量】

全部文献　678 篇

论　　文　677 篇

“复印报刊资料”转载 21 篇

【入选理由】

协商民主理论在中国的传播已逾十年。2012 年年底召开的党的十八大第一次规范地提出“健全社会主义协商民主制度”，很大程度上促成了协商民主研究的又一轮高潮。学者的引介伴随着国家政治体制改革的推进，领导人和中央文件的倡导，协商民主理论在近一两年成为政治学研究中极具活力的议题。搜索中国知网哲学社会科学类论文，第一篇以“协商民主”为标题的文章发表于 2003 年，自此，相关主题的发表数量逐年增长，2006 年以前每年发表相关主题文章数量在数十篇左右，从 2007 年到 2012 年平均每年发文 148 篇，2013 年激增到 586 篇，2014 年为 677 篇。

(1) 中外协商民主比较(deliberative democracy;political consultation)。在概念内涵和发展路径等方面都有所区别。共性：作为价值的协商民主具有共同特征，平等、参与、宽容、妥协、公开、理性；作为民主参与形式的协商民主采用手段为直接对话；以改变偏好达成共识为最终的目标诉求；强调制度建设和程序规范。区别：发展路径不同，中国的协商民主是在系统总结自身民主实践的基础上不断推进理论创新，逐步发展起来的；西方的协商民主是应对票决民主的弊端而提出的，更加注重对民主价值的反思

(2) 中国协商民主理论与实践。第一，中国的协商民主是社会主义民主政治的重要组成部分，挖掘协商民主与中国政治传统的关系，强调协商理论的实践性、协商主体的广泛性、协商形式的多样性。第二，研究协商民主与政治协商、协商民主与群众路线、协商民主与基层群众自治等有中国特色的民主政治之间的

关系。第三,从制度角度梳理和研究了当代中国的协商民主实践。

(3) 争鸣。虽然都认可协商民主是比选举民主具有更高质量内涵的民主形态,但是落实到制度设计层面,产生了协商民主与选举(票决)民主孰先孰后的争议。选举民主优先论认为协商民主运行以选举民主提供的政治架构为前提,协商民主难以单独承担民主决策的使命。因此选举民主具有逻辑上的先在性。协商民主优先论则从中国政治实践的经验出发,强调竞争性选举的弊端。相辅相成论强调"选举"与"协商"体现的是民主政治实践中的两个重要环节,前者体现的是权力的授受过程;后者表达的是权力的运行过程,应该将两者有机结合起来。

【文献链接】

1. 陈家刚:《当代中国的协商民主:比较的视野》,《新疆师范大学学报》,2014(2),转载于复印报刊资料《中国政治》,2014(4);

2. 高建:《两种不同的协商民主》,《山东社会科学》,2014(2),转载于复印报刊资料《中国政治》,2014(4);

3. 高奇琦:《社会资本、协商民主与党群治理》,《中共福建省委党校学报》,2014(1);

4. 华中科技大学课题组:《建立和完善社会主义协商民主制度的对策与建议》,《世纪行》,2014(2),转载于复印报刊资料《中国政治》,2014(6);

5. 李金河:《如何正确认识社会主义协商民主》,《中央社会主义学院学报》,2014(2),转载于复印报刊资料《中国政治》,2014(4);

6. 林尚立:《人民政协创造协商民主的条件与路径》,《中国政协理论研究》,2014(10),转载于复印报刊资料《中国特色社会主义理论》,2014(12);

7. 马德普:《协商民主是选举民主的补充吗》,《政治学研究》,2014(4),转载于复印报刊资料《中国特色社会主义理论》,2014(11);

8. 莫岳云:《当代中国政治制度构架中的协商民主》,《学术研究》,2014(3),转载于复印报刊资料《中国政治》,2014(6);

9. 彭勃、李姚姚:《协商民主有效性的认识路径:基于程序—结果的分析框架》,《社会科学》,2014(10),转载于复印报刊资料《中国特色社会主义理论》,2014(12);

10. 申建林,蒋田鹏:《中国民主政治发展的“协商”与“选举”之辩——兼评协商民主优先论》,《武汉大学学报》,2014(1),转载于复印报刊资料《中国政治》,2014(3);

11. 王鉴岗:《协商民主与票决民主的结合及模式的选择》,《四川省社会主义学院学报》,2014(2),转载于复印报刊资料《中国政治》,2014(10);

12. 王庆五、王金水:《协商民主:从政治协商到国家层面的基本民主制度建设》,《江海学刊》,2014(1);

13. 文小勇:《协商民主与当代中国政治发展研究》,《理论与现代化》,2014(4),转载于复印报刊资料《中国特色社会主义理论》,2014(10);

14. 吴晓林、张翔:《共识中的差异:国内协商民主研究的理论格局分析》,《马克思主义与现实》,2014(4),转载于复印报刊资料《中国特色社会主义理论》,2014(11);

15. 阎孟伟:《协商民主中的社会协商》,《社会科学》,2014(10),转载于复印报刊资料《中国特色社会主义理论》,2014(12);

16. 杨德山:《新时期以来中共“协商民主”建设理论探索的历程考察》,《中国特色社会主义研究》,2014(3),转载于复印报刊资料《中国特色社会主义理论》,2014(11);

17. 杨瑞森:《深化中国特色社会主义协商民主研究的几个理论问题和认识问题》,《思想理论教育导刊》,2014(6),转载于复印报刊资料《中国政治》,2014(10);

18. 叶国平:《舆情表达与回应机制视阈下的协商民主建设》,《理论与现代化》,2014(5),转载于复印报刊资料《中国特色社会主义理论》,2014(12);

19. 叶小文、张峰:《从现代国家治理的高度认识协商民主》,《中央社会主义学院学报》,2014(2);

20. 张翔、吴晓林:《中国行政机构协商民主的运作模式、逻辑与建议》,《经济社会体制比较》,2014(4),转载于复印报刊资料《中国特色社会主义理论》,2014(10);

21. 郑万通:《关于社会主义协商民主的几个问题》,《中国政协》,2013(23),转载于复印报刊资料《中国政治》,2014(4);

22. 韩冬梅:《西方协商民主理论研究》,中国社会科学出版社,2014。

提名热点三　唯物史观视域中的空间问题

【文献数量】

全部文献　200多篇

论　　文　100左右

“复印报刊资料”转载9篇

【入选理由】

20世纪以来，都市化空间、全球化空间和超空间与传统空间叠加、交织，改变并重构着人类的活动及思想方式，产生于20世纪60年代的社会空间批判理论逐渐发展成为后现代及全球化理论的重要组成部分。近年来，对“空间”问题的研究已经成为国内哲学学界一个重要的学术生长点，唯物史观视域中的空间问题是2014年研究较多的话题。目前的研究情况大致如下：(1)分析历史唯物主义空间转向的原因，对由列斐伏尔、哈维、索亚、卡斯特等人提出的历史唯物主义的空间理论进行梳理和评介。(2)对历史唯物主义空间生产理论的研究。这方面的研究主要集中在探讨空间生产的要素、过程，批判资本主义空间生产实质，分析当代空间生产的发展特点及未来趋势。(3)辨析历史唯物主义与空间政治思想。这方面的研究集中在对唯物史中的“空间正义”问题的探讨。研究内容包括当代都市空间生产过程中产生的空间隔离、空间的不平衡发展、空间资源的分配不公、公共空间的私有化等社会正义问题。(4)探讨空间问题的当代意义。主要从城乡融合理念推进、城市化发展模式的转变、城乡空间权益的保障以及从行政管理体制的变革入手推动空间正义等多个方面，探讨了历史唯物主义空间理论对当前我国统筹城乡空间发展、推进新型城镇化建设中的重要指导意义。

【文献链接】

1. 车玉玲：《超越资本与空间生产的历史限度》，《南京政治学院学报》，2014(1)；转载于复印报刊资料《哲学原理》，2014(7)；

2. 陈慧平：《空间理论的两个基础性概念再思辨》,《学习与探索》,2014(8),转载于复印报刊资料《哲学原理》,2014(12);

3. 陈忠：《主体性的微观走向与空间权利的城市实现——对城市权利的一种前提性反思》,《哲学动态》,2014(8),转载于复印报刊资料《哲学原理》,2014(12);

4. 崔继新：《如何理解"空间转向"概念？——以阿尔都塞理论为视角》,《黑龙江社会科学》,2014(4),转载于复印报刊资料《哲学原理》,2014(12);

5. 戴卫华、刘胜湘：《空间维度：历史唯物主义的重构》,《理论月刊》,2014(4);

6. 高德胜：《空间向度的历史审视与当代资本主义的空间政治》,《社会科学战线》,2014(5);

7. 胡大平：《地理学想象力和空间生产的知识——空间转向之理论和政治意味》,《天津社会科学》,2014(4);

8. 胡乐明：《资本积累、阶级斗争与空间生产——一个文献综述》,《山东社会科学》,2014(9);

9. 胡潇：《空间现象的文化解读——基于马克思恩格斯空间理念的思考》,《学术研究》,2014(9),转载于复印报刊资料《哲学原理》,2014(12);

10. 黄玮：《历史唯物主义视域中的城乡空间关系及其当代启示》,《人民论坛》,2014(23);

11. 李春敏：《乌托邦与"希望的空间"——大卫·哈维的空间批判理论研究》,《教学与研究》,2014(1);

12. 李建华、袁超：《空间正义：我国城乡一体化价值取向》,《马克思主义与现实》,2014(4);

13. 李秀玲：《空间正义理论的基础与建构——试析爱德华·索亚的空间正义思想》,《马克思主义与现实》,2014(3);

14. 刘怀玉：《空间化问题的历史唯物主义辨识》,《中国社会科学文摘》,2014(2),(原载《江海学刊》,2013(5),原题：空间化视野中的全球化、城市化与国家—区域化发展);

15. 冉思伟：列斐伏尔：《空间及其生产——一位西方马克思主义者的理论探险研究热点回顾》,《中共宁波市委党校学报》,2014(1),转载于复印报刊资料

《哲学原理》,2014(4);

16. 强乃社:《列菲伏尔空间视野下的都市社会理论》,《学习与探索》,2014(8);

17. 任政:《资本、空间与正义批判——大卫·哈维的空间正义思想研究》,《马克思主义研究》,2014(6),转载于复印报刊资料《哲学原理》,2014(8);

18. 孙全胜:《马克思主义社会空间现象批判伦理的出场形态》,《内蒙古社会科学(汉文版)》,2014(2);

19. 倪志安、冯文平:《论马克思"实践的空间"思想》,《黑龙江社会科学》,2014(4),转载于复印报刊资料《哲学原理》,2014(12);

20. 牛俊伟:《从城市空间到流动空间——卡斯特空间理论述评》,《中南大学学报(社会科学版)》,2014(2);

21. 王贵楼:《空间转向与价值发掘:西方当代马克思主义空间政治思想探究》,《云南社会科学》,2014(3);

22. 王志刚:《历史唯物主义与空间政治思想:以索亚为例》,《天津社会科学》,2014(4),转载于复印报刊资料《哲学原理》,2014(10);

23. 魏强:《马克思现代性思想的演进逻辑与空间批判理论的出场——从马克思主义出场学视域看》,《学习与探索》,2014(8);

24. 吴红涛:《空间德性论:当代空间研究的一种反思》,《山西大学学报(哲学社会科学版)》,2014(3);

25. 谢俊贵:《空间分割叠加与社会治理创新》,《新华文摘》,2014(20),原载《广东社会科学》,2014(4);

26. 袁久红:《马克思〈1857—1858年经济学手稿〉中的空间思想及其政治意蕴》,《天津社会科学》,2014(4);

27. 庄友刚:《空间生产的当代发展与资本的生态逻辑》,《马克思主义与现实》,2014(3)。

【学术会议】

1. 福建福州:"历史唯物主义与全面深化改革"理论研讨会暨马克思主义研究会2014年年会(会议议题之一为"历史唯物主义与健全城乡一体化体制机制"),2014年6月20—22日,主办单位:马克思主义研究会、《红旗文稿》编辑部；

2. 浙江金华：全国第十四届“马克思哲学论坛”，会议主题：马克思主义哲学创新的国际视野，2014 年 10 月 24—26 日，主办单位：《中国社会科学》杂志社。

提名热点四　互联网金融与金融变革

【文献数量】

全部文献　5 346 篇

论　　文　5 126 篇，著作（含发展报告）20 部

“复印报刊资料”转载 12 篇

【入选理由】

互联网技术革命对传统金融业产生了深远影响，互联网金融应运而生。2013 年被称为“互联网金融元年”，经过一年迅猛的发展，互联网金融已经初具规模，互联网金融的快速发展推动了我国金融产业的革新，引起了学术界的高度关注。研究主要围绕以下几个方面展开：(1) 对互联网金融相关理论的研究。涉及对互联网金融经济学原理的解读、互联网金融理论进展等。(2) 对互联网金融发展现状分析和趋势展望的研究。从互联网金融的兴起、运行、变革、展望及应对策略等多角度进行了研究。(3) 对互联网金融模式研究。包括以电商模式、新兴网络金融公司模式、小微金融模式等互联网金融新模式以及互联网金融模式的比较分析等等。(4) 互联网金融对传统金融的影响研究。学者们认为互联网金融的发展对传统银行提出了挑战，既给银行业带来了很大的压力，也给银行业改革提供了机遇。互联网金融为利率的市场化提供了条件，影响了我国利率市场化的进程。(5) 互联网金融对普惠金融的影响研究。普惠金融发展的瓶颈就是成本效率问题，互联网金融提高了金融服务的效率，扩大了金融服务普惠面，为普惠金融的实现提供了更多的可能性。(6) 互联网金融风险与防范研究。有关研究认为互联网金融有不同形态，风险各异，要根据风险外溢性的不同采取不同监管办法，需要积极探索互联网金融监管的路径与模式。总体来看，互联网金融能够打破传统金融行业的垄断、形成适度的竞争结构，使市场在资源配置中真正发挥决定性作用，释放出制度改革的红利，可能推动中国金融体系结构性变革。

【文献链接】

1. 程华：《互联网金融的双边市场竞争及其监管体系催生》，《改革》，2014(7)，转载于复印报刊资料《金融与保险》，2014(10)；

2. 褚蓬瑜、郭田勇：《互联网金融与商业银行演进研究》，《宏观经济研究》，2014(5)，转载于复印报刊资料《金融与保险》，2014(8)；

3. 戴国强、方鹏飞：《监管创新、利率市场化与互联网金融》，《现代经济探讨》，2014(7)；

4. 戴国强、方鹏飞：《利率市场化与银行风险——基于影子银行与互联网金融视角的研究》，《金融论坛》，2014(8)；

5. 党均章：《互联网金融创新的风险》，《中国金融》，2014(4)；

6. 樊志刚：《互联网时代的银行变革》，《中国金融》，2014(6)；

7. 宫晓林：《P2P网络借贷风险与监管——基于有限理性假设的分析》，《投资研究》，2014(6)，转载于复印报刊资料《金融与保险》，2014(11)；

8. 洪娟、曹彬、李鑫：《互联网金融风险的特殊性及其监管策略研究》，《中央财经大学学报》，2014(9)；

9. 李炳、赵阳：《互联网金融对宏观经济的影响》，《财经科学》，2014(8)，转载于复印报刊资料《金融与保险》，2014(10)；

10. 李建军、赵冰洁：《互联网借贷债权转让的合法性、风险与监管对策》，《宏观经济研究》，2014(8)，转载于复印报刊资料《金融与保险》，2014(11)；

11. 李有星、陈飞、金幼芳：《互联网金融监管的探析》，《浙江大学学报(人文社会科学版)》，2014(3)，转载于复印报刊资料《金融与保险》，2014(10)；

12. 马九杰、吴本健：《互联网金融创新对农村金融普惠的作用：经验、前景与挑战》，《农村金融研究》，2014(8)；

13. 苗文龙、刘海二：《互联网众筹融资及其激励约束与风险管理——基于金融市场分层的视角》，《金融监管研究》，2014(7)，转载于复印报刊资料《金融与保险》，2014(11)；

14. 彭涵祺、龙薇：《互联网金融模式创新研究——以新兴网络金融公司为例》，《湖南社会科学》，2014(1)；

15. 彭逸涵：《基于普惠金融视角探讨互联网金融》，《财经界(学术版)》，

2014(6);

16. 皮天雷、赵铁:《互联网金融:范畴、革新与展望》,《财经科学》,2014(6),转载于复印报刊资料《金融与保险》,2014(10);

17. 乔海曙、吕慧敏:《中国互联网金融理论研究最新进展》,《金融论坛》,2014(7);

18. 饶越:《互联网金融的实际运行与监管体系催生》,《改革》,2014(3);

19. 孙小丽、彭龙:《KMV模型在中国互联网金融中的信用风险测算研究》,《北京邮电大学学报(社会科学版)》,2014(2),转载于复印报刊资料《金融与保险》,2014(4);

20. 孙一铭、方鹏飞:《利率市场化视角下的互联网金融——来自美国货币基金发展的启示》,《上海金融》,2014(6);

21. 王海军、王念、戴冠:《"普惠"金融背景的互联网金融——理论解构与政策分析》,《上海金融学院学报》,2014(8);

22. 王海军、王念、赵立昌:《互联网金融:缘起、解构与变革》,《武汉金融》,2014(10);

23. 王金龙、乔成云:《互联网金融、传统金融与普惠金融的互动发展》,《新视野》,2014(9);

24. 王曙光、孔新雅、徐余江:《互联网金融的网络信任:形成机制、评估与改进——以P2P网络借贷为例》,《金融监管研究》,2014(8),转载于复印报刊资料《金融与保险》,2014(8);

25. 王曙光、张春霞:《互联网金融发展的中国模式与金融创新》,《长白学刊》,2014(1);

26. 魏建国:《互联网金融倒逼金融制度改革》,《上海证券报》,2014-04-03;

27. 魏鹏:《中国互联网金融的风险与监管研究》,《金融论坛》,2014(7);

28. 谢平、邹传伟、刘海二:《互联网金融监管的必要性与核心原则》,《国际金融研究》,2014(8),转载于复印报刊资料《金融与保险》,2014(11);

29. 胥岢:《互联网金融发展对商业银行的影响、启示与对策研究》,《西南金融》,2014(4);

30. 徐高:《"互联网金融"的经济学解读》,《金融发展评论》,2014(7);

31. 徐会军:《利用互联网金融助推普惠金融创新发展的若干问题探讨》,《金融理论与实践》,2014(4);

32. 杨洋、张宇:《互联网金融在金融改革中的机遇与挑战——以阿里金融为例》,《时代金融》,2014(2);

33. 张晓朴:《互联网金融监管的原则:探索新金融监管范式》,《金融监管研究》,2014(2),转载于复印报刊资料《金融与保险》,2014(5);

34. 张钰、封思贤:《互联网金融与我国传统银行业的竞合关系分析》,《南方金融》,2014(6);

35. 张玉锦:《小微金融的互联网金融模式创新分析》,《南方论刊》,2014(8);

36. 赵旭升:《互联网金融商业模式演进及商业银行的应对策略》,《金融论坛》,2014(10);

37. 周源:《互联网金融的普惠特征》,《中国金融》,2014(4);

38. 宗良:《商业银行应对互联网金融挑战的策略选择》,《国际金融》,2014(6)。

【学术会议】

1. 中国互联网金融大会春季峰会,2014年3月28日;

2. 2014中国互联网金融发展圆桌会议,2014年8月2日;

3. 莫干山会议——金融改革与互联网金融峰会暨第二届浙江互联网金融论坛,2014年9月20日;

4. 融资中国2014互联网金融峰会,2014年9月26日;

5. 第二届中国互联网金融大会,2014年11月12—15日。

提名热点五　农村土地制度改革的推进与论争

【文献数量】

全部文献　5 906 篇

论　　文　1 200 篇

“复印报刊资料”转载 20 篇

【入选理由】

党的十八届三中全会之后，全力加快推进改革已成为全社会共识。在全面深化改革的布局中，土地制度作为国家的基础性制度，涉及的主体、包含的利益关系十分复杂，牵一发而动全身，因此，农村土地制度改革既是关键性问题，同时也属于争议最多、分歧最大的领域之一。农村土地制度改革涉及经济、政策、法律等方方面面，在学界引起了广泛的关注和讨论。

12 月 2 日，全面深化改革领导小组第七次会议审议通过了《关于农村土地征收、集体经营性建设用地入市、宅基地制度改革试点工作的意见》，再次强调坚持土地公有制性质不改变、耕地红线不突破、农民利益不受损三条底线，在试点基础上有序推进。这是继《关于全面深化农村改革加快推进农业现代化的若干意见》(2014 年中央 1 号文件)、《关于引导农村土地经营权有序流转发展农业适度规模经营的意见》之后，今年出台的又一份关于土地改革的重要指导性文件。

然而，学者们围绕土地权利、城乡统一的土地市场等问题的讨论从来没有停歇。2014 年，华生、贺雪峰、文贯中、许成钢、周其仁、秦晖等学者就以上问题展开了更加激烈的争论。市场派的主要观点：应改变“国有土地”和“集体所有土地”的产权现状，把“集体所有土地”变为“私人所有土地”，从而实现“国有土地”和“私人所有土地”两种土地产权所有制形式。如果土地改革能够推进和突破，当前中国的三农问题、城镇化问题、户籍制度改革和人口自由迁徙等问题才能得到很好的解决，建设城乡一体化的目标才有可能实现。国有改良派的观点认为：中国土地制度的宪法秩序，构成了中国改革开放 30 年经济快速增长和社会保持稳定的制度红利。也是未来20～30年中国突破中等收入陷阱，由世界体系边缘国家进入中心国家的制度基础。当前的中国土地制度安排的某些方面需进一步完善，而其总体制度则应保持长期稳定。分歧的实质是土地是否私有化。征地制度、农村集体经营性建设用地制度、农村宅基地制度是本次土地改革整体框架下的三项重点改革领域，学界的相关研究也主要围绕这三个方面进行。(1)改革的总体思路与原则。土地改革要从观念基础上进行反思批判，如国有迷信、土地兼并与社会稳定、粮食安全与耕地保护等种种。改革的方向是完善集体土地所有权，转变土地资源配置方式，重心在于增加农民的财产性收入，突破和创新点在于保障农民有机会公平分享土地增值收益。合理设定和赋予农民更多、更实际的财产权益和处分条件。(2)征地制度改革。在城镇化过程中征收集体土地应规范征地程序，调整征收制度的适用范围，征收补偿应实现法律上的平等。补偿范围应涵盖多种权益，如宅基地上附带的庭院经济利益、情感利益、舒适性利益等。(3)农村集体建设用地制度改革。废除建设用地配额管制，以规划作为土地管制措施，建立城乡统一的建设用地市场，完善土地租赁、转载、抵押等一系列法律制度的细节设置。(4)农村宅基地制度。以公有制为大前提，运用物权规则完善宅基地管理制度，实现农民对宅基地的完整用益物权，在城镇化进程中实现“因地制宜”的流转，促进土地有效利用。

【文献链接】

1. 陈晓芳：《美国不动产征收补偿司法实践之解析》，《广东财经大学学报》，2014(3)，转载于复印报刊资料《宪法学、行政法学》，2014(9)；

2. 陈小君：《我国农村土地法律制度变革的思路与框架我国农村土地法律制度变革的思路与框架——十八届三中全会〈决定〉相关内容解读》，《法学研究》，2014(4)；

3. 陈伟、王喆：《中国农地转用的制度框架及其软约束问题》，《中国人口·资源与环境》，2014(3)，转载于复印报刊资料《农业经济研究》，2014(5)；

4. 程雪阳：《论“城市的土地属于国家所有”的宪法解释》，《法制与社会发展》，2014(1)，转载于复印报刊资料《宪法学、行政法学》，2014(5)；

5. 崔建远：《征收制度的调整及体系效应》，《法学研究》，2014(4)；

6. 傅晨、任辉：《农业转移人口市民化背景下农村土地制度创新的机理：一

个分析框架》,《经济学家》,2014(3),转载于复印报刊资料《农业经济研究》,2014(5);

7. 桂华,贺雪峰:《宅基地管理与物权法的适用限度》,《法学研究》,2014(4);

8. 郭庆海:《土地适度规模经营尺度:效率抑或收入》,《农业经济问题》,2014(7),转载于复印报刊资料《农业经济研究》,2014(11);

9. 韩松:《坚持农村土地集体所有权》,《法学家》,2014(2);

10. 何宏光:《农村集体土地制度改革与土地征收补偿》,《南京审计学院学报》,2014(3),转载于复印报刊资料《体制改革》,2014(8);

11. 华生:《土地制度改革的实质分歧——答周其仁教授最新的批评》,《华夏时报》,2014-09-19;

12. 金俭、张先贵:《财产权准征收的判定基准》,《比较法研究》,2014(2),转载于复印报刊资料《宪法学、行政法学》,2014(8);

13. 李宁、陈利根、龙开胜:《农村宅基地产权制度研究——不完全产权与主体行为关系的分析视角》,《公共管理学报》,2014(1),转载于复印报刊资料《农业经济研究》,2014(4);

14. 李祎恒、邢鸿飞:《论征收补偿中财产权法制保障的基本模式》,《南京社会科学》,2014(5),转载于复印报刊资料《宪法学、行政法学》,2014(8);

15. 凌学东:《宅基地上房屋征收补偿的权源分析》,《法学杂志》,2014(3),转载于复印报刊资料《经济法学、劳动法学》,2014(9);

16. 刘连泰:《政府对拟征收不动产的管制》,《法律科学(西北政法大学学报)》,2014(2),转载于复印报刊资料《宪法学、行政法学》,2014(6);

17. 刘连泰:《集体土地征收制度变革的宪法空间》,《法商研究》,2014(3);

18. 刘守英:《十八届三中全会后的土地制度改革及其实施》,《法商研究》,2014(2),转载于复印报刊资料《经济法学、劳动法学》,2014(9);

19. 刘守英:《中国土地制度改革的逻辑与思路》,《财经》,2014(5);

20. 陆文聪:《农村土地还权赋能的必要性及可行性》,《改革》,2014(3),转载于复印报刊资料《农业经济研究》,2014(6);

21. 秦晖:《论周其仁与华生之争:土地流转在很大程度上非自愿》,《中国企业家》,2014(12);

22. 宋保胜：《城镇化建设中农业限制性区域的用地问题研究》，《中州学刊》，2014(8)，转载于复印报刊资料《农业经济研究》，2014(10)；

23. 王文龙：《中国农村土地制度改革的政策选择研究——基于刘易斯拐点、耕地红线的实证调查》，《人文杂志》，2014(2)；

24. 伍振军、林倩茹：《农村集体经营性建设用地的政策演进与学术论争》，《改革》，2014(2)；

25. 杨俊峰：《中国土地配置基本制度的法律解读与改革》，《学术月刊》，2014(8)，转载于复印报刊资料《经济法学、劳动法学》，2014(11)；

26. 叶必丰：《城镇化中土地征收补偿的平等原则》，《中国法学》，2014(3)，转载于复印报刊资料《经济法学、劳动法学》，2014(8)；

27. 张昌尔：《农村土地制度改革怎么搞?》，《求是》，2014(2)；

28. 张鹏：《当前农村集体经营性建设用地制度改革若干构想》，《苏州大学学报(社会科学版)》，2014(3)，转载于复印报刊资料《经济法学、劳动法学》，2014(9)；

29. 赵谦：《我国土地整理权属设置的宪法依据论》，《法商研究》，2014(2)，转载于复印报刊资料《宪法学、行政法学》，2014(9)；

30. 赵阳：《对积极稳妥推进农村土地制度改革的两点思考》，《改革》，2014(5)，转载于复印报刊资料《体制改革》，2014(8)；

31. 郑尚元：《宅基地使用权的性质及农民居住权利之保障》，《中国法学》，2014(2)，转载于复印报刊资料《经济法学、劳动法学》，2014(5)；

32. 周怀龙、汪苏、杜珂：《农村土地制度改革："最难啃的硬骨头"》，《国土资源导刊》，2014(3)；

33. 周其仁：《城乡中国 98：土地入市的路线图》，《经济观察报》，2014-08-11；

34. 周其仁：《"地票"是一个了不起的创造》，《经济观察报》，2014-07-28。

【学术会议】

1. 西南财经大学：完善农村基本经营制度和农村土地产权制度改革研讨会，2014 年 11 月；

2. 国土资源部法律中心、中国政法大学民商经济学院：农村土地流转法律

制度改革研讨会,2014 年 1 月;

3. 中国人民大学、新华社瞭望智库:“台湾土地制度及其对大陆土地改革借鉴”,2014 年 3 月;

4. 中国民法学研究会、中南财经政法大学法学院:“全面推进依法治国与农村土地制度新趋向”,2014 年 11 月;

5. 北京大学中国保险与社会保障研究中心:全面深化改革:战略思考与路径选择——北大赛瑟(CCISSR)论坛,2014 年 4 月 18 日;

6.“全面推进依法治国与农村土地制度新趋向”研讨会,2014 年 11 月 8 日,主办:中南财经政法大学法学院民商法学科、中南财经政法大学民商法研究中心;

7. 中国城市规划学会:城乡治理与规划改革——2014 中国城市规划年会,2014 年 9 月 18 日。

提名热点六　发展混合所有制经济与深化国企改革

【文献数量】

全部文献　2 024 篇

论　　文　1 964 篇

“复印报刊资料”转载 9 篇

【入选理由】

党的十八届三中全会提出：积极发展混合所有制经济；国有资本、集体资本、非公有资本等交叉持股、相互融合的混合所有制经济，是基本经济制度的重要实现形式；允许更多国有资本和其他所有制经济发展成为混合所有制经济。以上提法进一步明确了国企改革的方向，也引发了新一轮讨论国企改革的热潮，主要围绕以下内容展开：(1) 发展混合所有制经济的意义：在有利于巩固和加强公有经济的主体地位、有利于国有资本放大功能、保值增值、提高竞争力的同时，使国企与其他所有制企业通过优势互补，实现共赢。(2) 混合所有制经济的含义：从宏观层面上讲，以公有制经济为主体、多种所有制经济共同发展的基本经济制度的调整已基本到位；从微观层面看，是指不同所有制性质的产权主体多元投资、相互融合形成的多元产权结构的企业；从内涵上讲，要区分社会主义与资本主义两种基本性质不同的混合所有制经济。(3) 国企参与混合所有制改革(简称“混改”)坚持分类改革的原则：按国企性质，严格清晰地界定哪些国企可以参与混改，哪些国企不能参与混改。(4) 国企参与混改的难点：国企资产的准确估值与股权结构的设置。(5) 建立现代企业制度，完善公司治理结构；既要防止国有资产流失，又要保证非公资本的权益。(6) 政府与市场在国企混改中的作用：在市场对资源配置起决定性作用的同时，政府避免行政干预，营造公平、透明的环境，破除各种阻碍，主动推动混合所有制经济发展。(7) 国企参与混改的试点情况：继国资委在中国医药集团总公司、中国建筑材料集团公司发展混合所有制经济试点后,北京、天津、上海、重庆、广东等20余省市相继出台国资国企改革方案。

【文献链接】

1.《加快发展混合所有制经济》,《光明日报》,2014-03-13;

2. 蔡继明:《中国发展混合所有制的理论基础是什么》,《学术前沿》,2014(4)上,转载于复印报刊资料《社会主义经济理论与实践》,2014(6);

3. 冯兴元、傅蔚冈、蔡洪平:《混合所有制试验:① 混合所有制要大胆闯;② 公平的市场环境更重要;③ 国企二次股权优化建议》,《中国改革》,2014(4),转载于复印报刊资料《社会主义经济理论与实践》,2014(6);

4. 高明华、杜雯翠、谭玥宁、苏然:《关于发展混合所有制经济的若干问题》,《政治经济学评论》,2014(4);

5. 顾钰民:《混合所有制经济是基本经济制度的重要实现形式》,《毛泽东邓小平理论研究》,2014(1);

6. 何自力:《混合所有制经济:性质、目的与根本方向》,《学术前沿》,2014(5)上,转载于复印报刊资料《社会主义经济理论与实践》,2014(7);

7. 黄淑和、陈志武、保育钧、文宗瑜:《混合所有制:尴尬与出路:① 改革重点在股权多样化;② 方向没问题,思路有错位;③ 将放松管制变为法律意志;④ 以放开单一所有制领域为突破口》,《北大商业评论》,2014(6),转载于复印报刊资料《社会主义经济理论与实践》,2014(9);

8. 黄速建:《中国国有企业混合所有制改革研究》,《经济管理》,2014(7),转载于复印报刊资料《社会主义经济理论与实践》,2014(9);

9. 季晓南:《积极推进混合所有制经济发展》,《人民日报》,2014-11-18;

10. 贾华强、常修泽、(田广、刘瑜)、剧锦文、邱海平、谢鲁江:《所有制之混合:① 马克思主义经典理论错了吗?——从混合所有制经济看社会主义的未来;② 现代治理体系中的包容性改革——混合所有制价值再发现与实现途径;③ 中国的混合所有制如何不同于西方——理论、实践与制度创新;④ 所有制混合的制度瓶颈与改革前瞻;⑤ 论混合所有制若干原则性问题;⑥ 混合所有制经济:三重意义上的体制平台》,《学术前沿》,2014(3)下,转载于复印报刊资料《社会主义经济理论与实践》,2014(6);

11. 厉以宁：《中国道路与混合所有制经济》，《中国市场》，2014(23)，转载于复印报刊资料《社会主义经济理论与实践》，2014(9)；

12. 刘瑞：《中国基本经济制度的自我完善——理解所有制的混合与国有经济"三力"》，《学术前沿》，2014(5)上，转载于复印报刊资料《社会主义经济理论与实践》，2014(7)；

13. 荣兆梓：《发展混合所有制经济视角的国有经济改革新问题》，《经济纵横》，2014(9)；

14. 魏杰、施戍杰：《"市场决定论"与混合所有制经济——什么样的产权安排能够促进共同富裕》，《社会科学辑刊》，2014(4)；

15. 项启源、何干强：《科学理解和积极发展混合所有制经济——关于改革和加强国有企业的对话》，《马克思主义研究》，2014(7)，转载于复印报刊资料《社会主义经济理论与实践》，2014(9)；

16. 张卓元：《混合所有制经济是什么样的经济》，《求是》，2014(8)；

17. 周新城：《怎样理解混合所有制》，《红旗文稿》，2014(7)，转载于复印报刊资料《社会主义经济理论与实践》，2014(6)。

【学术会议】

1. 国资委、光明日报和人民政协报联合举办"样本的力量：混合所有制企业发展研讨会"，2014年3月13日；

2. 第八届马克思主义经济学发展与创新论坛：深化国有经济改革，加快发展混合所有制经济，2014年7月9—10日，安徽大学。

提名热点七　新医改背景下医疗保障制度的走向

【文献数量】

全部文献　2 440 篇

论　　文　1 260 篇

“复印报刊资料”转载 5 篇

【入选理由】

新医改是中共中央、国务院向社会公布的关于深化医药卫生体制改革的意见。《中共中央国务院关于深化医药卫生体制改革的意见》提出了“有效减轻居民就医费用负担，切实缓解‘看病难、看病贵’”的近期目标，以及“建立健全覆盖城乡居民的基本医疗卫生制度，为群众提供安全、有效、方便、价廉的医疗卫生服务”的长远目标。

自 2009 年新医改以来，中国医疗保障制度改革取得了巨大成就，基本实现了制度和人群的全覆盖。2014 年，新医改五年之际，学术界围绕医疗保障制度的改革成果与未来走向进行了热烈讨论。研究情况大致如下：(1) 新医改五年成果评价。肯定了新医改在建立全民基本医保制度、完善基层医疗卫生制度、加大政府财政投入等方面的成就，同时也指出实质公平、制度整合、效率提高等问题的存在。除达成以上共识，学者们在医保制度是否减轻了患者医疗负担、责任失衡格局是否加剧等问题上存在分歧。(2) 医疗保障制度现行状况评估。在实现全民覆盖的背景下，医疗保障制度面临着从形式普惠到实质公平的制度转型。通过回顾医疗保障制度演进历史，围绕医疗保障制度覆盖率、保障水平、费用负担方式与效率等方面对各地医疗保障制度实施效果进行评估，审视现行医疗保障制度的公平性、可持续性和制度运行效率。(3) 医疗保障制度未来走向展望。从全民医保的内涵和基本要求出发，在分析城镇职工、城乡居民、新农合三大医保制度差异的基础上，对医疗保障制度结构整合问题进行理论思考；论证分析建立大病保险制度的必要性和影响因素，探索医疗保障制度体系的完善；构想医疗保障制度改革走向，探索公共卫生、医疗服务、医疗保障和药品供应四位一体协同发展路径；梳理国外医疗保障制度体系，借鉴国外医疗保障制度的成功经验，对中国医疗保障制度进一步改革提供借鉴和启示。

【文献链接】

1. 陈佐君：《统筹城乡医疗保障制度的思考》，《宏观经济管理》，2014(3)；

2. 顾　海：《中国统筹城乡医疗保障制度模式与路径选择》，《学海》，2014(1)，转载于复印报刊资料《社会保障制度》，2014(5)；

3. 高和荣：《中国基本医疗保障制度的普遍整合——基于厦门的经验分析》，《哈尔滨工业大学学报：社会科学版》，2014(2)，转载于复印报刊资料《社会保障制度》，2014(5)；

4. 何文炯：《建设更加公平可持续的医疗保障制度》，《中国行政管理》，2014(7)；

5. 李玲：《新医改做了什么？没做什么？》，《卫生经济研究》，2014(10)；

6. 李玲：《中国新医改现状、问题与地方实践研究》，《中国市场》，2014(32)；

7. 李玲：《医改实践为全面深化改革探索道路》，《中国医疗保险》，2014(3)；

8. 梁土坤、尚珂：《青岛模式：罕见病医疗保障制度的实践与展望》，《社会保障研究》(武汉)，2014(3)，转载于复印报刊资料《社会保障制度》，2014(9)；

9. 仇雨临、翟绍果：《我国医疗保障的制度转型与发展路径研究》，《人口与经济》，2014(2)；

10. 申曙光、马颖颖：《我国老年医疗保障的制度创新：保险抑或福利？》，《社会科学战线》，2014(3)；

11. 王东进：《试论更加公平可持续的全民医保制度》，《中国医疗保险》，2014(4)，转载于复印报刊资料《社会保障制度》，2014(10)；

12. 乌日图：《医疗保险制度改革的回顾和展望》，《中国医疗保险》，2014(6)；

13. 赵斌、孙斐：《社会医疗保障制度对医疗机构付费方式的设置规律——基于31国经验的总结》，《社会保障研究》，2014(9)，转载于复印报刊资料《社会保障制度》，2014(9)；

14. 赵大海:《我国医疗保障制度改革走向的论证》,《江西社会科学》,2014(4);

15. 翟绍果、仇雨临:《医保城乡统筹的实现路径》,《中国社会保障》,2014(6);

16. 颛慧玲、丁润萍、李小伟:《统筹城乡医疗保障制度的政策构想——以山西为例》,《经济问题》,2014(6);

17. 张体伟:《云南农村发展报告2013—2014,完善新型农村合作医疗制度提高农村医疗保障》,云南大学出版社,2014年7月;

18. 郑功成:《城乡医保整合态势分析与思考》,《中国医疗保险》,2014(2);

19. 郑功成:《让医保制度在深化改革中走向成熟、定型》,《中国医疗保险》,2014(7)。

【学术会议】

北京:"第三届中国国际养老服务业博览会暨第三届中国养老服务业发展论坛",2014年5月4—6日,主办:国家民政部、全国老龄工作委员会、北京市政府。

提名热点八　教育管理改革背景下的“管办评分离”研究

【文献数量】

全部文献　2 300 篇

论　　文　2 050 篇

“复印报刊资料”转载 11 篇

【入选理由】

2013 年 11 月 15 日发布的《中共中央关于全面深化改革若干重大问题的决定》中明确提出:“全面深化改革的总目标是完善和发展中国特色社会主义制度,推进国家治理体系和治理能力的现代化。”为适应深化教育领域综合改革的要求,在教育管理方式上,要以推进“管办评分离”为基本要求,形成政府宏观管理、学校自主办学、社会广泛参与的格局。教育学术界对这一热点问题也展开了广泛而深入的研讨,主要包括以下三个方面:(1)政府管理职能转变。在“管办评分离”中,政府管理的改革是前提。其核心要求就是由微观管理走向宏观管理,由直接管理走向间接管理,由办教育向管教育转变,由管理向服务转变。政府需要简政放权,扩大省级政府教育统筹权和学校办学自主权;加强标准建设,依据标准进行规范化管理;推进法治建设,建立健全各项审查机制和制度;加强监督监管,完善督学、督政、监测三位一体的教育督导体系。(2)学校内部治理结构完善。学校是“管办评分离”的基本立足点。完善内部治理结构,形成规范健全的内部管理体制和监督制约机制;推进依法办学,把依法治校的能力和成效作为评价学校领导管理水平、治校水平的重要内容。(3)教育评价模式变革。评价是“管办评分离”的反馈环节,具有重要的导向作用。评价权和监督权更多交给社会、回归社会,充分发挥行业企业作用,吸收行业企业参加教育质量评估,把行业企业评价作为衡量办学质量的一项重要指标,深化人才培养机制改革;强化专业组织评价功能,培育独立于教育部门的专业教育服务机构。

【文献链接】

1. 陈丽萍，朱玉成：《中外合作办学省级政府教育统筹试点实施情况调研报告》，《国家教育行政学院学报》，2014(2)，转载于复印报刊资料《高等教育》，2014(5)；

2. 陈霜叶，孟浏今，张海燕：《大数据时代的教育政策证据：以证据为本理念对中国教育治理现代化与决策科学化的启示》，《全球教育展望》，2014(2)，转载于复印报刊资料《教育学》，2014(5)；

3. 程方平：《各司其职，尽心尽责，推进教育的良性发展——关于中国学校教育管、办、评分离的思考》，《教育科学研究》，2014(6)；

4. 何秀超：《深化教育督导改革，转变教育管理方式》，《北京教育》，2014(7)，转载于复印报刊资料《中小学学校管理》，2014(11)；

5. 蒋莉：《“管办助评”：构建区域服务型教育管理新体系》，《中小学管理》，2014(1)；

6. 靳玉乐，李阳莉：《在中小学综合素质评价中引入第三方评价的探讨》，《当代教育科学》，2014(8)，转载于复印报刊资料《中小学教育》，2014(9)；

7. 李清刚：《教育评估组织发展的现实困境与对策——基于民办教育发展的视角》，《教育学术月刊》，2014(3)；

8. 刘丽君，孙鹤娟：《完善教育管理范式，建构三足鼎立治理结构》，《教育研究》，2014(5)；

9. 满建宇：《管、办、评分离：现代学校制度建设的关系重构》，《现代教育管理》，2014(9)；

10. 盛欣，姜正国：《管办评分离框架中的区域高校集群创新》，《教育学术月刊》，2014(10)；

11. 石长林：《我国中小学学校管理体制存在的问题及其对策》，《教育科学研究》，2014(6)，转载于复印报刊资料《中小学学校管理》，2014(10)；

12. 王湛：《教育治理现代化与教育家办学》，《未来教育家》，2014(6)，转载于复印报刊资料《中小学学校管理》，2014(9)；

13. 熊丙奇：《规范办学：首先要规范教育部门的管理》，《光明日报》，2014-07-03；

14. 徐绪卿:《治理背景下我国民办高等教育管理的转型》,《中国高教研究》,2014(8);

15. 严蔚刚:《我国大学内部横向治理组织的现状、问题与建议——以N大学为例的调查研究》,《高校教育管理》,2014(4),转载于复印报刊资料《高等教育》,2014(10);

16. 杨志刚:《基础教育管办评分离的实践探索与理论分析》,《中国教育学刊》,2014(7),转载于复印报刊资料《中小学学校管理》,2014(11);

17. 袁贵仁:《深化教育领域综合改革,加快推进教育治理体系和治理能力现代化——在2014年全国教育工作会议上的讲话》,《中国教育报》,2014-02-13,转载于复印报刊资料《教育学》,2014(5);

18. 张俊华:《全球教育变革下的学校自主管理》,《人民教育》,2014(3),转载于复印报刊资料《中小学学校管理》,2014(4);

19. 张志勇:《管办评分离是建立现代教育治理体系的关键》,《人民教育》,2014(3);

20. 张志勇:《建立现代教育治理体系亟须遏制权力扩张》,《中小学管理》,2014(7),转载于复印报刊资料《中小学学校管理》,2014(11);

21. 周湘林:《大数据时代的教育管理变革》,《中国教育学刊》,2014(10);

22. 宗河:《转变教育管理方式,推进管办评分离》,《中国教育报》,2014-02-19。

【学术会议】

1. “中国高等教育国际论坛”,2014年11月1—2日,主题:“政府 大学 社会:高等教育现代化”,主办:中国高等教育学会;

2. “北京2014教育督导与评价研讨会”,2014年6月18日,主题:“现代教育治理与教育督导改革”,主办:国务院教育督导委员会办公室、北京市人民政府教育督导室、北京市教育委员会;

3. “全国义务教育均衡发展督导评估推进会”,2014年3月22日,主办:上海市教委;

4. “教育治理体系与治理能力现代化专题座谈会”,2014年2月28日,主题:“现代教育治理与教育督导改革”,主办:北京师范大学教育学部、《中国教育报》。

提名热点九　科学数据与人文社会科学方法论研究

【文献数量】

全部文献　612 篇

论　　文　88 篇

“复印报刊资料”转载　12 篇

【入选理由】

科学数据是科学活动中获得的原始基本数据，或根据不同科研需要，进行系统加工整理的数据集。科学数据是科学研究活动的重要组成部分，具有很高的研究价值、经济价值与社会价值。高质量、原创的科学数据是产生重大学术成果的基础。随着数据科学的发展及近年来“大数据”概念的盛行，国内外对于科学数据的重视程度越来越高，相关研究也成为一个热点。目前我国对于科学数据的研究主要可以概括为三个方面：(1) 一般研究，包括对科学数据的分类、整合、共享、管理、保存、出版等方面的探讨，诸如期刊引文数据库、高校社会科学数据平台建设等。(2) 具体的某一学科科学数据的研究，如材料科学、农学、天文、物理、历史地理等具体的某一类型的科学数据的搜集与研究。(3) 有关科学数据的规范化和质量控制研究。

近年来随着新技术的快速发展，学科间的交叉渗透趋势越来越明显，最直观的表现就是不少自然科学的研究方法越来越多地应用于人文社会科学领域，与此同时，自然科学对方法的重视也影响到人文社会科学的学者开始关注方法及方法论的问题，方法论相关研究已成为人文社会科学领域的一个重要内容，对于人文社会科学研究的原始创新、集成创新等具有重要意义。从今年的研究来看，关于方法论的研究大致如下：(1) 传统哲学领域的研究，世界观与方法论一直是哲学的重要基本概念，因此，对于方法论的哲学解读依然是方法论研究的基本领域；(2) 对具体的某一学科传统、代表人物的方法论总结与概括；(3) 对新的研究领域的方法论建构。

【文献链接】

1. 王芳、慎金花：《国外数据管护(Data Curation)研究与实践进展》，载《中国图书馆学报》，2014(4)；

2. 白如江、冷伏海：《“大数据”时代科学数据整合研究》，载《情报理论与实践》，2014(1)；

3. 韩大元：《近 30 年我国宪法学方法论的演变》，《法学论坛》，2013(1)；

4. 何琳、常颖聪：《国内外科学数据出版研究进展》，载《图书情报工作》，2014(5)；

5. 何颖、李思然：《新公共管理理论方法论评析》，《中国行政管理》，2014(11)；

6. 黄鲁成、王亢抗，吴菲菲等：《新兴产业研究方法论论纲》，《科学学研究》，2013(1)；

7. 黄如花、邱春艳：《国外科学数据共享研究综述》，《情报资料工作》，2013(4)；

8. 黄如花、王斌、周志峰：《促进我国科学数据共享的对策》，载《图书馆》，2014(3)；

9. 李翔、张斌：《数字策展的研究进展》，载《情报杂志》，2014(8)；

10. 李玉：《复旦搭建高校社会科学数据平台》，《中国社会科学报》，2014-12-31(A02)；

11. 马建玲、曹月珍：《研究数据管理工具发展研究》，载《图书馆学研究》，2014(15)；

12. 苗茹、诸云强、宋佳等：《基于云计算的地球系统科学数据共享研究与实践》，《地球信息科学学报》，2014(2)；

13. 倪梁康：《论海德格尔中期哲学的本体论与方法论——关于〈哲学论稿〉核心概念的中译及其思考》，《南京大学学报(哲学·人文科学·社会科学)》，2014(3)；

14. 彭建波：《美国社会科学数据管理联盟(Data-PASS)的发展与借鉴》，载《图书情报工作》，2014(16)；

15. 任树怀、时婉璐:《论数据策管环境下学科馆员的角色定位》,载《图书馆杂志》,2014(9);

16. 沈仲衡:《价值衡量法律思维方法论》,暨南大学出版社,2014(4);

17. 司莉、李鑫:《基于共词分析的我国科学数据领域研究主题探析》,《图书馆》,2014(6);

18. 司莉、邢文明:《国外科学数据管理与共享政策调查及对我国的启示》,《情报资料工作》,2013(1);

19. 司莉、辛娟娟:《英美高校科学数据管理与共享政策的调查分析》,载《图书馆论坛》,2014(9);

20. 覃丹:《英美社会科学数据管理与共享服务平台调查分析》,载《图书情报工作》,2014(16);

21. 王祎、华夏、王建梅:《国内外科学数据管理与共享研究》,《科技进步与对策》,2013(14);

22. 王卷乐、林海、冉盈盈等:《面向数据共享的地球系统科学数据分类探讨》,《地球科学进展》,2014(2);

23. 吴国雄、林海、邹晓蕾等:《全球气候变化研究与科学数据》,《地球科学进展》,2014(1);

24. 吴立宗、王亮绪、南卓铜等:《科学数据出版现状及其体系框架》,《遥感技术与应用》,2013(3);

25. 杨鹤林:《英国数据监护研究成果及其在高校图书馆的应用——DCC建设回顾》,载《图书馆杂志》,2014(3);

26. 叶继元:《学术期刊利用数据之规范化探讨》,《图书与情报》,2014(1);

27. 叶继元等:《图书馆学学术规范与方法论研究》,科学出版社,2014(1);

28. 袁继红:《方法论个体主义—整体主义的二维分析》,《自然辩证法研究》,2014(7);

29. 袁曦临:《E-science环境下学术规范的新领域:科学数据》,《甘肃社会科学》,2014(3);

30. 张斌峰:《法律的语用分析:法学方法论的语用学转向》,中国政法大学出版社,2014(5);

31. 张静蓓、吕俊生、田野:《国外科学数据引用研究进展》,载《图书情报工作》,2014(8)。

【学术会议】

1. 第一届科学数据大会,2014年2月24—25日,北京;
2. 学术规范与学科方法论研究研讨会,2014年11月29日,南京。

提名热点十　中国故事与本土叙事传统

【文献数量】

全部文献　702 篇

论　　文　50 篇

“复印报刊资料”转载 3 篇

【入选理由】

自 2012 年莫言获得诺贝尔文学奖以来热议不断，从莫言获奖与中国当代文学的价值定位到中国当代文学的海外传播及其翻译研究，话题不断走向深入。2014 年，学界又将研究聚焦在全球化视野下，当代作家如何讲述“中国故事”这一话题上，主要有以下几方面的研究：(1) 在原来本土叙事的基础上又有了“中国故事”这一新的提法，并对“中国故事”概念、内涵和意义进行阐释。虽然学者们普遍认为所谓“中国故事”，是指凝聚了中国人共同经验与情感的故事，在其中可以看到我们这个民族的特性、命运和希望。但有些学者还是对“中国故事”进行了多个层面的阐释，指出它不同于“中国模式”“中国经验”的理论内涵。(2) 梳理莫言的创作与本土经验及中国现当代文学、古典文学的内在联系，总结其创作经验。莫言的小说创作虽然受到了西方文学大师如福克纳、川端康成等的影响，但他小说的叙述方式仍然主要是由中国叙事文学的传统滋养出来的。中国古代悠久的叙事文学传统，不仅为莫言提供了取之不竭的文化资源，决定了他基本的艺术思维方式、选材的特征、叙述方式，还影响决定了居于整个美学风格中心的宗教信仰和宗教情怀。(3) 进一步探讨当代文学讲述“中国故事”的方法、路径及当前存在的问题。“中国故事”虽然与中国传统叙事不可分割，但当代作家也应该尝试在“中国故事”的讲述中，不断建构本土叙事的新传统，讲述新的“中国故事”。

【文献链接】

1. [美] 蔡元丰：《英雄与杂种：莫言的山东家族罗曼史》，《长江学术》，

2014(1),转载于复印报刊资料《中国现当代文学研究》,2014(6);

2. 曹霞:《如何“传统”,怎样“民间”: 论批评家对莫言写作资源的发现与命名》,《中国现代文学研究丛刊》,2014(6);

3. 陈思:《现实感、细节与关系主义——“中国故事”的一条可能路径》,《南方文坛》,2014(5);

4. 陈晓明:《乡土中国、现代主义与世界性: 对 80 年代以来乡土叙事转向的反思》,《文艺争鸣》,2014(7);

5. 何怀宏:《活下去,但是要记住: 莫言作品中的乡土历史与生命记忆》,载《书城》,2014(7);

6. 季红真:《莫言小说与中国叙事传统》,《文学评论》,2014(2);

7. 李云雷:《如何讲述新的中国故事? ——当代中国文学的新主题与新趋势》,《文学评论》,2014(3);

8. 李振:《“中国故事”: 到底应该怎么讲?》,《当代作家评论》,2014(5);

9. 李振:《关于“中国故事”的若干疑问》,《南方文坛》,2014(5);

10. 李自雄:《关于当代文学表达“中国经验”的一种反思》,《内蒙古社会科学》,2014(4);

11. 凌云岚:《莫言与中国现代乡土小说传统》,《文学评论》,2014(2);

12. 马云:《莫言〈生死疲劳〉的超验想象与叙事狂欢》,《文艺争鸣》,2014(6),转载于复印报刊资料《中国现当代文学研究》,2014(9);

13. 秦艳萍、韩鲁华:《中国乡土及乡土经验的文学叙事——以贾平凹、莫言乡土叙事为例》,《西北大学学报(哲学社会科学版)》,2014(5);

14. 沈卫星:《在转型年代抒写好中国故事》,《文艺理论与批评》,2014(1);

15. 吴子林:《“唯一有价值的就是拥有活力的灵魂”——讲述“中国故事”的方法或主义》,《小说评论》,2014(1);

16. 张志忠:《莫言对司马迁的承续与对话》,《首都师范大学学报》,2014(4),转载于复印报刊资料《中国现当代文学研究》,2014(11);

【学术会议】

1. 北京:“莫言: 全球视野与本土经验”学术研讨会综述,2013 年 12 月 6—8

日,主办:中国当代文学研究会,首都师范大学文学院;

2. 南京:“中国故事与本土叙事传统”学术研讨会,2014年6月20—22日,主办:中国现代文学馆、南京大学新文学研究中心。

下　编

2015 年度学术趋势展望

2015年度马克思主义理论学术趋势展望专家笔谈

秦　宣　吴潜涛　张雷声　杨凤城

专家简介：秦宣，中国人民大学教授、博士生导师，主要研究领域为政治学理论、科学社会主义和中国特色社会主义；吴潜涛，清华大学教授、博士生导师，研究领域为思想政治教育、伦理学；张雷声，中国人民大学马克思主义学院教授、博士生导师，研究领域为马克思主义基本原理、马克思主义经济思想、发展中国家经济发展理论；杨凤城，中国人民大学马克思主义学院教授，博士生导师，主要研究领域为中国共产党历史、中华人民共和国史、马克思主义中国化。

一、马克思主义理论2014年研究热点回顾与2015年趋势展望

2014年，是马克思主义理论学科设立的第九个年头，经过多年的发展，这个学科在马克思主义基本原理、马克思主义发展史、马克思主义中国化、国外马克思主义、思想政治教育等领域，开展了多层面的理论研讨和学术交流，取得了丰硕的成果。这些成果不仅涉及马克思主义经典著作的文本研究方面，而且还涉及大量的当代现实问题研究，特别是运用马克思主义理论观点、方法分析中国当前社会现实问题，并进一步发展马克思主义理论方面的研究，成为2014年马克思主义理论学科研究的最为鲜明的特征。此外，如何推进学科建设也是2014年度马克思主义理论学科研究中不可忽视的一部分。

二、马克思列宁主义研究领域2014年研究热点回顾与2015年趋势展望

在2014年度所取得的马克思主义理论学科的研究成果中，重要的学术创新主要体现在三个方面：一是关于马克思主义整体性的研究；二是关于马克思主义与中国传统文化关系的研究；三是关于马克思主义话语权的研究。有影响力的学术观点主要体现在以下几个方面：第一，对马克思主义整体性的研究，不仅要研究马克思主义理论本身在体系、内容、方法等方面的整体性，还必须以马克

思主义发展史为视角,研究从马克思恩格斯思想到中国特色社会主义理论体系这个发展脉络中的“源”和“流”的关系,只有讲清楚如何“一脉相承、与时俱进”,才能讲清楚马克思主义整体性。第二,总体方法论是马克思主义理论体系的根本方法,总体性是马克思主义理论的根本特征。总体方法论是对主客体相互作用、历史考察、社会体系的系统结构性这三个基本维度的综合。第三,马克思主义中国化的实质,是使马克思主义与中国面临的实际问题相结合,并用中国式的问题及其科学解答对马克思主义做出丰富和发展;马克思主义同中国具体实际的结合必然包含着同中国传统文化结合的内涵,但是,马克思主义中国化绝不是使马克思主义去迎合中国传统文化;马克思主义中国化必须立足中国的具体实际,而不是立足中国的传统文化。

2014 年度的学术热点可以归结为以下一些关键词组:马克思主义与国际金融危机、马克思主义与社会主义核心价值观、马克思主义与国家治理现代化、马克思主义与全面深化改革、马克思主义与习近平系列讲话、马克思主义与中国传统文化、马克思主义话语权等。

从 2014 年的研究状况来推测,2015 年度马克思主义理论学科将有可能在马克思主义整体性、意识形态安全、马克思主义与中国传统文化、“四个全面”战略布局等问题上做出重点的、深入的研究。当然,这些也都可能成为本学科研究的热点问题。

三、毛泽东思想 2014 年研究热点回顾与 2015 年趋势展望

1. 2014 年毛泽东研究的整体状况

2014 年毛泽东研究领域整体上取得了长足进步,诸多热点问题的高质量学术论文,相关研究著作的出版和译介,专业期刊的公开发行,都为本学科的发展奠定了坚实基础。本领域研究的发展集中体现在出现了为数可观的高水平研究成果,一系列新方法、新视角和新范式的引入,以及国际交流继续增强。综观 2014 年毛泽东研究的相关成果,其学术热点集中体现在以下几方面:

第一,关于历史虚无主义在毛泽东研究领域的争论,表现为如何运用唯物主义史观作为毛泽东研究的基础方法论,实事求是地分析、研究和评价毛泽东和毛泽东思想,特别是毛泽东在晚年所犯的错误。有学者以“大跃进”、“非毛化”等为切入点,对该问题进行了深入探讨。第二,毛泽东的政治话语研究。话语分析是

近年来日益兴起的研究范式，被逐渐应用于历史学、政治学等学科，在毛泽东研究中也不断受到重视。第三，对毛泽东生平和事业的若干细节进行了细致考证，以求最大程度地展现历史原貌。最后，由于2013年12月26日是毛泽东诞辰120周年纪念日，学界陆续发表了大量纪念、回忆性质的文章，其中部分内容对于深化本学科研究也有所裨益。

总之，2014年学界在毛泽东研究的诸多热点问题上都有所发展和突破，为今后该领域的进一步研究奠定了良好的学术基础。

2. 2015年毛泽东研究趋势展望

展望2015年，要在已有成果的基础上，力争实现全面发展，重点突破，进一步推动毛泽东研究走向深入。

首先，进一步拓展本学科的研究领域。例如，毛泽东与中国特色社会主义道路、制度、理论体系的关系；毛泽东与党的群众路线的形成；毛泽东从严治党思想等问题还有待深化。另外，将眼光向下，研究苏区、抗日根据地和新中国成立后的民众日常生活，或许能为毛泽东研究提供新的思路和方向。特别需要指出的是，今年是世界反法西斯战争和中国抗日战争胜利70周年，除了回忆、纪念和宣传性的文章之外，更要注重提升研究的学术性，通过学理性分析凸显毛泽东在抗日战争期间争取民族解放而取得的伟大历史功绩。

其次，在坚持历史唯物主义的基础上，吸收和借鉴其他学科的研究方法和研究范式。所谓"横看成岭侧成峰"，研究视角和方法的转换，可能使一些旧问题、旧内容呈现出新面貌，为本学科研究注入勃勃生机。例如，吸收和借鉴概念史、观念史、话语分析的方法，通过对概念、话语的使用频率、词义内涵、演变过程的研究，能够一定程度上反映思想观念的发展历程。再如，引入社会学、人类学田野调查的方法，通过对历史亲历者进行口述访谈，配合补充对已有文本材料，也能更加生动形象地呈现历史发展的原貌。

四、中国特色社会主义2014年研究热点回顾与2015年趋势展望

2014年中国特色社会主义理论的研究主要集中在以下几个方面：第一，为纪念邓小平诞辰110周年，学术界开展了一系列纪念活动，并围绕邓小平理论所包含的方方面面的内容进行了研究，产生了大量研究成果；第二，关于社会主义核心价值观的研究。2013年底，中办印发了《关于培育和践行社会主义核心价

值观的意见》,学术界展开了关于社会主义价值观的研究,内容包括如何理解社会主义核心价值观的科学内涵,如何把握社会主义核心观与社会主义核心价值体系、中国优秀传统文化、当代西方文明的关系,等等;第三,关于习近平系列重要讲话精神的研究,学术界配合中央关于学习习近平系列重要讲话精神,从治党治国治军、内政外交国防、改革发展稳定等方面,对习近平的系列讲话展开了充分的研究,产生了许多研究成果;第四,关于全面深化改革的研究,主要是围绕2013年党的十八届三中全会对全面深化改革的总体部署进行研究,包括全面深化改革的总目标、国家治理现代化及各个具体领域改革的研究。

2015年的研究重点在于:第一,关于“四个全面”的研究。党中央提出要用“四个全面”引领各项工作,统领经济社会发展,学术界对“四个全面”提出的背景、哲学基础、科学内涵和指导意义进行研究;第二,关于全面依法治国的研究。这是对2014年党的十八届四中全会提出的研究课题进行研究的展开;第三,关于社会主义核心价值观的研究,这是以往研究的延续和深化,已经成为2015年研究的热点。第四,关于中国传统文化的研究。此类成果逐步增多,主要原因有两个:一是习近平同志反复强调弘扬中国优秀传统文化;二是今年关于新文化运动的研究已经拉开序幕,研究新文化运动自然涉及对中国传统文化的研究和反思。第五,关于习近平系列重要讲话精神的学习与研究,这也是以往研究的延续和深化,目前的文章越来越多。原因有二:一是中央对此问题的研究越来越重视;二是有关习近平系列重要讲话的文献摘编陆续出版,为学术研究提供了很好的素材。

目前研究存在的主要问题:一是对当代国外社会主义的研究成果较少;二是对当代资本主义新特征的研究偏少;三是对中国特色社会主义进行整体研究的成果不多。

五、思想政治教育2014年研究热点回顾与2015年趋势展望

《关于培育和践行社会主义核心价值观的意见》下发以后,培育和践行社会主义核心价值观的问题就成了2014年整个马克思主义理论领域关注最热的问题。2014年关于社会主义核心价值观的培育和践行问题的研究,跟过去既有承接性、连续性,但在内容上又有所不同。围绕这一问题,学界主要展开了如下几点研究:对12个词,24个字的理解和阐释;社会主义核心价值观与社会主义核

心价值体系的关系；怎样解释社会主义核心价值观是社会主义核心价值体系的内核；社会主义核心价值观与资本主义价值观的区别；实践当中怎么培育和践行社会主义核心价值观。其中，社会主义核心价值观与传统文化的关系，以及如何把社会主义核心价值观教育融入高校教学全过程的研究成为新的焦点。

从历史回顾来讲，从社会主义核心价值体系、核心价值观的研究来看，我们抓住了意识形态领域最本质、最重要问题的一种系统性。社会主义核心价值观是社会主义核心价值体系的重要组成部分，这是2014年国家和党在马克思主义理论方面、创新方面的一个突出成果。

2015年，关于社会主义核心价值观的研究将涉及更深层次的研究。可能出现的理论热点有四个：第一，“四个全面”战略下思想政治教育的实践问题；第二，围绕《培育和践行社会主义核心价值观行动方案》的要求，在社会主义核心价值观的实践层面，培育和践行的理论研究还将进一步深入；第三，继续深化学科涉及的重大理论问题研究，如理想信念教育、中国精神教育、公民教育、思想政治教育如何为中国梦提供支撑的问题等；第四，思想政治理论课程建设研究。

2015年度政治学学术趋势展望专家笔谈

杨光斌　唐士其　金灿荣　黄大慧　齐鹏飞　张康之

专家简介： 杨光斌，中国人民大学国际关系学院教授，研究领域为政治学理论、当代中国政治、比较政治、中国国内政治经济与对外关系；唐士其，北京大学国际关系学院教授、博士生导师，研究领域为西方政治思想史、当代西方政治思想和比较政治学；金灿荣，中国人民大学国际关系学院教授、博士生导师，研究领域为美国政治制度与政治文化、美国外交、中美关系及大国关系、中国对外政策；黄大慧，中国人民大学国际关系学院教授、博士生导师，研究领域为东亚国际关系、日本问题、中国外交；齐鹏飞，中国人民大学马克思主义学院教授、博士生导师，研究领域为中国共产党执政经验、当代中国外交史、当代中国国家统一问题和国土安全问题、“一国两制”理论与实践、统一战线理论和实践等；张康之，中国人民大学公共管理学院教授，博士生导师；南京大学政府管理学院教授，服务型政府研究所所长，博士生导师。主要研究领域为行政伦理学，组织理论，服务型政府研究。

政治学是服务于现实社会的学科，2014年中国政治学学科涌现出来的学术热点大部分都与国内外重大政治事件及政治问题有关。学术研究既遵循了自身发展的逻辑，对学科重要学术问题进行了常规关注，也注重从学理角度分析现实政治。为了梳理和回顾2014年的研究热点和学术成果，展望和前瞻2015年的研究趋势和探讨方向，我们组织了六位学界知名学者进行笔谈。以政治学二级学科分类为基本依据，结合人大复印资料政治学学科期刊，以下回顾和预测细分为六个研究领域：政治学理论、中国政治研究、中国外交、世界政治与国际关系、台港澳问题研究、行政学理论六大领域。

一、政治学学科2014年研究热点回顾与2015年趋势展望

2014年中国政治学界有以下几个受到广泛关注的学术热点：（1）围绕治理

理论与国家治理现代化的研究。2013年,党的十八届三中全会《决定》指出,“完善和发展中国特色社会主义制度,推进国家治理体系和治理能力现代化”是全面深化改革的总体目标。这是中央改革战略的重大突破。学界对“治理”“国家治理”“治理能力与治理体系”等概念做了较全面的梳理与解读;对实现国家治理体系和治理能力现代化的方法、路径进行了广泛探讨。(2) 协商民主理论与实践研究。协商民主理论在中国的传播已逾十年。2012年年底召开的党的十八大第一次规范地提出“健全社会主义协商民主制度”,很大程度上促成了协商民主研究的又一轮高潮。2014年针对该问题的研究关注以下几点:对协商民主概念进行学术梳理和理论解读;中西协商民主理论比较研究;中国的协商民主实践研究;协商民主与选举民主的关系研究等。(3) 围绕政治体制改革的路径选择,制度建设等问题展开研讨,如人民代表大会制度建设、政府体制改革、反腐败研究等。(4) 聚焦中国对外战略。如一带一路战略,海洋战略,构建新型大国关系问题等。(5) 学科规范性研究方面有两个重点:一方面,一些学者继续致力于构建不同于西方的,有中国特色的政治学理论;另一方面,比较研究和跨学科研究继续受到关注。对诸如国家理论、民主理论、政党理论等的研究,注重国别比较,并吸收借鉴历史学、民族学、社会学、经济学、管理学等学科理论来关注复杂的政治问题。

2015年学术研究有待深化拓展的领域以及可能出现的研究热点预测如下:

(1) 进一步推动政治学理论创新。近年来尤其受到关注的中国比较政治学学科规范建设将继续受到学者的关注,将会进一步探索如何构建具有中国视角、中国议题,体现中国价值的比较政治学规范体系。(2) 中国政治文化研究期待理论进步。2014年一部分学者结合反腐败问题、中国价值观构建问题等,对中国传统政治文化和当代政治文化的变迁等问题予以了关注,虽然成果不多,但是有较高的思想性和学术价值。2015年对该问题的研究期待更多的理论进步,尤其是对中国传统政治文化的发掘和解读有待深化拓展。(3) 民主问题是政治学的核心议题。2015年对民主问题的关注将会聚焦以下两点:第一,协商民主理论和实践的研究将进一步深化。2015年2月9日,中共中央印发《关于加强社会主义协商民主建设的意见》,对加强协商民主建设的重大意义、指导思想、基本原则、具体路径等作出了明确的指示。2015年学界围绕该问题的研究会更加具有问题意识和针对性,尤其要对中国特色的协商民主制度框架构建做出理论回应;第二,美国的民主和社会问题将会引发学界对西式民主的反思,致力于政治学理论研究和国际关系研究的学者们将会对“民主衰败”问题作进一步的探讨。(4)国家治理研究在2015年依然会成为学术热点,政治学界对该问题的研究需要从更有价值的理论创新和更多实证发现这两个层面推进。(5)围绕政治体制改革和推进法治中国建设的战略部署的研究。学术研究重点在于为价值理念、制度建设、路径选择等问题提供学理支持。(6)围绕国家发展和对外关系战略的政策研究将会持续。重点围绕对政策的解读、战略意义、问题及应对措施等层面展开分析。

二、政治学理论2014年研究热点回顾与2015年趋势展望

2014年政治学理论研究的热点聚焦在治理理论,2014年围绕国家治理现代化的研究尚处于破题阶段,对国家治理现代化的研究基本是规范性分析,实证意义上的国家治理现代化研究还是空白。2015年针对该问题的研究应该在以下层面有所突破:

第一个层面:国家治理体系与治理能力现代化之间到底是什么样的关系,即中介机制到底是什么,不但需要规范性分析,更需要实证分析。实证分析应注重不同层面的国家治理现代化研究,比如国家层面、地区层面、城市层面等。

第二个层面:发展中国家比较研究应该提上研究议程。国家治理现代化不但是中国的问题,还是一个世界性难题。伴随着“一带一路”战略的实施,亚洲国家、其他发展中国家的国家治理体系研究需要纳入中国政治学研究的视野。过去中国的社会科学主要是传播基于西方经验而形成的理论,存在明显的知识上的空白,导致中国学者对世界,从而也是对中国的误读。伴随着中国大战略的转型,发展中国家比较研究应该提上研究议程。

三、中国政治问题领域2014年研究热点回顾与2015年趋势展望

中国政治研究领域近几年关注的主要问题有治理问题、协商民主问题、村民自治问题、人民代表大会制度研究等。对这几个议题的关注度相对平均,但在2014年依然有如下几个受到更多关注的学术热点:

1. 关于协商民主的研究

2014年的研究有两个特点:一是继续引介西方的协商民主理论;二是研究

中国的政治协商制度，集中探讨了中国人民政治协商会议的协商平台意义，以及中国共产党领导的多党合作与政治协商制度的协商民主意蕴。

2. 关于治理问题

2014年针对包括国家治理、社会治理、治理能力与治理体系，治理与管理的区别等概念层面的学术梳理比较透彻。对治理的内涵研究突出强调了多元主体参与合作与国家行政能力的有效性这两个层面的价值。对于国家治理的含义，学术研究有不同的侧重，一种强调社会的作用即社会自主性的治理；另一种强调国家的作用即国家主导下的治理；更多学者指出，作为全面深化改革的总目标，国家治理说到底是国家主导下的国家与社会的协商与合作。

3. 人民代表大会制度研究

人民代表大会制度是我国的根本政治制度，2014年是人民代表大会制度建立60周年。学界主要关注了以下几个问题：(1) 对人民代表大会制度60年的回顾和历史经验总结；(2) 对十八大报告、十八届三中全会报告中关于人民代表大会制度新提法的政策解读；(3) 围绕健全人大制度的方法、路径的理论探索；(4) 对基层实践创新的实证研究继续推进，如人大代表专职化实验，地方人大票决部门预算等。

2015年该领域可能出现的研究热点和理论进步有以下几点：

1. 关于协商民主问题

会更多地关注政治协商的过程，包括其中的参与、表达、决策等；另一方面，在现有政协渠道之外，关注有中国特色的多种多样的协商民主形式。如行政协商、基层民主协商、社会协商等；更重要的是，中国应该给出中国自己的协商民主理论，包括制度的蓝图。

2. 关于法治中国建设的研究

2014年，党的十八届四中全会对全面推进依法治国做出重大部署，强调把法治作为治国理政的基本方式。围绕依法中国，法治与国家治理现代化等问题的研究需要结合中国实际进行理论创新。

3. 关于乡村治理的研究

目前对乡村治理中的诸多重大问题研究已经比较成熟全面，尤其是学界已经做了大量地方视角的实证研究工作。2014年该领域的研究偏重总结和回顾。2015年期待在以下两个方面有所突破：(1) 深入探讨乡村治理及基层民主发展的问题背后反映出的制度困境;(2) 顶层设计如何为乡村治理和村级民主提供有效的制度和政策保障。

4. 围绕维稳问题的研究

近两年未形成学术热点,但有进一步拓展深化的研究趋势。可以从反思维稳机制的角度入手拓展研究,比如维稳导致的“不稳定”,维稳引发的腐败问题等。

5. 围绕人民代表大会制度的研究

人民代表大会制度是我国的根本政治制度,人民代表大会制度研究也是中国政治研究领域的重要议题。学界对人大制度的研究在以下层面可以继续拓展:(1)对人大制度运作的程序性研究;(2) 人民代表大会制度的动态研究,主要是关注我国地方人大工作中的一些改革探索,例如人大票决部门预算、人大代表专职化实验、人大代表联系选民制度化探索,等等;(3)关于人民代表大会作为权力机关,代议机关的地位和角色的内涵和性质的理论研究,等等。

四、中国外交 2014 年研究热点回顾与 2015 年趋势展望

2014 年是中国外交全面丰收的一年,中国外交在与大国关系、与周边国家关系、与发展中国家关系以及多边外交等各个方面都取得了明显的突破与进展。回顾 2014 年,学界热点主要有:

第一,随着中国综合国力的进一步提升,中国与西方力量对比继续发生变化,基于体系理论的中国与大国双边关系研究仍然是学界主要关注。尤其是 2014 年度包括乌克兰危机引发俄罗斯与西方关系紧张、日本通过内阁决议解禁集体自卫权等在内的重大国际事件的影响,中美关系、中日关系、中俄关系成为研究焦点。而随着中国海外利益的不断扩展,中国与拉美、中国与非洲、中国与中东关系研究更加受到重视。

第二,相较过去,周边外交在中国外交布局中的地位得到进一步提升,国家提出“亲诚惠容”“打造周边命运共同体”等一系列新理念,尤其是“一带一路”“互联互通”等主张付诸行动后,中国相关外交政策的诠释、分析及在世界范围内的推介成为诸多学者的研究旨趣,相关成果具有较强的政策追踪色彩。

第三,部分中国外交的研究议题更加细化,且更多引入了跨学科思维。比如关于海洋争端、区域合作、非传统安全等问题,出现了更多立足于微观案例的深

入研究。

2015 年中国外交研究可能在以下领域有所侧重：

第一，健康稳定的大国关系依旧是中国外交的关键性利益诉求。围绕世界反法西斯战争 70 周年纪念，战胜国应该努力维护二战成果和战后世界秩序；战败国应该认真反省战争教训及带来的灾难。但是，随着中国与美国之间摩擦与竞争有增无减、俄国与西方国家由于乌克兰等问题关系仍然僵化、中国与日本之间战略互疑不断、美国与日本进一步强化同盟关系等因素的影响，作为战胜国的中、俄、美与作为战败国的日本之间关系仍然十分复杂。健康稳定的大国关系依旧是中国外交的关键性利益诉求，因此，以中美、中日、中俄关系为主的大国外交、大国关系，以及以大国为主体的多边关系研究仍将是学界关注的重点。

第二，2015 年是联合国成立 70 周年纪念年，也是“千年发展目标”最后期限年，可持续发展、气候变化等全球治理议题将会成为 2015 年学术与政策研究的关注焦点。中国如何确立在变革的世界秩序下自身在全球治理中的地位，以及如何参与甚至领导全球治理的议程设计和规则制定，将成为学界研讨的重点。另一方面，作为“整年”(70 年)纪念，一度相对沉寂的联合国改革，尤其是安理会改革有望重获关注。

第三，外交学研究将对周边外交投入更多关注。中国周边外交实践开展得如火如荼，经济推进与政治推进并重并举，亚太自贸区建设、“一带一路”建设、一系列“经济走廊”建设等合作倡议，把中国经济成长的动力与福利惠及周边；同时以经济促政治，通过加强互联互通以增进互信合作，从而妥善经营“大周边”概念。学术研究上，近几年来实证分析已经成果颇丰，但是对于周边外交的理论拓展还有待加强。

五、国际关系 2014 年研究热点回顾与 2015 年趋势展望

2014 年国际关系领域的学术研究有以下特点：

第一，国际关系理论创新层面，一些学者提出了不同于西方的，有中国特色的、系统的国际关系理论。代表性人物和观点如：阎学通的道义现实主义、秦亚青的国际关系的关系理论、唐世平的国际关系的社会演进理论。

第二，国际关系学界的青年学者们对国际关系各方面的重大问题，如全球治理、国际安全、发展问题等，比较成熟地运用西方理论做出自己的解释。而不仅

仅是简单介绍西方理论。

第三,从学理上对十八大以来党和国家领导人提出的一系列外交新理念做出解释。如“总体安全观”“亚洲新安全观”“正确义利观”“新型大国关系”“命运共同体”,等等。

第四,对国家重大政策战略的解读。如“一带一路”战略,推进海洋强国建设,设立亚洲基础设施投资银行等。学术研究从历史背景、现实意义、可能产生的战略问题及具体的应对措施等角度展开研讨。

第五,对重大国际问题的分析,如乌克兰危机、伊斯兰国问题、美国的民主与社会问题、日本解禁集体自卫权问题,等等。侧重还从学术角度对重大事件的解读和预测。

2015 年的学术研究有待深化拓展及可能出现的研究热点预测:

总的来说,学术研究会按照其自身的逻辑稳步推进。如根据重大政治事件和时事进行判断,与重大国际问题相伴可能出现以下学术热点:

第一,围绕抗日战争胜利 70 周年的研究。重点围绕如何维护战后国际秩序。

第二,中美关系将会是学界关注的重点。这方面研究将会围绕南海问题、美国选举问题、台湾问题、亚投行建设问题、“一带一路”战略问题展开。

第三,经济外交研究。随着亚投行的建设和“一带一路”战略的推进,中国的经济外交实践成绩显著,需要学术研究提供学理的支撑。

第四,随着伊斯兰国的继续发展壮大,关于恐怖主义问题的研究还将继续维持热度。

第五,2014 年 11 月,中央外事工作会议正式确立了中国特色大国外交理念的指导地位,2015 年围绕中国特色大国外交的政策解读和学理探讨将会受到研究外交政策的学者的关注。

六、“台港澳问题”2014 年研究热点回顾与 2015 年趋势展望

“台港澳问题“是学术研究和学科建设中一个比较特殊的专业领域。它不是一个独立设置的学科,而是以“台港澳问题”为研究对象的一个独特领域,涉及马克思主义理论、法学、政治学、经济学、文化学、社会学、管理学、历史学等大的学科,需要跨学科的方法与视野。这里,仅就从属于政治学学科的“台港澳政治”问

题在 2014 年的学术研究热点和 2015 年的学术发展趋势问题，进行一番粗线条的简要梳理和阐释：

就已经过去的 2014 年而言，无疑是台港澳政治发展演变的一个“大年”，重大政治事件接连不断。日益凸显的现实问题，不可避免地成为学界思想兴奋的焦点，成为学界关于“台港澳政治”问题之学术研究、政策研究走向深化的重要驱动力。2014 年，学界对于“港澳台政治”问题的关注和研究重心，主要集中于以下几点：(1) 关于香港问题：“一国两制”的“港澳模式”与“台湾方案”之比较；(2)“一国两制”大框架中的“一国”与“两制”关系、“中央的全面管治权”与“特区的高度自治权”的关系、国家宪法与特区“基本法”的宪制地位；(3) 港澳地区的“人心回归”问题；(4) 香港特区政府的“有效管治”问题；(5) 香港地区以“双普选”为目标指向和主要内容的政制改革和民主化进程的“时间表”“路线图”问题；(6) 澳门地区对于“博彩业一支独大”的“有效管治”问题，澳门经济适度多元化的“一个中心、一个平台”的建设问题；(7) 两岸四地之间的经济交流与合作问题和两岸关系“和平发展”与“和平统一”的关系问题；(8) 国家尚未统一特殊情况下的两岸政治关系安排问题；(9) 两岸军事安全互信机制和和平协议的建构问题；(10)“一个中国”原则和“一个中国框架”的内涵和政治定位问题等领域和议题。以上研究取得了一系列有价值、有意义、有水平、有影响的学术成果，极大地深化了、拓展了“港澳台政治”问题的研究内容和研究视阈。

就 2015 年而言，同样有一系列重大的政治事件将要面对。

首先，香港方面，最主要的，是 2015 年上半年 2017 年行政长官“普选”的政改“五步曲”要迎接“本地立法”及其“立法会”闯关之政改“第三步”能否迈得出去的严峻考验，以及 2015 年下半年“区议会”选举是否会发生“颠覆性”变化的严峻考验。

其次，澳门方面，最主要的是 2014 年下半年开始至今的澳门经济发展的主业和主体——博彩业收益的持续下滑问题。

再次，在台湾方面，最主要的，是“主统”的中国国民党和“主独”的民主进步党在面对即将来临的 2016 年“总统大选”如何提前进行战略布局的问题，以及直接关联的马英九在没有连任压力的前提下能否在两岸关系和平发展方面做出有突破性的“历史交待”、蔡英文在有可能胜选之预期的前提下能否在两岸关系的定位方面挣脱民主进步党的“历史包袱”问题。

第四,在国家层面的"一带一路"发展战略及"十三五规划"中,台港澳地区如何取态和有机介入的问题,也已经超越了单纯经济问题的范畴,成为重大的政治现实问题。

因此,2015 年台港澳地区这些已经发生或者即将全面展开的一系列重大的政治事件及政治演变,也必将成为学界尤其是"台港澳政治"问题研究领域的学者持续跟踪和深化研究的"热点""焦点"和重要牵引力。

七、行政学理论 2014 年研究热点回顾与 2015 年趋势展望

1. 2014 年行政学研究热点回顾

2014 年以来,跟随国家改革、社会发展的主导方向,公共管理学界(行政学界)的研究者针对社会治理、社会服务、危机管理、网络治理等热点进行了广泛深入的研究。与传统的公共行政研究相比,这些研究不仅在主题和内容上进行了创新,而且提出了服务于现实的创新观点:(1) 通过对社会治理结构和体制的研究,探索转型期社会发展的新路径;(2) 通过对公共服务的范围和提供方式的思考,重新确定多元治理模式下的公共领域边界,讨论政府、非政府组织的公共性问题,并且深入探索民营化、社会化的公共服务提供方式;(3) 通过关注风险社会中面临的复杂性和不确定性危机,分析和探索自然环境和社会环境对于公共管理实践带来的新的挑战;(4) 通过对互联网时代社会交往方式和社会治理方式变革的关注,来思考互联网的治理需求和社会治理网络化可行性。这些新的主题与传统公共行政所关注的官僚制组织、政府职能、行政层级等主题相交叉,这在很大程度上折射出现实社会变革中的焦点问题和深层问题,体现了转型期的公共管理学研究与实践的综合性和复杂化特征,同时也反映了新的社会形势对于传统研究的挑战。

从学科发展的角度而言,公共管理学的研究也面临着理论转型和方法创新的任务,这在 2014 年的研究热点中也有很多具体表现。研究者们吸收社会学、经济学、管理学及哲学的理论来关注复杂公共问题,例如:(1) 在对社会治理结构中行动者关系的分析方面,借用社会学中的结构功能主义或行动主义的分析框架;(2) 在公共服务的提供方式方面,选择公共选择理论或民营化视角评估公共需求,创新公共服务;应急管理和危机管理则吸取了诸如管理学的技术和方法来改进风险评估、公共危机事后评估机制,等等;(3) 在网络治理这个新的领域,

研究者综合了社会学、政治学乃至哲学的理论对网络公共领域进行界定，同时也更新了行政伦理的研究，政府所关注的网络监管、舆情监控则与网络、移动终端等新媒体技术相结合，即在操作层面上传统行政学研究内容纳入了诸如新闻学、统计学等其他相关应用学科的因素。

2. 行政学 2015 年研究热点展望

根据国家发展的宏观规划，未来几年的公共管理研究将从以下几方面进行：

(1) 社会结构转型中的政府作用研究，随着政府行政职能的分散和削减，政府的宏观调控的角色和作用需要深入思考和界定。

(2) 在已有的社会治理理论建构的基础上探索社会治理创新的方向和具体方法。

(3) “一带一路”战略为我国区域经济和社会的发展规划了蓝图，但具体的落实则需要大量的政策支持，这些政策需要加以科学研究和规划。

(4) 区域化行政中的公需建设及其政府引导的研究，诸如京津冀一体化、长三角、珠三角等以区域为单位公共领域产生了新的需求，在公共需求和公共物品的供给方面，有越来越多的研究要做。

2015年度法学学术趋势展望专家笔谈

史彤彪　胡锦光　王　轶　李艳芳　汤维建　邵沙平　雷一鸣

专家简介：史彤彪，中国人民大学法学院教授、博士生导师，研究领域为法理学、西方法律思想；胡锦光，中国人民大学法学院教授、博士生导师，研究领域为宪法、行政法学；王轶，中国人民大学法学院教授、博士生导师，研究领域为民法学；李艳芳，中国人民大学法学院教授，博士生导师，研究领域为经济法学、环境法学；汤维建，中国人民大学法学院教授，博士生导师，研究领域为民事诉讼法、公证制度、证据制度；邵沙平，中国人民大学法学院教授、博士生导师，研究领域为国际法学。

根据党的十八大提出的"加快社会主义法治建设"和"深化司法体制改革"的精神，新一轮的司法改革已然启动。为了梳理和回顾2014年的研究热点和学术成果，展望和前瞻2015年的研究趋势和探讨方向，我们邀请并组织了学界知名学者进行笔谈，针对法理学、宪法学、行政法学、民法学、经济法学、刑事法学、诉讼法学、国际法学等领域进行述评。各位专家从各自不同的研究领域出发，梳理了2014年以来的研究热点问题，探讨学科发展现状和趋势。

一、法理学2014年研究热点回顾与2015年趋势展望

2014年法理学研究热点主要表现为以下三个大的方面：(1)法治中国建设的讨论。党的十八届四中全会以来，对法治中国的讨论成为法理学研究的热点，学者主要围绕以下方面进行展开：首先，诸多学者和实务界人士围绕着有关公报和决定进行讨论和分析，重在论述依法治国的重要性和必然性，为全面推进依法治国统一认识、凝聚共识；其次，许多学者关注在法治中国建设当中的司法体制改革的问题，从司法机关与社会力量的关系、司法权的运作过程、法院体制改革、检察改革、指导性案例的运行机制及司法职业伦理等方面进行分析。再次，一些学者继续关注国家和地方的法治关系，对地方法治实践、法治指数、区域性

法治建设等问题进行研讨；复次，一些学者还论述了全面推进依法治国过程中涉及的法律与执政党、法律与政策的关系；最后，一些学者着重从法治国家原理入手，分析了人大制度、社会治理机制、宪政机制等问题。(2) 关于法理学基础理论的讨论。此部分主要从基础理论入手，通过回顾法理学基础理论的方式为法治中国建设提供准确的参照系。在本体论方面，一些学者围绕法理学的基本内涵、法律的基本概念如权力、权利、义务等概念的含义、法律效力及位阶等，对我国法治建设过程中的问题进行梳理和辨析；一些学者围绕西方经典理论如法哲学、法社会学、法经济学等方面阐述西学对中国的意义。在价值论上，一些学者围绕法律与道德、法律与正义特别是马克思主义正义观念进行阐发。在方法论上，关于法律思维、法律逻辑、语言学应用与修辞命题等方面成为研究的主流；在运行论，关于国家与社会的关系、法学教育、法律程序等仍占据主导；在学科交叉研究领域方面，出现法学与自然科学交叉研究的趋势，而社科法学与法教义学的研究成为一大亮点。在法学历史方面，学者通过辨析西方法律思想史、中华法系演变与法律近代化、革命法制的成果以鉴别当前法治建设的资源；对新儒学的阐述也成为一个亮点。在比较法和法律全球化研究上，一些学者对全球法治和我国法治的关系进行了分析。(3) 关于具体法理学的研究。这一部分主要是从经济法基本理论入手分析法理学的基本问题。

2015年，法理学将呈现出以下新的趋势：对全面推进依法治国的路径、方略、举措及相关路径的讨论将持续成为热点，特别是司法改革措施时间表初步落实的情况下，对司法改革具体措施的分析和研究将进一步成为今后法理学研究的新热点。与此同时，涉及经济和财税体制改革及对外开放格局变革当中涉及的法理学问题，也很有可能成为今后一段时期内法理学研究值得注意的问题。

二、宪法学2014年研究热点回顾与2015年趋势展望

2014年对于依宪治国的蓝图，是十分重要的一年，对于我国的宪法学研究，也同样是十分重要的一年。《中共中央关于全面推进依法治国若干重大问题的决定》对依宪治国做出的重要论述，意味着中国宪法学人不能当依宪治国的旁观者，而应当积极地进行自己的研究，为依宪治国提供理论上的助力。

值得关注的趋势有四个：其一，针对宪法中的具体问题，尤其是具体制度和具体权利的研究继续蓬勃发展；其二，宪法制度史、学说史的研究悄然兴起，并渐

成气候;其三,跨学科、跨部门"交融式"的研究吸引了越来越多的学者;其四,比较宪法学和外国宪法学研究成绩斐然;其五,宪法学研究进一步走出书斋,关注热点,和现实紧密结合。

总结过去一年的成绩,我们应当也必须在展望2015年时充满信心。要在继续保持国际视野的同时,秉持家国情怀,关注中国现实,研究真正的中国问题;以讨论促共识,为中国宪法学构建和完善基本范畴;方法论上兼容并蓄,注重创新。宪法学界最核心的主要有两大基本任务:一是促使在全国人大之下建立宪法委员会,并完善相应的程序机制;二是促使宪法解释程序法的制定和通过。

三、行政法学 2014 年研究热点回顾与 2015 年趋势展望

综观整个2014年,共有80余本行政法学著作、15本行政法与行政诉讼法教材出版,以及超过200篇的学术论文出现在各大重要学术期刊上,成果不可谓不丰硕。对各类行政法律制度的考察及分析有所深化,形成了一批理论研究成果;在行政法基础理论、行政法原则、行政行为、行政主体、行政程序、行政经济等方面进行了重点研究;国家治理体系和治理能力现代化及法治政府建设问题成为研究新热点;在对外国行政法的译介和比较研究领域均有所突破。

具体地说,教材方面呈现出了多元化、理论化的特点,一方面在形式上大量增加了专题研究;另一方面在内容上不再仅仅进行基础理论建设,而是强调引导学生关注和思考行政法学前沿问题,培养中国的问题意识。这两方面的转变,推动了我国行政法学教育的向前发展。论文方面,除了传统的行政法基础理论的重要命题,针对国家治理体系的治理能力现代化、行政执法体制改革、私人行政、应急法治及行政复议、行政诉讼制度完善等新兴热点的研究蓬勃发展。在行政诉讼法的修改过程中,我们的行政法学者也发挥了越来越大的作用,向国家立法机关提出了非常多有价值的意见或建议,充分展现了我国行政法学的发展水平及我国行政法学者对现实的关切。

行政法学的研究应该继续紧跟社会现实,关注前沿和现实问题,关注具体的典型事例,多开展中观、微观研究,在既有的行政法秩序基础上展开探讨与思考,多多进行跨学科、跨部门的交流。

四、民法学 2014 年研究热点回顾与 2015 年趋势展望

2014年民法学研究关注的重点包括民法典编纂、全面深化改革与民法精神

的弘扬和民法制度的完善及不动产物权登记制度等多个方面。就民法典编纂而言，学者主张，我国的民法典编纂必须反映21世纪的时代特征，对互联网时代、信息社会和大数据时代、高科技时代、知识经济时代、经济全球化趋势、资源环境逐渐恶化趋势及风险社会的时代特征做出回应；应当处理好实用性与形式理性的关系、前瞻性与现实性的关系、本土化与国际化的关系、自治与强制的关系；必须摆正民法典与哲学、民法与商法、原则与规则、主张与举证、总则与分则、规则内容与立法技术等几对关系；在规范表达上坚持抽象概括式立法技术，区分原则与规则，重视以民事行为尤其是合同行为效力判断为目的的法律规范类型区分和体系建构。就全面深化改革与弘扬民法精神和完善民法制度而言，学者主张，负面清单管理模式奉行“法无禁止即自由”的法治理念，充分体现了私法自治精神。作为一种市场准入管理模式，负面清单管理模式既是私法自治精神的具体落实，又是私法自治精神的重要保障。另外，负面清单管理模式有利于减少市场主体所面临的新业态准入风险，降低市场主体的创新风险，化解市场主体在法律空白领域的风险及减少法律行为效力的不确定性。学者提出适应全面深化改革的需要，应从市场主体类型、资本制度、准入制度、登记制度和退出制度等方面，改革与完善市场主体法律制度。就不动产物权登记制度，学者提出应当明确以建立统一的公示制度为目标，扩大不动产物权登记制度的适用范围。

可以预见，民法典编纂，尤其是民法总则的起草将会成为2015年民法学研究关注的焦点。在民商合一的立法体例之下，民法典是民商事法律的一般法，而民法总则又是民法典中的一般法，民法典理应奉行的立法哲学，应该遵守的法律原则，法律规则进入民法总则的资格及民法总则具体的制度构造与规则设计都会成为民法学者讨论的重点。

五、经济法学2014年研究热点回顾与2015年趋势展望

2014年度，在经济法学总论领域，基础研究仍限于“国家干预”“国家调节”等学说的证成与演绎。在财税法领域，受财税法领域几项重要立法的推进的影响，关于预算法的研究大放异彩，学者们围绕预算法文本修订、全口径预算、人大的预算监督权、预算公开等问题展开了热烈的探讨，房产税与遗产税的研究也一直持续；在金融法领域，有关民间借贷尤其是网络贷款平台的研究集中呈现，体现出金融法紧跟金融创新的研究进路，关于金融消费者的定义及界分的研究也

有了推进;上海自贸区成立面临的一些问题也成为2014年经济法学理论研究的关注点,尤其是自贸区的负面清单、金融改革等备受关注。在市场规制法方面,食品安全的法律制度尤其是强化法律监管的研究仍旧占据重头,但有明显学术创新或理论进步、实践价值的偏少;新《消费者权益保护法》实施后,网购消费者权益保护的部分研究更为贴近实践。本年度反垄断法领域的研究向理论与实践结合的方向继续推进,3Q大战使互联网行业的反垄断问题尤其是相关市场的界定成为学术研究的热点。

2014年经济法学学术研究整体显现"重立法与比较研究,轻基础理论研究"的状况。主要以下几个特征:(1)紧跟立法修订,在立法理念、制度设计与文本斟酌方面深入探讨。(2)关注社会实践,上海自贸区、民间金融及反垄断热点案件都在一定程度上引发了理论深入研究,推动了学术创新。(3)基础理论的研究仍旧突破不大。

2015年,经济法学理论研究可能在以下几个方面有所进展:(1)政府与市场的关系的进一步理论研究。十八届四中全会后,依法治国将成为理论关注的重点。在经济法学理论,依法治国最为重要的方面就是厘清政府与市场的关系,明晰两者的边界,让看得见的手和看不见的手发挥各自的作用,促进中国经济的健康发展。(2)宏观调控法的具体化研究。国家干预的主要途径是宏观调控,因此关于宏观调控的具体化研究也将有所前进,尤其是关于财政税收法治化相关问题的研究。(3)互联网经济下的金融及反垄断法律问题依旧是经济法理论的热点。

六、环境资源法学2014年研究热点回顾与2015年趋势展望

2014年,环境资源法学研究空前繁荣。一方面,《环境保护法》的修订引发了大量的理论讨论,另一方面,环境法具体制度研究及与其他部门法的交叉性研究有了明显的进步。生态补偿、生态红线、公众参与、规划环境影响评价等都成为理论研究的热点;环境义务本位论与权利本位论的争论更为明晰化;关于环境管制标准效力相关研究是本领域难得的学术创新,从环境法角度丰富了环境侵权救济的理论基础。展望2015年,随着"史上最严"环保法的实施,环境保护法的实施中可能面临的问题及相应法律应对必将成为理论研究的焦点。最高法院环保法庭的设立,也将使环境司法成为理论研究的重点。与此同时,环境公益诉

讼的实际出现，也将验证环境法理论设计的可行性，并进一步引发理论研究的关注。

七、刑法学 2014 年研究热点回顾与 2015 年趋势展望

1. 中国刑法学 2014 年发展状况回顾

中国刑法学当下正经历一场知识转型，传统刑法知识与引自国外（尤其是德日）的刑法知识在刑法理论体系的各个层面展开交锋，在碰撞中更替、发展、融合。2014 年刑法学的发展不能脱离此背景，然亦有其鲜明的特点。

（1）刑法教义学方面，围绕三阶层与四要件之争、法益保护说与规范保护说之争、形式解释论与实质解释论之争的探讨明显降温，纲领性的争论逐渐让位于对刑法教义学领域具体问题的探究，如主观要素的体系性地位、解释方法的位阶性等；与以往相比，对知识转型中引入的德日刑法学理论进行反思和本土化改造已蔚然成风，包括对三阶层犯罪构成理论的质疑与改造，对知识转型过程中刑法理论脱离常识的批判等，这使得刑法教义学研究呈现出更为理性的面向。

（2）刑事政策方面，整体来看研究风格更趋系统化、规范化、专业化，更注重在刑事法学知识框架内进行说理，与刑法教义学的联系更加紧密，缺乏逻辑性和专业性论述的刑事政策论文已很少出现在重要刊物中；越来越多的学者能够注意到政策与法律的界限，进而尝试以刑法教义学为中介使二者之间产生良性的互动和关联，这是值得欣慰的，不过在刑法教义学框架外直接以刑事政策改写犯罪构成要件的研究思路依然占有部分市场，需要进一步清理。

（3）刑罚论方面，实现刑法正义需要与精确的定罪相匹配的量刑规范已成为学界共识，但重定罪轻量刑的不平衡状态并没有得到实质的改善，该领域理念性问题的研究占据相当的比重，这就不可避免地造成学术成果在可操作性上的让步。量刑情节是刑罚论中的热点，其中的人身危险性受到极大关注，要求对该情节应进行更为科学的把握和预测以使其摆脱主观臆断困境的见解愈发成为主流。

（4）共同犯罪理论方面延续了迅猛的发展势头，研究在深度和广度上都有新的进展。较单一制共犯体系而言，区分制共犯体系已经占据了明显优势地位，成为多数学者研究共犯问题的前提性认识；在区分制的话语体系下，共同犯罪的违法连带性说受到越来越多的支持。针对承继共犯、共同犯罪的转化犯、共谋共

同正犯等具体问题的研究都有优秀的成果产生,而随着研究的深入,当下共犯论的方法论基础已开始受到质疑。

(5) 不作为犯方面,真正的问题是不真正不作为犯。作为理论上的刑罚扩张事由,学界基本采取了限缩其成立范围的立场。当然,对不真正不作为犯的基本认识依然存在较大差异,有观点将不真正不作为犯等同于支配犯或者义务犯。也有观点认为,不真正不作为犯兼具支配犯与义务犯的特征。因此对应的限缩思路包括消弭与作为犯之间的结构性差异、限缩义务来源或两者兼有,分歧没有弥合的迹象。

(6) 刑法分论的研究相对刑法总论的研究而言仍较为薄弱,但可喜的是,随着刑法教义学的逐步完善,单纯对个罪进行注释性解释的研究方法逐渐走到了尽头,刑法教义学研究领域取得的成果在刑法分论研究中得到广泛运用,且以分论研究反证刑法教义学理论的研究进路亦被越来越多地采纳。就具体研究对象而言,除传统研究热点如故意杀人罪、抢劫罪、盗窃罪、诈骗罪、嫖宿幼女罪、交通肇事罪等外,学界对环境犯罪、金融犯罪、恐怖主义犯罪、食品安全犯罪等也投入了相当的关注并取得了一些研究成果,但总体而言,学界对新兴犯罪的研究热情依然远远不及核心罪名。

2. 中国刑法学研究未来的努力方向

根据2014年刑法学发展的基本情况,中国刑法学研究未来应更为稳健和均衡地发展。

第一,刑法学研究应更为稳健地发展。

2014年刑法学界的重点工作是对国外刑法学理论去粗存精和立足本土进行改造,学者们已经认识到刑法的知识转型在很大程度上依赖对国外刑法学研究成果的借鉴,但“拿来主义”不仅不能对转型做出什么贡献,还会对刑法理论的建构和完善造成阻碍,因此他们并没有在求新的道路上继续高歌猛进,而是把精力更多地投入到消化已有知识和淘汰舶来理论附带的“不良资产”上,这种稳健的学术态度是更加成熟的表现,值得赞赏。可以预见的是,如何使知识转型中引进的新知识、新理论与本土刑法资源进行“无缝对接”,仍将是刑法学界未来面对的主要挑战之一。

第二,刑法学研究应更为均衡地发展。

首先,犯罪论研究与刑罚论研究需要更为均衡的发展。2014年,刑罚论研究虽然受到了一定程度的重视，也产生了一些优秀的研究成果，但相对于犯罪论研究而言还十分薄弱，显然没有达到规模化、体系化的研究态势。没有规范的量刑，再精确的定罪都不可能独自完成实现刑法正义的任务。我国刑法的法定刑区间较为宽广，相对于犯罪论来说，德日刑法学难以提供相对丰富的理论素材，而美国刑法的定罪模式又与我国相去甚远以致直接影响了量刑模式的借鉴，因此中国的量刑规范化必须走出自己的道路，这是最为艰难的开拓性的研究领域，需要刑法学界同仁投入更多的努力。

其次，刑法总论研究与刑法分论研究需要更为均衡的发展。2014年，学界对刑法总论的研究趋向稳健，但重要研究成果的数量依然远远超出刑法分论，这固然与刑法教义学的强劲发展有极大的关系，但长此以往并非刑法学研究的应然样态。法律的生命在于实践，繁荣的分论研究在为司法实践提供智力支持的同时，也拉近了实践与理论的距离，刑法学界虽然需要保持一种相对超然的学术态度，但若只醉心于精深的教义学理论研究，则极可能阻碍刑法学自身价值的实现。教义学理论研究需要以指导个案判决为导向，刑法总论研究需要以刑法分论研究为依托，均衡发展才能使两者的发展相得益彰，也是未来刑法学发展的必由之路。

八、诉讼法学2014年研究热点回顾与2015年趋势展望

2014年，三大诉讼法的研究在整体上进入了“修法后时代”阶段。在这个阶段，三大诉讼法学界聚焦于修法中出现的新制度和新程序进行研究，因而呈现出注释法学的研究特点。比如，在民事诉讼法中，对新入法的诚信原则并由此所衍生的恶意诉讼规制、第三人撤销之诉、担保物权的实现程序、小额诉讼等加以深化研究。刑事诉讼中对强制医疗程序、庭前会议、强制措施等展开研究，行政诉讼中对行政诉讼的范围、管辖等问题展开研究。与此同时，也有部分研究采用实证研究方法对两法的具体实施状况进行了调研分析。在证据法领域，非法证据排除及司法鉴定、证人出庭等问题持续受到关注，并有一定的学术创新和理论进步。有关刑事辩护的理论研究开始转向有效辩护，反映了理论的最新动向。2014年也是司法体制改革重要推进的一年。学术界和实务界对省级统管、司法信任、司法体制改革的方向、司法独立、主任检察官、检察官办案责任制、羁押必要性审查等问题进行了大量和深入的探讨，一些争鸣较为激烈。

展望2015年,随着司法体制改革的深入,相关研究将从宏大叙事走向具体研究,实证研究方法将更受关注,同时,与诉讼制度相关的司法改革问题将持续成为聚焦热点。可预见的是,关于体制变革方向,法官、检察官选任,司法公信建设,环保法庭、知识产权法庭的设立及具体运作模式等必将受到更多关注。在民事诉讼方面,诚信诉讼、公益诉讼以及检察院的法律监督等将继续成为研究热点;行政诉讼法学研究将围绕新行政诉讼法的实施进行;审判中心主义将成为刑事诉讼法学界研究和关注的首要问题,刑事证据理论将进一步深入探索。三大诉讼法学的研究将更具问题意识,诉讼制度的体系化更新也势在必行。

九、国际法学2014年研究热点回顾与2015年趋势展望

2014年的研究中,中国的国际法学者试图从理论和实际两个方面,回答国际秩序重构和国际法治发展的问题。中国国际法的理论与实践、WTO与国际经济法中的全球治理问题、维护海洋权益与海洋争端解决等专题的论文和讨论反映了中国国际法学者在国际秩序重构和国际法治发展方面有深入的研究。

2015年是反法西斯战争胜利和联合国成立70周年。如何在坚持联合国宪章原则的基础上,研究新问题,提出新对策,如何通过发展国际法治,构建更和平、更繁荣、更公正的世界,是国际社会面临的新挑战和新课题,也是时代赋予中国国际法学者的新使命。

2015年度哲学学术趋势展望专家笔谈

马俊峰　李承贵　张志伟　焦国成　张　法

专家简介：马俊峰，中国人民大学哲学院教授、博士生导师，研究领域为马克思主义哲学、价值哲学；李承贵，南京大学哲学系教授、博士生导师，研究领域为儒家哲学、中国近现代哲学；张志伟，中国人民大学哲学院教授、博士生导师，研究领域为近代西方哲学、德国哲学；焦国成，中国人民大学哲学院教授、博士生导师，研究领域为伦理学原理、中国传统伦理文化；张法，中国人民大学哲学院教授，博士生导师，研究领域为美学、审美文化。

2014年的哲学学科延续了近年来的关注热点、发展趋势，涌现了不少既有创新性又能推进学科发展的成果。当前的学术研究主要集中在与社会现实紧密相关的政治哲学、生态哲学及伦理学上，学者们力图打破传统的专业壁垒，整合马克思主义哲学、西方哲学、中国哲学、伦理学、美学等学科的资源，为构建公平正义的社会、和谐美好的生态环境，培养有道德讲文明的公民提供理论指导。我们邀请了马克思主义哲学、中国哲学、外国哲学、伦理学、美学等领域的五位专家就2014年的哲学学科的整体研究状况、重要的学术观点、学术热点，以及2015年的重点研究领域、可能出现的研究热点等问题进行了笔谈。

一、马克思主义哲学2014年研究热点回顾与2015年趋势展望

2014年马克思主义哲学的总体状况顺承2013年的基本研究态势，一方面，各个分支领域发展比较均衡，没有出现特别集中引起广泛关注或争论的热点。唯物史观研究、文化哲学研究、实践哲学研究、价值哲学研究、人学研究、马克思主义哲学史及中国化研究等，都形成了相对比较固定的队伍或“圈子”。召开相关专题研讨会，在杂志开辟一些固定或不固定的专栏，以及散见于各种杂志的文章，这些基本已成为学术研究的常态。另一方面，政治哲学作为近年来一个新兴领域，加之与当下现实政治问题的直接相关性，其着重讨论和争论的社会公正或

正义问题,则成为普遍关注的问题。一些杂志开辟政治哲学专栏,一些学校已设置了政治哲学专业,比如成立于2014年1月的中国人民大学哲学院政治哲学研究中心(RCPP),是全国第一个可以招收政治哲学博士研究生的教学科研机构,中心的成立力图打通中哲、西哲、马哲之间的学科区隔,在理论创新的过程中广泛利用各种思想资源。

2014年的马克思主义哲学研究主要集中在:一是随着政治哲学成为整个哲学理论界的一个热点,如何看待政治哲学与马克思主义哲学或历史唯物主义的关系,如何理解马克思主义政治哲学与一般政治哲学的关系,如何确立或规定马克思主义政治哲学的理论基础,马克思主义政治哲学与其他政治哲学的根本区别在哪里,等等,这些所谓元政治哲学的问题都引起了学者们的讨论和争论。二是与上述问题相关联,如何理解马克思主义的公正观或正义观,马克思主义的这种"立足于人类社会或社会化的人类"的公正观或正义观与其他的"立足于市民社会"的公正观或正义观的核心差异在哪里?如何理解以马克思所说的"资产阶级法权"为基础的公正观在现实生活中的合理性及其限度?等等,是学术界关注较多的问题。三是关于《资本论》中的哲学问题的研究,也是学者们关注的热点,具体来说涉及拜物教、物象化批判与现代性批判的关系,资本逻辑的历史进步性和局限性的关系,资本逻辑与文化逻辑、生存逻辑的内在矛盾问题,资本与空间重组问题等。

2015年的马克思主义哲学研究将不会改变各分支领域大致均衡、深化发展的态势,而前述这些热点问题还会持续发酵发热,因为它们都与当下中国现实问题有着密切关联。理论的研讨和聚焦,不仅揭示和彰显了中国的现实问题,也是对如何解决这些问题的深度思考。

二、中国哲学2014年研究热点回顾与2015年趋势展望

2014年的中国哲学研究涌现的学术成果,研究范围涉及中国哲学的诸多领域,但就关注的程度而言,出土文献,易学研究,中国传统政治哲学,20世纪中国传统哲学与马克思主义哲学、西方哲学关系等,仍然是研究的重点与热点。就出土文献研究看,其热度仍然不减,上博简、清华简、北大简等持续受到关注,对包括文献整理、诸简与儒学关系、诸简与老学关系、诸简与先秦诸子的关系、诸简在中国古代哲学中的地位等问题展开了较为深入的研究。易学研究方面除了延续

以往优良传统之外，不同时代易学发展状况、易学文本的辨别与分析、卦爻内涵、出土文献中的易学等问题都得到了很大程度的关注。中国传统政治哲学成为研究的热点乃是因为当下中国社会迫切需要“善治”的思想资源，而中国传统政治思想似乎蕴藏了丰富的资源。于是，诸如中国传统政治哲学的内涵、性质、特点、局限等问题受到了极大关注，同时展开了以哲学家为个案的政治哲学研究，对中国传统政治哲学的当代价值则展开了多向度的思考与前瞻。20 世纪中国哲学在 2014 年同样受到了广泛关注与深入讨论，这不仅是因为 20 世纪中国哲学内容的丰富性、问题的复杂性，更是因为 20 世纪中国哲学问题的研究对于中国传统哲学之现代走向所具有的风标意义。哲学家思想的特质、中国传统哲学与西方哲学的关系、中国传统哲学与马克思主义哲学的关系、中国传统哲学在 20 世纪存在现状、中国哲学史学科建设与教材编写等问题的研究，都得到了较充分的展开和较深入的探讨。

学术思想最大的特点之一就是它的逻辑传承性，因而 2015 年的中国哲学研究依然会延续 2014 年话题而有所拓展、有所推进。易学研究除了纯文献的、学术性的探讨之外，以当世社会需求为中心而展开对其义理的多元价值研究将成为易学研究新热点。出土文献无疑仍然是研究的重要课题，除了继续加强对出土文献的整理与解读之外，对各类出土文献展开综合研究以回应相关的学术挑战将成为出土文献研究的新的亮点。中国传统政治哲学的研究将会呈现细致化、技术化趋向，即在中国传统政治哲学的内容、性质、特点等方面将会从抽象的、宏大叙事性的研究转入具体的、可操作性研究。比如，中国传统哲学中的治理理念、治理模式、治理途径等将成为政治哲学研究中的新热点。20 世纪中国哲学的研究虽然已有非常丰富的成果，但显然，20 世纪中国哲学研究无论是研究广度还是研究深度，都还处于初级阶段，与 20 世纪中国哲学的特殊且重要地位极不相称，20 世纪中国哲学仍然有太多的课题需要展开深入、细致的研究。就 2015 年论，20 世纪中国传统哲学与马克思主义哲学、西方哲学关系的研究，以及由这个课题引发的中国传统哲学现代转型及其评估、建基于中国传统哲学基础上的中国新哲学体系的建构将成为一大热点和亮点。

三、外国哲学 2014 年研究热点回顾与 2015 年趋势展望

近年来，国内的外国哲学研究有两个趋势值得我们关注，一是基础性研究越

来越深厚,二是学术研究越来越贴近国际学科前沿,2014 年的研究顺承了这两个研究趋势。

就 2014 年外国哲学学科研究的总体状况来说,首先,基础性研究实力增强。中国的外国哲学研究需要有语言条件,尤其是古希腊罗马哲学。近年来有很多青年学生到欧美大学接受正规的古典教育,使这个领域的研究人才大幅度增加,研究水平也有了很大的提升。其次,关于德国哲学的研究始终是国内西方哲学研究领域最重要的组成部分,论文论著的数量居于前列,不仅胡塞尔、海德格尔仍然是关注的中心,而且像康德和黑格尔这样的德国古典哲学家也受到了越来越多的重视。第三,国内的英美哲学研究和法国哲学研究显示了与国际学科前沿更为接近的特点。一方面心灵哲学和认知科学等领域的研究越来越贴近国际学科前沿。与此相似,当代引领欧陆哲学最新潮流的法国哲学日益受到国内学者的重视,其学术活动已经达到了相当的规模。第四,在西方政治哲学研究方面,大量最新的研究成果被翻译介绍到了国内,国内的研究也呈现出强劲的发展趋势,而且从关于西方政治哲学的理论学说的研究进一步深入到了问题研究的层面。

外国哲学学科的研究成果主要体现在论文论著和学术会议这两个方面。以学术会议而论,虽然每年都有像中华全国外国哲学史学会和中国现代外国哲学学会的年会那样的大型学术会议,但是近年来学术会议也有很多采取了“工作坊”的形式,因其主题集中,与会者都是相关领域的专家,所以讨论更加深入从而卓有成效。2015 年,分析哲学、法国哲学、认知科学等都会有一些类似的学术会议召开,相信这种形式将会被越来越多的学术会议所采用。政治哲学因为与当代社会现实密切相关,心灵哲学和认知科学由于更贴近国际学科前沿,将继续体现为 2015 年研究的热点。

古希腊罗马哲学、中世纪哲学和文艺复兴哲学等基础性研究领域在 2015 年有一些学术会议召开,继续保持一定的温度,估计将逐渐形成常态。在刘小枫等专家学者的多年努力下,中国的古典哲学研究有了长足的进步,相信会有相当的成果体现。德国哲学研究始终保持着平稳的节奏,《黑格尔全集》陆续出版,原本由人民出版社出版的《胡塞尔文集》停滞了几年,现在转由商务印书馆出版,估计 2015 年将有几部出版。当代法国哲学继续受到研究者们的关注,作为研究的热点近年来一直保持着上升的趋势。英美哲学也是如此,尤其是心灵哲学和认知科学是近年来外国哲学研究的热点。2014 年海德格尔的“黑色笔记本”出版，重新引起了人们对于海德格尔哲学与纳粹之间关系的激烈争论，2015 年将持续发酵，相关的问题在国内学界虽然不会像在欧美学界那样引起轩然大波，但已引起了研究者的关注。

近年来西方政治哲学构成了外国哲学学科研究的热点，像社会正义等问题始终受到研究者们的热烈关注，而且其中有一些学术问题亦与中国的现实问题密切相关。2014 年底由中国社会科学杂志社、复旦大学哲学学院主办的第四届中哲、西哲、马哲专家论坛以“现代性与中国精神”为主题，学者们围绕“现当代哲学视野中的‘中国’”“现代性视域中的中国传统”“中国哲学的精神重构”“中国道路与全球现代性的重建”等议题展开了深度对话。可以预期，与当代中国社会的重大理论问题和现实问题有关，启蒙和现代性的问题将继续受到人们的普遍关注。毫无疑问，外国哲学研究中的“中国意识”越来越清醒，纯粹的学术研究与当代中国的理论问题和现实意义的关系越来越密切，例如受到“国学热”的刺激，中西哲学比较研究在未来将会有长足的发展。

四、伦理学 2014 年研究热点回顾与 2015 年趋势展望

近年来的伦理学研究是围绕着社会现实道德问题展开的。官员腐败的治理使社会正义得以伸张，社会经济增长带来了普遍富裕，科技的高速发展给人以生活的便利和自由度的提高，人们在享受社会发展和社会治理果实的同时，也引发了一些对社会道德问题的思考。

2014 年度的伦理学研究主要集中在以下三个方面：

一是关于政治伦理和社会伦理，包括社会的公平正义、公民道德发展的政治伦理条件、人的尊严、权利和自由的边界、政务诚信、陌生人社会的伦理风险、道德冷漠诸问题。

二是关于伦理学基本理论，包括人为什么要有道德以及怎样才会有道德、善和至善、社会底线伦理秩序建设诸问题。

三是应用伦理问题的研究，包括科技和网络发展带来的道德难题，生命伦理、环境伦理等问题。在生活条件渐好之后，幸福和道德之间的关系越来越被人们所关注。

2015 年的伦理学研究，仍将围绕着中国人的社会道德生活展开。以下问题

有可能成为本年度伦理学研究的热点：

其一，与国家社会主义法制建设相适应，中国特色的社会伦理道德的基本规范体系及其对基本规范的学理论证将被更多的人所关注。法制规范与伦理道德规范是社会规范体系的两大组成部分，共同维持社会的正常秩序。前者主要是靠强制手段来维系，后者主要是靠非强制手段即靠宣传教育、社会舆论、风俗习惯和人们的内心信念和道德自觉来维系的。然而，法制规范只有合伦理时才能被广大公民所认同。因此，法制规范与伦理道德规范的相互配合、相互补充，不仅对于两大规范体系本身的完善而且对于两大规范体系约束力的发挥，都是十分重要的。

其二，与社会主义核心价值观的培育和践行相适应，伦理学界或将提出更进一步的学理分析和论证，特别是对社会主义核心价值观与中华传统美德的内在关联进行更加深入的分析和论证。这对于中华传统美德的现代转化和传承，对于增加社会主义核心价值观的中国特色并为民众所喜闻乐见，都具有重要价值。

其三，一般性的社会伦理问题和应用伦理学将得到继续关注。网络引发的虚拟社会及其伦理道德问题、生存环境恶化引发的生态伦理道德问题，生命科学和医学面临的突破及医疗问题引发的生命伦理问题，将会是2015年内伦理学界关注的焦点。

五、美学2014年研究热点回顾与2015年趋势展望

近年来，美学热点问题层出不穷，诸如美学热、审美意识形态、日常生活审美化、实践美学的崛起、后实践美学对实践美学的挑战、生态美学的提出等，2014年的学术界延续了对这些相关热点的关注。具体来说，一是生态美学、环境美学的研究得以推进，涌现出了许多成果，比如曾繁仁的《再论作为生态美学基本哲学立场的生态现象学》、陈望衡的《环境美学是什么》等系列文章。二是实践美学与后实践美学在论争中发展，在论争中形成的实践美学、后实践美学、新实践美学各派相互碰撞、对话，产生了相互促进的效果。这方面的论文有朱立元的《略论实践存在论美学的哲学基础》、杨春时的《关于后实践美学的解说》等。三是在全球美学的语境中对美学的当下潮流的关注，比如高建平的《美学的超越与回归》、刘悦笛的《在东西文化间共创全球生活美学》等。

此外，2014年美学值得关注的主要学术成果：在中国美学史上，张法的《美

在中国文化中的起源、演进、定型、特点》等系列文章对中国美学范畴的研究；皮朝纲的《论体系转换下的中国美学文献学建设》等系列文章对中国美学文献学的研究；还有朱良志在中国美学理论和文艺家和文艺作品上的研究，以及肖鹰、刘成纪、潘立勇在断代史上的新论述；在西方美学史上，有傅其林《论东欧新马克思主义美学》系列文章对东欧美学的新介绍，有刘旭光从文艺复兴研究西方美感起源方面的研究和汪正龙20世纪美学感性论的研究，以及章辉对分析美学中重要美学家的细读。

展望2015年的美学研究：在美学理论上，美学对生活和文化的“介入”应会得到进一步的讨论，生态—环境美学会出现新的推进和细化；在中国美学上，习近平总书记提出的“中华美学精神”会得到方方面面的讨论；在外国美学上，西方传统美学的主要思想会得到深度挖掘，西方的新型美学会得到进一步的介绍，其他非西方文化的美学也会得到一些新的介绍；在审美文化上，微时代的美学，以及美学与各个文化领域、社会领域、生活领域的关系，以及在其中的运用，会得到进一步的讨论。

2015 年度历史学学术趋势展望专家笔谈

张 越 王子今 欧阳哲生 魏 坚 孟广林

专家简介：张越，北京师范大学历史学院教授、博士生导师，研究领域为史学史、史学理论；王子今，中国人民大学国学院教授、博士生导师，研究领域为秦汉史；欧阳哲生，北京大学历史系教授、博士生导师，研究领域为中国近现代史；魏坚，中国人民大学历史学院教授，研究领域为考古学；孟广林，中国人民大学历史学院教授，研究领域为世界中世纪史。

2014 年，中国的历史学界学者们在各自的研究领域不断推陈出新，成果丰硕。相关学术成果中传统史学领域尝试新解读，学术研究范式呈现多元化；微观史学研究仍在不断深化，宏观史学研究再度提倡加强；跨学科研究在深入拓展，与国际史学界的交流日益密切；中国学者在国际史学界的话语权正在逐步确定。为了梳理和回顾 2014 年历史学的研究热点和学术成果，展望和前瞻 2015 年的研究趋势和发展方向，我们特地邀请了历史学界五位知名学者，就史学理论与史学史、中国古代史、中国近现代史、考古学、世界史五个研究领域进行回顾和展望。希望借此推动中国历史学研究进一步独立化、多样化、国际化。

一、史学理论及史学史 2014 年研究热点回顾与 2015 年趋势展望

2014 年是中国史学界在史学理论研究方面继续反思和探索的一年。在总体发展趋势上，反思新中国建立以来中国史学的成就、经验和教训，探索如何坚持唯物史观为指导的中国史学发展道路，仍然是史学理论和史学史研究持续受到关注的重要课题。在学术观点和学术热点方面，中国史研究领域在注重新材料、新方法进行专精研究并不断拓展新的研究领域的同时，强调中国史研究中的理论建设与宏大叙事、避免研究中“碎片化”倾向的呼声日渐高涨；世界史研究领域在积极引进与借鉴外国史学的新理论、新观点、新方法的同时，更为重视根据原始资料做出中国学者自己的研究，在越来越多的领域和专题方面涌现出高水

平的研究成果，逐步扩大中国学者在国际史学界的话语权。

2015年中国史学需要深化拓展的领域及可能出现的理论进步，首先是坚持马克思主义的指导，提高理解和运用唯物史观的原理与方法的能力。唯物史观是一个博大而丰富的理论体系，不能简化为教科书中常见的几条原理，要真正了解马克思主义的立场、观点和方法，必须深入、认真地研读马克思主义经典作家的原著，通过钻研马克思主义经典作家的原著，吸收充分的理论滋养，充实与丰富中国马克思主义史学的理论内涵。

其次，全面总结我们自己的学术成果，加强和国际史学界的交流、对话和论争，摆脱欧洲中心主义的控制与影响，重新认识世界的历史和重新认识我们自己的历史。伴随着经济全球化的发展，世界史、全球史也一时称盛，国家、民族在历史研究中仍然是离不开的主题。中国史学既应注意吸收国际史学的优秀成果，又要努力形成自己的史学观念及研究范式，逐步建立起我们自己的历史学理论体系和方法，用丰厚的学术著作和研究成果，体现和阐发这一理论体系，使之在世界史坛上产生影响。努力提升中国史学在国际史学界的地位，积极参与国家软实力的构建。2015年，国际历史科学大会将在中国山东大学举办，这是展示中国历史学科面貌和历史学研究水平的良好契机。

再次，在深化微观研究的同时，进一步加强宏观研究，避免研究中"碎片化"倾向，力图做到两者的平衡发展。开阔视野，强调中外历史研究的会通，重视多文明视野下的中国历史与世界历史的研究。在继续夯实传统的通史、断代史、专史的基础上，充实日渐引人注目的如社会史、"新文化史"等学科研究领域，加强那些与国家发展和建设有直接关系的如民族史、环境史、人口史、历史地理等学科领域的研究，注重如公众史学、历史资料数字化和信息化等新兴研究领域的研究。

二、中国古代史2014年研究热点回顾与2015年趋势展望

2014年中国古代史研究比较显著的进步体现于上古出土文献的新发现和新认识。益阳秦汉简牍等发现引起了新的学术关注。传世文献与出土文献相结合的二重证据法受到新生代学术力量的重视，研究论著体现出值得赞赏的学术深度。有关史学研究"碎片化"的批评引起重视。一些学者在反思近年研究倾向的弊病。对于微观研究和宏观研究的共同重视，已经成为不少学者认同的学术

态度。

简帛研究的新成就,表现为裘锡圭先生主持的马王堆汉墓帛书的整理。质疑清华简作伪的声音逐渐微弱。马圈湾汉简新的图版和释文的发表,可以看作史学学术进步的标志。生态史、疾病史和海洋学史的研究成为新的热点。王学典对现代史学史的回顾和分析,形成了比较显著的学术影响。对于丝绸之路史的讨论,因河西汉简研究,新疆考古发现,以及中国考古学者对中亚考古的积极参与,有了深入的条件。

学界所期待的银雀山汉简的新的整理成果将会在2015年逐步推出。悬泉置汉简的发表,里耶秦简后续整理成果的发表,北京大学藏秦汉简的发表,都将促进秦汉史的研究。魏晋史研究将因走马楼简整理工作基本完成推出具有整合意义的高质量的论著。敦煌吐鲁番学将有新的突破性收获。可能深化拓展的领域,包括边疆史与民族史研究。史学学术史或将有新的学术力量投入,并取得成果可观的进步。

因"一带一路"的宣传,丝绸之路研究,海上丝绸之路研究将会成为史学研究的新的热点。相关国际合作也会更为密切。海洋考古推进的海上丝绸之路研究可以预期突出的进步。考古工作走向公众化或说大众化的趋势,将再度出现新的动向。一些史学学者参与史学普及的路径将会更宽。社会生活史研究还会细化,但是综合性考察将会受到重视。对于20世纪史学历程,学界可能会有比较冷静认真的思索。若干理论问题或将重新提起。史学的学术争论,可能因网络和微信等形式的空前普及,议论更为直接,辩说更为激烈,参与程度更为广泛。

三、中国近现代史2014年研究热点回顾与2015年趋势展望

2014年中国近现代史研究的主要热点有中日甲午战争、中国近代民族复兴思潮等。这是相互联系的两个问题,从甲午战争的挫败,到中华民族的复兴,到改革、开放局面的形成,中国走过了一段艰难的路程。围绕纪念中日甲午战争120周年,北京、上海、山东、湖北、浙江、安徽、辽宁多地举行了多场学术研讨会和纪念活动。其中在山东威海举行的"两岸甲午战争120周年学术研讨会""甲午战争与东亚历史进程——纪念甲午战争120周年"国际学术研讨会,在陕西西安举行的"近代中国民族复兴的思想与实践"国际学术研讨会尤为引人注目。这些研讨会有力地推动了相关主题的学术研究。

2015 年中国近现代史研究可能的热点首先是抗日战争史。今年是抗日战争胜利 70 周年，为纪念这一历史性的日子，中国将破例第一次举行大阅兵，邀请世界政要出席；史学界也将有一系列的纪念性的学术研讨活动，以抗日战争为主题的中国与世界关系、中国在世界反法西斯战争中的历史作用等重大课题可望得到更为深入、全面的研讨。从甲午战争的挫败到抗日战争的胜利，中华民族经历了无数的艰难曲折，国内国际形势发生了深刻的变化，诸种条件和因素的合力，促成了抗日战争的最后胜利。抗日战争既是一场民族战争，又是一场反法西斯战争，这场战争所触及的方方面面值得我们全面、深入地研讨。其次是新文化运动史。今年是《新青年》创刊 100 周年，中国新文化已走过了百年历程，中国新文化自身在成长的过程中，经历了不同流派、不同取向的论争，可谓风雨不断、同舟共进，其所蕴含的历史经验值得总结，未来的走向更有待前瞻。

最近 20 多年来，中国近现代史研究的一个重要特点是全面开拓、遍地开花。对外关系史、社会史研究的推进值得关注。近代中国与世界的密切互动关系，决定了中外关系是这个时期的相当重要的内容。近代中国社会发生的翻天覆地变化，旧的社会阶层、阶级的没落，新兴社会阶层的崛起，生活方式与社会结构的改变是中国近代社会进步的重要体现。近代中外关系史、近代社会史作为常规研究，仍将在今年继续发展。近代政治史研究在经历了相当长一段时间的冷落以后，最近几年有所升温。人们对清末新政、民国宪政史等问题的研究，对革命与渐进的重新认识，逐渐改变近现代政治史的传统研究格局。这些年来的近现代经济史研究相对 20 世纪 80 年代兴盛的中国近代资本主义史研究来说仍显冷落，这一局面与经济史在中国近现代史所占比重的重要性自然有些不太相称，我们不能期待这种状况一两年就根本改变，但做出相应的改进，仍是我们应有的目标。

四、中国考古学 2014 年研究热点回顾与 2015 年趋势展望

2014 年，中国考古学总体上获得了全面发展：就涵盖时段而言，从旧石器时代到宋元明清都有重要新发现；在空间领域方面，从陆上田野考古到水下考古都取得顺利进展；在考古学理念与方法上，多项发掘以实验室考古的方式实施，推动着考古向精细化、零遗漏信息的发展趋势；在重大课题项目上，多学科交叉合作的方式越来越深入人心，不断取得创新性学术成果；在学术交流上，不仅各种国内国际会议与活动频繁举办，而且越来越多的国内学者走出国门，赴国外开展

工作并达到了良好的效果。

展望将来，面临着新形势的中国考古学，无疑也将继续在现有成绩基础上稳步推进。

自去年4月开始，中国考古学会各专业委员会相继成立，迄今为止数量已达到11个，还有新石器时代考古、宋辽金元明清考古、考古教育等一批专业委员会正在酝酿和筹建之中。专业委员会的成立标志着考古学的各个分支领域成熟化、自觉化、精细化的发展方向，必将进一步引领学术不断深化。

国家"一带一路"战略的实施，将带动中国文物考古事业开创新的局面。丝绸之路跨国联合申遗的成功，为"一带"即丝绸之路文化带沿线共同开展学术研究与文物保护提供了绝佳契机；水下考古领域的突破性进展，则是大力推进对"一路"即海上丝绸之路的考古研究和文化遗产保护的根本基础。文物考古、文化遗产事业是实现"一带一路"战略的文化支撑和基石；"一带一路"建设亦将推动国际合作、促进中外考古的交流互动，加快中国考古走向世界的脚步。

文明探源、蒙古族源等国家级课题的开展，是中国考古学从基础资料积累阶段向理论阐释、揭示人类社会发展规律阶段转型的显著标志。体现在研究成果上，继《中国考古学大辞典》的出版之后，也必将涌现出一批对中国考古学进行阶段性总结的大部头论著。

学术界课题意识日益增强，主动性发掘项目相对于配合基本建设发掘的比重无疑也将不断增加，将日趋成为主流。相应地，遗址、遗迹、遗物、文化遗产的保护、管理和利用等将成为中国考古学首要面临的问题之一。中国考古学自身正在向着同现实社会建立积极关系、更多为社会现实服务的方向发展。

公共考古方兴未艾。一方面社会公众关注考古、了解考古的要求和热情日益高涨；另一方面考古学者亦普遍意识到保持学术与公众互动的必要性，纷纷走出象牙塔，努力和国际接轨，力图摆脱传统的知识普及式的科教实践，通过多种形式鼓励公众积极参与考古活动、从公众视角对考古遗存和文化遗产进行管理、培养公众的文物保护意识，从而促进公众素质的提高，达到双赢的局面。

五、中国世界史2014年研究热点回顾与2015年趋势展望

2014年中国的世界史研究，可谓成果迭出，热点纷呈，其中一些重大问题的探讨大有不断深入与拓展的态势，且寄寓着强烈的现实社会关怀。全球史研究

的学术范式进一步盛行，在史学界引发了有关世界史研究方向与世界史编撰体系的诸多讨论，并进一步促进了环境史、医疗史、文明史研究的挺进。同时，由于视角、方法的更新，传统的专门史、国别史研究范式取得新的进展，在政治史、经济史、战争史、冷战史、思想文化史等方面都取得显著成绩。

基于上述动态，2015年中国的世界史学科将会在"思考惯性"的驱动下，彰显如下诸研究趋势。

随着学术积淀的逐渐深厚与现实关怀的日益加强，全球史研究将出现日益扩展的新趋势，并从原来的"整体史"或"普世史"的"宏大叙事"转向特定范围如环境史、生态史、文明史、海洋史等领域的聚焦考察。

另一重要的学术趋势是，在现实社会问题的促激下，新史学研究在以往的发展态势下日益扩散。如人口史、婚姻史、福利史、医疗史、饮食服饰史等。同样，一些与现实有着历史脉络的领域，如二战史、中东史、东南亚史、中日关系史等将会引起学者的进一步关注。

尽管出现了明显的"研究转向"，但对传统史学领域重要问题的新解读仍将是诸多学者追求的新学术境界。传统的政治史、经济史、军事史、思想文化史等尚有学者关注的重大问题需要进一步探讨，如古希腊、罗马的古典政治，西欧的封建政治，近现代美国政治与阿拉伯国家政治，苏联和东欧"巨变"，从中世纪向近代的西欧经济转型与思想嬗变，20世纪欧美资本主义经济的跌宕起伏，等等，都会出现我国学者在"学理模式"建构上的努力。

随着史学研究对象与路径的嬗变，学术范式的争论将会在史学界渐次展开。对整体研究的全球史研究范式和传统的国别史、专门史研究范式的利弊得失，史学界已经有了反思和辨析，对这两种范式的理性认知与争辩，尤其在此基础上将两种范式有机调适与整合，应能成为下一个学者关注的研究热点。

从过去的一年看，结合今年可能出现的研究趋势，史学界在理论、方法的运用上将会出现"多元化"的特点。唯物史观的理论、方法的指导意义将会进一步凸显，同时，西方的跨文化比较、现代化、后现代主义、后殖民主义、新政治史的理论、方法也将为史学界所广泛地批判借鉴。在此情况下，我国学者将在某些重要问题上突破西方的学术话语权，建构自己的学理模式；同时尝试着进一步展开国际学术对话与交流，推动已经萌发的中国学术的国际化趋势。

2015年度文学学术趋势展望专家笔谈

高建平　党圣元　朱万曙　程光炜　耿幼壮

专家简介：高建平，中国社会科学院文学研究所研究员、博士生导师，研究领域为文艺学、美学；党圣元，中国社会科学院外国文学研究所研究员、博士生导师，研究领域为文艺理论；朱万曙，中国人民大学文学院教授、博士生导师，研究领域为中国古代文学；程光炜，中国人民大学文学院教授、博士生导师，研究领域为中国现代、当代文学；耿幼壮，中国人民大学文学院教授、博士生导师，研究领域为外国文学。

对于中国文学特别是中国文学理论批评而言，2014年是一个值得充分关注、深度阐释的一年。2014年10月15日文艺工作座谈会在北京召开，习近平总书记在座谈会上的讲话主旨精神的发表，使得当前的文艺工作处在了一个新的起点之上，跃上了一个新的高度，这对当下的文学创作和理论批评将产生重大的影响。为此，我们邀请了文学研究所涉及的各领域的、具有一定的知名度，科研活跃的专家以笔谈的形式全面回顾、梳理文学研究各领域2014年度学术研究状况，展望2015年研究趋势。五位专家从各自不同的研究领域出发，探讨学科发展现状和趋势，虽然部分话题会有所交叉和重叠，但是阐释的角度不同，对当下的文学研究多有启发。

一、文艺学2014年研究热点回顾与2015年趋势展望

2014年的文艺学，内容丰富。比较突出的，有以下几点：

第一，中国文学理论话语体系建设。中国现代文学理论经过100多年来的发展，经过改革开放30多年来的多方吸收，形成丰富的内容。但是，怎样在此基础上形成自己的独特话语和理论体系，以鲜明的中国特色的文学理论自立于世界民族之林，这成为一个摆在文论学术界面前的重要问题。在2014年，学术界围绕关于怎样建立中国文论的话语体系，这个话语体系中应该包括什么样的内

容，展开了热烈的讨论。

第二，学术界对于当前和过去一个时期西方文论对中国的影响情况，进行的反思和批判，提出了“强制阐释”等命题。怎样看待过去几十年中西方文论对中国的影响，怎样一方面吸收和借鉴人类文明的成果，一方面以我为主，在吸收时持分析和批判的立场，指出过去一些年在对待西方文论的态度上的一些根本性的缺陷，在这方面，2014年有一些重要的文章问世。

第三，在建立中国文论话语体系的过程中，围绕着“接地”，展开了讨论。所谓的“接地”，是指理论要与实践结合。但是，这种结合不等于取消理论。一方面，理论有其自身的体系和逻辑，有自身的历史传承关系；另一方面，理论又必须与当下的实践结合在一起，在当下实践的推动下向前发展。

第四，关于马克思主义文论的研究，有一些新的重要论文问世，深化了马克思主义文论研究，特别是对马克思主义文论的分期，有一些新的见解。

第五，关于新媒体、“微时代”的文学、文化、美学，有着持续的关注。新媒体改变了人们的阅读习惯，也改变着文学的存在方式，这理论受到理论研究者的关注，并对新出现的文学现象进行描述和分析。

2015年，文学理论将承续2014年的发展，有可能出现以下几个热点：

第一，贯彻落实习近平《关于文艺工作座谈会上的谈话》。2014年10月习近平讲话的内容在报纸上摘要发表后，各大报纸有一些文章问世。2015年，将会有一批学术论文，围绕着《谈话》的精神，进行理论阐释，重点探讨新时代文学的“人民性”“文艺与市场”的关系，以及如何出精品；克服“有高原无高峰”现象，以及如何传承和弘扬中华美学精神，等等。

第二，继续探讨中国文论语话建设问题，一方面批判一味追新，紧跟西方最新思潮，将学术思尚化的风气；另一方面也批判故步自封，以民族性取代正确性，探讨结合当代中国文学研究和文学批评的实际，逐步建立中国文论话语。

第三，探讨文学理论与文学批评的结合，避免空头理论和离开理论的随感式批评。面对当代中国文学发展中的一些问题，致力于通过理论建设来促进批评的发展，建立批评理论，推动中国文学艺术的繁荣。

在其他方面，包括马克思主义文论研究和新媒体文论研究等方面，可望沿着2014年的发展趋势，得到进一步发展。

二、文学理论 2014 年研究热点回顾与 2015 年趋势展望

2014 年文学理论研究领域出现了不少值得关注的话题和学术成果,主要有以下几点:

第一,对文艺创作传播和理论批评中存在的缺失和乱象予以关注及反思批判。相当一段时间以来,受消费主义思潮和极端娱乐化倾向的影响,以及历史虚无主义、作为敌对意识形态工具的“普世价值”的侵蚀,文艺创作传播和理论批评中存在着这样那样的缺失甚至乱象,在 2014 年,对于这些问题的关注和反思批判,在深广度和思想力度及参与范围和力量等方面均得到了空前加强,而其中又尤以张江所主持的 2014 年年初《人民日报》文艺评论版“文学观象”栏目的开设及所发的一系列对话体文章最为引人注目,其除了在思想价值方面所带来的积极社会效益而外,在促进文学理论与文学批评有效融合方面也产生了良好的示范作用。

第二,马克思主义文论中国形态化及与中国传统文论精华,尤其是儒家文艺思想精华的会通问题研究。

第三,外国文学理论与当代中国文学理论话语体系建构关系及张江所提出的外国文学理论中的“强制阐释”问题的讨论。

第四,新媒体技术、新传播观念对文艺生产传播的影响极其应对讨论。

第五,文艺与文化活动中的价值原则与文化战略之间关系的研究。

第六,坚持和创新文艺研究的马克思主义文艺历史唯物主义问题。

第七,“西马”文艺、文化理论批评的吸收借鉴,以及中国古代文论的当代价值、意义的探讨与阐发方面的研究。

2015 年有如下几个方面问题的研究,更值得我们展望与期待:

第一,习近平在文艺工作座谈会上的讲话主旨精神的深度研究和进一步阐释。习近平的讲话在总结新时期以来,尤其是新世纪以来文艺工作成就、经验与不足的基础上,阐发和强调了社会主义文艺在新的历史条件下的功能与职责,文艺与人民、生活的辩证关系,文艺在引领时代风气、在社会主义核心价值传播、在弘扬中国精神和凝聚中国力量、传承和弘扬中华优秀传统文化和美学精神、在实现中华民族伟大复兴的中国梦等方面承担着无可替代的作用。习近平还强调,文艺要承担起这一历史使命,就必须坚持以人民为中心的创作和理论批评导向,

引导人民树立和坚持正确的历史观、民族观、国家观、文化观，增强做中国人的骨气和底气。习近平在讲话中所提出的运用历史的、人民的、艺术的、美学的观点评判和鉴赏作品，是对马克思主义文论中国形态化的一大推进，历史意义深远。

第二，马克思主义文论中国形态化、当代形态化及中国化马克思主义文论新范畴、新阐释方法的研究。

第三，文学理论与文学批评的互动、融会问题。

第四，传承创新中华美学精神与民族审美自信与重建问题研究。

三、中国古代、近代文学 2014 年研究热点回顾与 2015 年趋势展望

2014 年的中国古代文学研究，在平稳中有推进，在深入中有焦点，在各个时期的文学发展、作家作品、文献挖掘和分析、域外汉学等多方面都取得了明显的收获。

首先，对各个时期的文学发展、作家作品及文学现象，都有较之以往更为深入的探讨。先秦两汉的文学研究，除了从文化学的视角展开研究外，不少学者继续注重以清华简、上博简等出土文献为材料，提出新的问题，获得了新的认识。唐宋文学的研究，对作家作品的考订和阐释、对文体演变及其特征的考察均有新的收获。元明清及近代文学的研究，学者们在发掘更多的作家作品同时，越来越注意拓展视野，从不同的视角切入问题，从而增加了新的学术旨趣。

其次，在学术期刊和学者的共同努力下，中国古代文学的研究注重联系现实，发挥出“古为今用”的价值。《文学遗产》第 1 期刊发的《明清钓鱼岛诗歌及其相关文献考述》一文，通过对明清诗歌中有关钓鱼岛资料的梳理和分析，为国家历史问题提供了佐证。2014 年又是甲午战争 120 周年。《文学遗产》也刊发《甲午之诗与诗中甲午》等论文，以重唤对历史的记忆，警示未来。这些研究，虽为“今用”，却建立在扎实研究的基础之上，以文献支撑，用学术说话，表现了古代文学界严谨的态度。

再次，自觉反思学术视野与方法。中国古代文学的研究推进，一方面建立在新资料的发现上，另一方面有赖于视野的扩展和方法的更新。《文学遗产》杂志在两期连续刊发了 2013 年编委扩大会的笔谈，其中多涉及古代文学研究视野的扩展和方法问题；此后，该刊又专门刊发了《古代文学研究：视野与方法》笔谈；《中国人民大学学报》也以专题的形式，推出一组论文。这些笔谈和论文显示了

古代文学研究者在视野和方法上的自觉反思和拓展的努力。

展望2015年,有以下四个方面的研究值得关注:

1. 呼唤“中华文学”研究的大格局

长期以来,中国古代文学的研究对象和重心都在“汉民族文学”,包括文学史、作家作品,很少自觉地将视野延伸到中国各个民族文学的范围。对此,已有学者提出“中华文学”的命题并初步开展了讨论,期望打破“汉民族文学”与“少数民族文学”分割研究的格局,将中华各民族文学视为整体进行观照,研究各个时期不同民族之间的文学交流和交融,进而发掘中华民族共同的美学精神。相信随着这一文学史观念的转变,“中华文学”研究的大格局将逐渐展开。

2. 以重大项目为载体、结合文献整理的深度研究

自2010年以来,国家社科基金重大招标项目中已有40多项中国古代文学与文献的课题立项。这些课题多由著名专家学者领衔,以团队的力量开展研究,无疑是推动研究的重要途径。其中,部分课题已取得显著成果,如《中国古代文体学发展史》,有的课题已陆续发表阶段性成果。因此,我们有理由期待众多课题深度研究成果的问世。

3. 学术理念、视野、方法的突破

打破既有的观念和思维,拓展视野、更新研究方法,是学术研究得以发展的推动力,也是学者们不断追求的目标。在以往的研究中,学者们已经付出很多的努力,但诸如文学研究空间意识的加强、心灵史的建构、与海外汉学的互动,等等,仍然需要提出“话题”,更需要付诸更多的实践。

4. 具体学术问题的再深入

学者的研究,大多是在已有积累的基础上继续深入。对原有学术问题的进一步研究,是古代文学研究的必然格局,由此带来的“碎片化”的情形难以避免。但没有对具体问题研究的深入,就难以获得全面的认知。这一类型的研究,将会不断持续。

四、中国现代、当代文学2014年研究热点回顾与2015年趋势展望

2014年,学界将研究聚焦在全球化视野下,当代作家如何讲述“中国故事”这一话题上。通过梳理和总结莫言的创作经验进一步探讨当代文学讲述“中国故事”的方法、路径。

2014年也发表了诸多颇具学术影响力的文章。资深学者严家炎在《文学评论》2014年第2期发表《中国现代文学的“起点”问题》，继续他的关于文学史起源性问题的思考。洪子诚在《文学评论》2014年第4期发表《材料与注释：张光年谈周扬》，以别出心裁的方式，叙述了在历史文献和张光年记忆中的周扬轶事。孟繁华的《不确定性与当代文学史的建构——1985到1988年中国当代文学史的讨论》(《文艺研究》2014年第4期)，着重检讨了堆积在当年建史过程中传统观念的障碍，以及各种文学史观念的碰撞，为读者描绘了文学史建史者的思想脉络。李怡认为《作为方法的“民国”》是继续探索此命题的新路径(《文学评论》2014年第1期)。

2015年初，中国作家协会和中国现代文学馆分别举办了杨宪益、雷加“百年诞辰纪念”活动。“百年诞辰”不仅是最近几年中国现当代文学研究界一直持续的热点，相信也是今年的热点之一。原因是“百年诞辰”包含有对文学史的回顾、情理和反思，同时也是将现代作家“再次经典化”的重要步骤。

需要注意的还有莫言的“经典化”研究。三十年前的1985年是“莫言年”，他创作出了《红高粱》《白狗秋千架》等一批杰出的中篇小说，爆红文坛。作为中国本土首位获得诺贝尔文学奖的当代作家，关于他的家世、年谱、文学世界等等问题的研究，将在《文学评论》《中国现代文学研究丛刊》《新文学史料》《南方文坛》《文艺争鸣》《现代中文学刊》《当代作家评论》等杂志上持续展开和发酵，在此过程中，预计会涌现出新一代的莫言研究专家。

另外，今年是1985年“文化热”“先锋文学”整整30年的纪念年，关于北京三联书店“现代西方学术文库”“走向未来丛书”的出版和对“85新潮”的推动，“先锋文学”创作及其得失的讨论，也会成为学术界关注的热点重点问题。

五、外国文学2014年研究热点回顾与2015年趋势展望

新世纪以来，国内的外国文学研究呈现出一些新的走向，以下问题受到了众多研究者的关注：

第一，全球化时代的比较文学与世界文学问题。自从斯皮瓦克的《一个学科的死亡》在上个世纪末问世以来，作为一个学科的比较文学和作为一种理想的世界文学所面对的困境和危机便引起了极大的关注，为了寻找应对之策，国内外学者纷纷就此发表了自己的看法。

第二,在所谓“理论之后”如何看待、理解和运用理论的问题。随着诸多20世纪思想大师的逝去,20世纪理论层出不穷、各领风骚的盛况已经过去了。在这种情况下,学者们也不再急于引进、介绍,乃至构建新的理论,而是重新消化和深入理解以往多少有些不求甚解的学说和思想。

第三,经典重读问题。随着新理论浪潮的消退,传统语文学和古典学的方法又开始受到重视。许多研究者把目光转向了古希腊罗马和中世纪,在重新翻译、整理和注释古典文本的基础上,重新解读经典作品。而且,随着对于何为经典的重新认识,重读经典也不再仅限于古代作家作品,而是将近现代作家作品纳入其中。

第四,跨语言和跨文化的文学研究问题。在移民和族裔融合时代,文化身份问题日益突显,移民作家和少数族裔作家的创作吸引了诸多研究者的关注。与之相关,随着文化交流的日益深入,特别是所谓后现代翻译理论的兴起,翻译实践和翻译理论问题再度成为外国文学研究领域的热点之一。

第五,非主流和非传统文学样式的研究问题。在科学技术时代,特别是随着计算机和互联网的快速发展,人们对于时间和空间的认识发生了巨大变化,这不仅导致了对于一些传统文学问题的重新理解和认识,比如叙事问题,同时也带来了对于非传统文学样式的关注,比如网络文学。

2015年度文化研究领域学术趋势展望专家笔谈

陆　扬　周志强

专家简介：陆扬，上海复旦大学中文系教授、博士生导师，研究领域为文化理论、西方文化；周志强，南开大学文学院教授，博士生导师，研究领域为大众文化、文艺美学。

文化研究是一个跨学科的领域，是对人的生存状态和发展的一种反思。2014年度全国十大学术热点问题之四是“微时代的文化传播与话语表达”，就是对新时代尤其是微时代的一种反思。2015年，我们邀请文化研究领域内两位知名专家陆扬教授和周志强教授，对文化研究领域内2014年的整体研究状况做了回顾和梳理，并对2015年文化研究的趋势进行展望。虽然两位专家是对同一领域学术的梳理，但是角度还是有所差异，这也为我们多角度多层面理解文化研究提供了思路。

一、文化研究领域2014年研究热点回顾

1. 整体研究状况回顾

文化研究的重要性在于跨学科，有人研究传媒，有人专注青年亚文化，还有多元文化，等等。它事实上是在不断扩张，蔓延到包括经济语境、意识形态语境和社会语境的方方面面。文化研究学者倾向于把事情往复杂里说，这直接影响到博士生们的选题，他们的注意点本来很集中，现在一片迷惘。作为学者，包括文化研究，我们的使命是为我们生活的世界提供一些清晰性，并不仅仅提供简单结论，而是为人们的困难找到交流方式，让人能与困难共存。

“微时代的文化传播与话语表达”入选“2014年度中国十大学术热点”，本身是一个划时代的事件。它意味着我们时代的自媒体不再是玩微丧志的自娱自乐，不再是不自量力的匹夫之勇，甚至，不再是支离破碎的白日梦灌水平台，而终于登上大雅之堂，开始比肩宏大叙事。回顾技术革命怎样介入和改变我们的日

常生活，早在电视时代，就有人呼吁每天留一个小时告别电视，让家人从容絮语散步。到电脑时代，麦克卢汉一夜之间成为伟大先知。地球村，媒体是人的延伸，这一切听起来多么美好！可是紧接着又风行波德里亚的拟像理论：拟像就是真实，它什么也不模拟，它模拟的毋宁说便是这个世界本无真实的真实。2014年已经毋庸置疑进入手机时代。地铁上、饭桌上、会议上，我们争分夺秒，目不转睛盯住手机屏幕。但是，那些八卦明星奇谈，跟我们的生活无太多关联。

进入2014年，文化研究的学术研究，一方面延续着此前诸多话题，并对其进行进一步深化细化研究，在媒介文化、城市文化和图像文化的研究中取得了不错的成绩，在这些领域创生新学术增长点；另一方面，2014年文化研究的突出现象则是行动主义理论的崛起，并由此引发了文化研究的学科反思和话语检讨。

总体来看，2014年的文化研究范式，逐渐从“何为文化研究”转向“文化研究何为”问题。十几年间，学术界致力于追问什么样的方法才体现典型的文化研究思想、文化研究和文学研究的关系、中国的文化研究如何纳入到全球文化研究的理论体系之中等问题，而2014年前后，文化研究的社会功能和价值理念、如何启动中国文化研究的社会干预，以及文化研究视野下中国问题的凸显等问题占据了这个领域的核心命题。

让学术研究回到中国问题中来，是2014年文化研究的总体性趋势。文化研究如何介入社会主义文化的建构，成为2014年的一个重大课题。社会主义文化有没有面临大众文化或者说消费主义文化的困境？大众文化中的主流文化生产有没有转移或者说偷换社会主义的价值理念？与之相应，当前中国社会面临的各种文化困境、文化政策的顶层设计等话题，都凸显出文化研究尝试与中国经验相结合的诉求。

相应地，对技术时代的当前中国文化的转型与变迁的反思，也成为这一年学术研究的核心命题。立足于技术社会理论反思中国媒介文化和生活文化，由此激活的微文化、机器文化和物质文化话题引人注目。在这个基础上，传统的媒介文化研究逐渐走出理论译介、借势批判的研究范式，出现了立足当前中国社会境遇的媒介政治研究和新媒介趋势研究的成果。

值得注意的是，这种回到中国问题中来的趋势，也体现在用文化研究的视角“重新发现”中国传统的研究课题。用来自欧美的视觉文化研究方法建构中国图像史的欲望，构造了这个领域新的学术增长点。从上古图像到近代媒介中的中国形象研究，范围广泛，影响巨大。

与这种“问题中国化”趋势紧密相关的，是文化研究青年学者的崛起，并由此推动行动主义思潮的萌芽，也使得文化研究的学科范围不再仅仅限于文艺学、美学、艺术理论等学科，而是拓展到社会学、法学、经济学领域，出现了以青年学者为代表的中国文化研究学科跨界趋势。

行动主义主张将文化研究与社会新文化的开掘结合起来，从底层文化关注到民工教育，鼓吹走出文化研究的学院大墙，回到民间、乡村和工厂，开展文化研究的田野工作，书写具有当下中国经验的复杂思考。大批青年学者以其丰富多彩的社会观察从事当代中国文化研究，将广场政治、法制意识、行政模式、经济文化和阶级立场诸问题，拽进文化研究的领域，从而令2014年的中国文化研究在实现了跨界化的同时，呈现出立体多姿的景观。

在行动主义的影响下，出现了形式多样的文化研究组织。民间读书会、电子杂志、定期举行的青年论坛、工作坊等，在2014年格外显眼。北京、上海、天津、重庆、广州等地，都产生了影响力巨大的青年文化研究组织。

也正是在这样的条件下中，2014年的文化研究就呈现出思想与行动的对话对立并存的现象。以传统西方马克思主义为主要理论线索的理论批判型文化研究，和秉承伯明翰当代文化研究中心的大众教育线索的行动型文化研究，构造了2014年文化研究的两种格局。相对来说，前者依旧占据文化研究的主流媒介，媒介文化批判、青春亚文化分析和娱乐文化批判，构成其学术亮点；而后者虽然更多地通过学术血缘关系构造不同的行动组织，却在青年学者中影响巨大，成为2014年声势渐大的潜流。

总而言之，本着“文化研究何为”的潜在理念，2014年中国文化研究学界不仅仅将目光转向传统的文化艺术领域，也重新阐述城市、媒介和图像政治。而崛起的青年学者更是追求身体力行，将文化研究的书写实践与社会实践相结合，呈现出思想与行动相互维系的可能性。

2. 重要的学术创新与有影响力的学术观点

纵观2014年的文化研究，值得关注的现象比较丰富。

陶东风等多人合作出版的《当代大众文化价值观研究：社会主义与大众文化》一书从价值观角度详细论述了大众文化和社会主义核心价值观的关系，探讨了社会主义文化核心价值观同大众文化达成融合的可能性和具体路径，是这个问题研究中最为系统和先锋的成果,也是目前第一个从社会主义价值观角度系统讨论中国最新文化现象的作品。

技术与中国社会的研究乃是2014年文化研究的热点。其中,微文化的研究迅速崛起,2014年有200多篇论文讨论和研究微文化的各个方面,涉及教育、法学、政治、社会学和经济领域。其中,毛崇杰在《微时代的文化政治与美学之维》中通过分析大数据的文化逻辑,提出微时代面临重大社会变革的可能性:"'告别暴力革命''资本之自身否定'及人类共同价值自由、平等、博爱之实现作为历史出口,必在'大数据'中失忆的'洞穴'重新焕发启蒙之光,导引世界变革";农郁在《微信的双重消费逻辑与大众消费狂欢》中提出微信意义交换符合潜在的消费逻辑;许苗苗在《微博中的身体》一文中提出了微博身体化命题。

城市文化研究是2014年的热点话题之一。陈忠在《城市现代性的文化危机及其微观拯救》中提出,城市现代性的文化危机是一种与空间生产相关联的主体性扩张过度、运用失范的危机,并提倡"微观启蒙"来应对这一危机;刘士林《中国城市化的文化挑战与回应》提出了中国城市两种类型:政治性城市和经济型城市。英国学者罗兰(Michael Rowland)的《重新定义博物馆中的物品——中国遗产的井喷》分析了不同文化语境中"遗产"的不同内涵。另外,罗小茗通过城市广场文化的研究,详细解读了广场舞噪音政治的权力构架;刘岩则通过分析传统工人聚集区的博物馆改造,发现了社会主义建设历史被重新征用和遗忘的政治。

物质文化研究中,汪民安系列讨论家用电器的文章梳理了这些年来技术主义潜移默化地塑造中国日常生活的状况;沈立岩《器物分析与思想索隐——论思想文化研究的器物途径及其方法》一文,从制器、用器、观器的社会文化语境分析与器物本体的符号学分析两个方面入手,力求对先秦器物中所隐含的思想信息进行有效的释读。

2014年在文化批评研究中也有创新性成果。张旭东在《全球化与文化政治:90年代中国与20世纪的终结》一书中重新反思90年代;周志强《文化批评的政治想象力》一文强调文化研究的三种想象力,突出乌托邦主义批判的价值。

2014年文化研究的社会学田野工作丰富多彩。值得一提的是"破土"工作坊,这是一个关注时事评论、文化思潮、底层叙事、新社会运动等多个方面的组织,面向新青年群体,对社会问题和社会现实进行反思,并展现底层的声音与力量,探寻一种新的社会发展路径。汪晖、赵月枝、沈原、吕新雨、陈光兴、潘毅等一系列学者也参与其中。其中,《两代工人——汪晖对话富士康工人》《当我们谈论女权的时候,我们在谈论什么》《如何看腐败中的女性角色和性别等级》等文章,以及"历史缝隙中的工业记忆""绿色恶之花,醉爱中国高尔夫"等专题在社会上引起了广泛热议。

2014年12月7—9日,南开大学文学院与"热风"学术联合举办了"文化研究与教学"青年论坛,提出了文化研究的教学困境、社会行动方式和未来新文化培养等课题,为国内文化研究领域中影响巨大的一次学术活动。

二、文化研究领域2015年趋势展望

1. 有待深化拓展的重点领域

对于2015年文化研究发展趋势的展望,有两个方向值得注意:一是文化治理,二是性别研究。前者包括文化的治理,如博物馆一类公共艺术空间的普及和机制转型研究;也包括文化地治理,这涉及葛兰西领导权理论的当下化和现实化研究。后者意味着认真接纳LGBT学术话语,而不是仅仅玩转在直男癌、腐女、五十度灰的纠结之中。只不过,生理性别对于我们基因的影响,对于我们身体欲望指向的规束,在文化和社会前赴后继的建构、解构和重构面前,就那么不堪一击吗?我们将学会与困难共存。

2015年的文化研究学科会在微文化与中国社会政治、技术社会与中国物质文化状况、新工人社区研究和青春亚文化研究等领域有所拓展。其中,立足互联网经济文化、图像史、技术物质文化,应该是2015年文化研究的几个重点方面。

中国文化研究社会功能的思想论证可能在2015年出现,行动主义的去问题化、批判型文化研究的学科化诸问题,在2015年应该得到充分的争鸣和研究。

2. 热点展望

2015年5月在北京召开的物质文化学术研讨会,涉及家用电器、机器和技术社会等问题的探讨,预计会成为2015年的一个新的热点问题。"破土"和"热风"鼓吹的新工人、资本功能、中国社会文化的阶层断裂、青年自觉等问题,也会在青年学者中引发更多讨论。另外,随着文化批评热潮的再起,娱乐文化的分析和批判,依旧会备受关注。

文化研究的政治批评维度、文化研究与中国社会的未来、图像政治、记忆伦理研究等课题,因为各有国家社科重大项目或一般项目结项,预计会有很好的理论突破。

2015年度理论经济学学术趋势展望专家笔谈

谢富胜　周业安　叶　坦　田春生

专家简介： 谢富胜，中国人民大学经济学院教授、博士生导师，研究领域为马克思主义经济学基本理论、当代资本主义劳动过程或企业理论；周业安，中国人民大学经济学院教授、博士生导师，研究领域为行为和实验经济学、公共经济学及公司金融；叶坦，中国社会科学院经济研究所研究员，研究领域为宋代经济史、中国经济思想史、中国经济学术史；田春生，国务院发展研究中心欧亚社会发展研究所研究员，研究领域为世界经济、经济制度和体制比较、中国俄罗斯经济比较、转型经济与俄罗斯经济。

反映理论经济学学科的发展状况，回顾2014年的研究进展，探讨得失，展望未来，无疑是有意义的。我们邀请四位学者做了这个笔谈，对理论经济学下的二级学科政治经济学、经济思想史、经济史、西方经济学、世界经济的研究状况和趋势，对各领域的重点、难点、创新点等做出了总结和分析。经济思想史学科包括马克思主义经济学说史、外国经济学说史和中国经济思想史这三个各具特色的领域，分别放到关联性更强的政治经济学、西方经济学、经济史学科作为其组成部分进行总结。

一、马克思主义政治经济学2014年研究热点回顾与2015年趋势展望

2014年，关于政治经济学基本理论的探索继续深入，学术界关注的问题主要有在新的历史时期对劳动价值理论与剩余价值理论的再探索、对转形问题的进一步探讨、当代资本主义金融化问题、西方马克思主义经济学的研究进展、运用政治经济学基本理论解释重大现实问题，等等。对于社会主义经济理论的探讨主要有政府与市场关系问题、混合所有制和国企改革问题、收入分配问题，等等。对马克思主义经济思想史的研究获得了醒目的进展，主要有对马克思经济思想史观的分析与应用、对《资本论》手稿等经典文本的研究、对西方马克思主义

研究成果的分析与评价，等等。此外，法国经济学家皮凯蒂和他的《21 世纪资本论》引发了学术界的广泛关注，政治经济学界也对此作了深入的讨论。2014 年，政治经济学的研究有几个值得注意的动向，一是对数理方法的运用更加深入，二是对中国经济问题的观照，三是视野的国际化。

政治经济学研究有两个长期任务：第一，如何扩大话语权，包括扩大政治经济学在经济学科中的话语权、扩大中国经济学在国际上的话语权；第二，如何运用政治经济学解释现实经济问题，如何指导经济实践并在经济实践中发展政治经济学理论。2015 年，在政治经济学研究中需要重点关注的是：第一，关于政治经济学发展现状与发展方向的探讨；第二，基础理论的新进展，重点关注政治经济学的研究对象、政治经济学的研究方法、劳动价值理论、剩余价值理论、资本积累和再生产理论、危机理论等研究领域；第三，社会主义经济理论的新进展，包括构建中国特色社会主义经济理论体系、中国经济新常态、经济增长和发展问题、政府与市场关系问题、混合所有制和国企改革问题、收入分配问题等新老问题；第四，对经典作家著作和思想的研究、对西方马克思主义经济学成果的探讨和借鉴。

二、西方经济学和经济学说史 2014 年研究热点回顾与 2015 年趋势展望

2014 年，西方经济学和经济学说史学科领域的研究取得了丰硕的成果，具体表现在以下六个方面：第一，研究对象紧扣中国社会经济发展的脉搏，宏观经济学方面出现频率较高的研究主题主要有新常态下的经济增长、货币政策和财政政策的作用等；微观经济学方面出现频率较高的研究主题有居民消费问题、收入分配问题、经济发展问题、中等收入陷阱问题、劳动市场歧视、混改问题、监管和政府激励问题、腐败问题、合作问题、信任问题、幸福问题、环境与可持续发展问题、医疗和社会保障等公共政策问题等。第二，基础理论研究方面做到了前沿与本土的有机结合，众多研究成果不仅涉猎了个体和群体的偏好、决策和行为等最前沿的学术话题，而且就产业组织、劳动供给、收入分配、公共品供给、合同与激励机制设计等前沿理论问题都展开了较为深入的探讨。第三，研究方法上紧跟国际前沿，实验室实验和现场实验方法得到广泛的探讨与运用；计算机仿真技术和数字模拟方法备受青睐；理论模型方面，动态随机一般均衡模型、演化博弈

模型等有不俗的表现。第四,和当今经济学的发展趋势相符,国内西方经济学也开始重视交叉学科的研究,主要表现在经济学与心理学、社会学、政治学、法学、生物学、物理学等学科的有机结合,反映在经济学分支领域上,有行为经济学、实验经济学、新政治经济学、社会经济学、幸福经济学、法经济学、演化经济学、复杂性经济学、社会网络分析等。第五,国内经济学说史的研究最主要是对国际上经济学界出现的特定重大事件能做出及时的反应。2014 年有三个最重要的事件,一是诺贝尔经济学奖,2014 年诺贝尔经济学奖颁给了法国经济学家让·梯若尔,由于其研究领域是产业组织和产业监管,因此得到了国内经济学界的热烈回应,有关其研究成果的评述及其理论对中国产业组织的重整及相关的监管机制的设计的意义等都得到了广泛的讨论;二是托马斯·皮凯蒂的《21 世纪资本论》中译本出版,正好契合了当前中国收入分配不公的事实,引起了国内西方经济学界的关注和热烈探讨,众多刊物不仅刊发了各色书评,而且就该书的理论价值、理论贡献及理论局限也进行了深入剖析;三是诺奖得主罗纳德·科斯去世,国内部分西方经济学领域的研究者就其学术贡献展开了回顾和纪念,并发表了不少相关的文章。第六,经济学说史的研究在一些主题上也有不少进展,特别是演化经济学领域、西方马克思主义经济学领域、当代西方经济学流派等方面。

总体上看,2014 年国内西方经济学能够紧跟国际学术前沿的步伐,同时不忘本土的社会经济事实,不仅能够在基础理论研究上做出自己的贡献,更重要的是能够试图去解释我国经济转型和可持续发展过程中的特定问题,并期望从学术研究中寻找答案。但和过往类似,国内经济学界仍然存在侧重政策研究、理论研究本身投入不够的缺点,特别是宏观经济学领域大多是有关宏观经济政策的研究,而不是宏观经济理论的研究,这不可避免地阻碍国内宏观经济学的发展。另一个局限在于,国内年轻学者越来越依赖大数据的计量,忽略了对本土社会经济事实的关注和理解,很多论文出现了闭门造车的现象,严重背离事实。还有一个一直以来存在的严重问题是,无视国外经济学模型的假定条件,直接套用到本土事实上,似乎模型越复杂越好,比如宏观领域中 DSGE 模型的运用,看似前沿,其实就是简单粗暴的嫁接,并没有根据本土事实加以修正,难以服众。我们期待 2015 年及今后的学术研究中,这些不足能够逐步被克服,让经济学真正成为能够正确理解中国社会经济现实、前沿和本土有机结合、有助于中国社会经济转型和发展的社会科学学科。

三、经济史学科 2014 年研究热点回顾与 2015 年趋势展望

经济史学的研究领域和重点随着社会经济和学术发展而演进拓展。2014年，经济史学的研究特色主要有八个：第一，史料的挖掘与解读，如唐宋《仓库令》的比较研究、对清代刑科题本命案资料的定量分析、对卜凯的中国农家调查数据的再挖掘等；第二，经济史学理论的探索与创新，如对经济史学的学术史视角的考察、在经济学的视野下重新阐释中国经济史、对“李约瑟之谜”等重大问题的再探讨；第三，研究方法的新探索，如探索古代实物资料与传世文献和出土文献等的相互印证、量化分析方法的应用、总结与反思中国史中的 GDP 估算研究的方法论意义和学科基础意义、口述史料的搜集与整理；第四，对宏观问题的中观、微观视角的新探索，如用科技因素分析社会经济进步、从民众生活视角研究货币问题；第五，社会经济史研究的深入与扩展，如对社会经济史学科之由来和研究体系的学术史思考、对契约文书反映的妇女地位的研究；第六，在传统向现代转型的语境中研究近代经济史，如对近代财政税收制度的考察、对民众经济生活变迁的考察；第七，对重大现实问题的经济史呼应，如对丝绸之路与海上丝绸之路的历史探索；第八，中国经济思想史的研究进展，如对古代农学思想的探索、从构建中国经济学的高度探讨近代工业化思想的演化路径、对伊斯兰经济思想的探讨。

2015 年，经济史学研究需要重点关注：第一，经济史料的挖掘与解读，包括发现新材料和重新诠释旧材料；第二，以计量史学为代表的经济学理论和方法在经济史学科的应用和发展；第三，对重大现实和理论问题的呼应和回答，如提炼和构建中国特色话语体系，扩大本土研究的话语权等；第四，对经济史学学术史的梳理和研究；第五，关注青年学者的成长。

四、世界经济学科 2014 年研究热点回顾与 2015 年趋势展望

2014 年世界经济复苏依旧艰难，全球经济继续深度调整。2014 年的中国的世界经济学术研究，总体能够反映世界经济的这一变化趋势。

在世界经济理论研究方面，学术界关注的主要问题有：金融危机后的全球经济增长和世界经济发展趋势、国际经济秩序变革与全球经济治理、全球经济的失衡与再平衡、新兴经济体的调整与发展前景、当前世界经济的主要风险、世界

合作经济的发展趋势、全球化的终结与世界体系的未来、发展中国家资本主义的新特征等;在区域经济一体化方面,学术研究的主要问题有:自由贸易区的发展、中国东盟自由贸易区、上海自由贸易区、亚太区域经济一体化、TPP 扩员与影响及中国的战略等;在国际金融方面,后布雷顿森林时代的国际货币体系、人民币国际化与国际货币体系的稳定、人民币汇率市场化的形成机制及其离岸市场与在岸市场的互动、"去美元化"的条件与货币互换等是研究的主要方面;在国际贸易与投资方面,多边贸易体制的深度危机、国际贸易投资规则的新变化与重构的特征、服务贸易协定谈判的基本特征、中国服务贸易竞争力分析、跨国公司在华新趋势等。在国际资源和能源研究方面,学术研究的重点是全球资源和大宗商品价格的波动及其原因、美国的"能源独立"和"页岩气革命"的影响、俄罗斯面向亚太的能源战略、全球中长期粮食供需趋势等;在国别与地区研究方面,美国退出量化宽松、经济复苏与增长、"再工业化"和制造业振兴战略,欧债危机后的欧盟经济持续低迷的原因,安倍经济学的主要观点及其能否拯救日本经济,西方制裁后的俄罗斯经济。此外,2014 年新的研究热点是中国提出的"一带一路"战略,包括构建"丝绸之路经济带"的机遇与挑战、"一带一路"目标和战略构想、合作模式、实现步骤等相关问题。

2015 年,世界经济格局仍然处在深刻变化与深度调整之中,新的国际经济秩序和规则正在形成,中国将引领本轮国际经济大变革。在国际经济学术研究中需要重点关注:一是中国倡导的"亚洲基础设施投资银行"、"一带一路"战略的意义及其长远影响,中国央行与其他国家央行签署本币互换协议的意义与作用等;二是国际经济体系、秩序、规则、结构的变动与新体系的构建,国际经济的合作与竞争、亚太区域经济一体化、自由贸易区和地缘经济变化对全球贸易与国际资本流动的影响;三是人民币国际化的现实途径与人民币汇率的变动趋势、美国退出量化宽松对国际金融和汇率波动的影响、"去美元化"的前景、欧元与欧元区经济的稳定性;四是国际能源和大宗商品的供需、价格、市场及其未来走势,国际石油价格波动对世界经济的影响,世界粮食的供需变化;五是在国别经济方面,退出量化宽松后的美国经济(包括"再工业化"、新兴产业和经济增长的趋势),欧洲经济能否复苏和欧元的前景,西方制裁后的俄罗斯经济局势。

2015年度应用经济学学术趋势展望专家笔谈

郑超愚 任晓莉 陈卫平 雷 达 何 平

专家简介：郑超愚，中国人民大学经济学院教授，博士生导师，研究领域为宏观经济分析、货币政策；任晓莉，河南社会科学院研究员，研究领域为区域经济、对外开放、收入分配；陈卫平，中国人民大学农业与农村发展学院副教授，博士生导师，研究领域为农商管理、可持续农业；雷达，中国人民大学经济学院教授，博士生导师，研究领域为世界经济学、国际投资与国际金融、国际政治经济学；何平，中国人民大学财政金融学院教授，博士生导师，研究领域为货币银行理论、中日金融发展比较、比较金融制度。

2014年中国经济在发达经济体经济运行分化加剧，发展中经济体增长放缓，世界经济复苏依旧艰难曲折的国际经济形势下，面临较大的经济下行压力，基本保持国民经济的平稳健康协调发展，进入经济发展的新常态。2014年应用经济学术界在宏观经运行新常态、健全宏观调控体系、区域经济新格局、跨区域协调发展、三农问题、农村土地制度改革、国际贸易理论与政策、贸易自由化、利率市场化、人民币国际化、互联网金融等方面展开了热烈的研讨。为了梳理和回顾2014年的研究热点和学术成果，展望和前瞻2015年的研究趋势和探讨方向，我们邀请并组织了学界知名的五位学者笔谈。鉴于应用经济学下设二级学科门类众多且研究领域多有交叉，笔谈主要根据目前的研究热点，从国民经济学、区域经济学、农业经济学、国际贸易学、金融学五大领域进行述评。五位专家从各自不同的研究领域出发，探讨学科发展现状和趋势，部分主题会有所交叉和重叠，但是切入的角度不同，正好可以比较全面地呈现相同研究问题在不同研究领域的研究重点和成果。

一、国民经济学2014年研究热点回顾与2015年趋势展望

2014年，我国宏观经济调控坚持稳中求进的总体政策基调，积极应对错综复杂的国际经济复苏形势和持续增加的国内经济下行压力，基本保持国民经济

的平稳健康协调发展。国民经济学科围绕认识新常态、适应新常态、引领新常态的研究主题,努力揭示我国经济发展的阶段性特征,并且规划在发挥市场资源配置决定性作用的基础上我国宏观经济调控的高效健全体系。

国民经济学科与时俱进,从我国经济 30 年高速增长后面临的中等收入陷阱,以及次贷危机严重冲击下我国经济复苏乏力和增长减速现象的初始经验研究,逐渐深入到我国经济处于增长速度换挡期、结构调整阵痛期和前期刺激政策消化期这样"三期叠加"的结构分析,最终认识到我国经济发展进入新常态而在需求和供给结构、增长点和动力机制、国内和国际竞争秩序、资源和环境条件等诸多方面进行革命性的模式转换。同时,国民经济学学科在依据计划与市场关系而构造社会主义市场经济体制框架的历史基础上,依据政府与市场关系而完善和创新我国宏观经济调控体系,分析和设计与现代市场经济相适应的我国宏观调控目标和手段的制度化和机制化建设内容。

2015 年,我国宏观经济调控将进一步适应和引领我国经济发展的新常态,在保持中高速增长和迈向中高端水平的"双目标"导向下,稳定经济增长、调整经济结构和协调改革发展稳定关系,继续坚持稳中求进的总体政策基调,实施积极的财政政策和稳健的货币政策,有效促进国民经济的平稳健康发展。

2015 年,国民经济学科在宏观经济形势分析和预测、宏观经济政策评价和选择及宏观经济管理体制调整和改革的常规研究内容外,其可能的重点、难点和理论进步包括:

1. "双目标"锚定(anchoring)和预期管理

我国经济增长速度的持续下行,开始导致对我国经济发展前景的普遍悲观预期,而悲观经济增长预测和消极宏观经济政策交互作用,必然形成非理性经济萧条。克服当前经济增长的下行压力和保持长期经济增长的中高速趋势,在相当程度上依存于乐观经济增长预测和积极宏观经济政策。在承认长期高速增长后我国经济减速必然性的同时,正视次贷危机后我国经济景气尚未正常化的现实,在排除我国经济减速的周期因素后更加乐观预测我国经济增长的潜在速度,以实施更加积极的宏观经济政策,引导和促进社会投资需求和居民消费需求,支持我国经济迈向中高端水平的升级和转型。

2. 强政府和粗调(coarse-tuning)模式

无论在国际竞争中的发挥动态比较优势,还是在结构调整中的制定和实施产业政策，以及在体制改革中的软化和退出计划管理，我国政府均表现出超越自由市场经济体制的强力干预，并且追求宏观经济调控的预见性和精准性。然而，面临不确定的国际经济环境和国内经济形势，特别是经济景气和经济结构转折时期潜在经济增长速度的估计和预测困难，我国宏观经济调控应该并且只能采取粗调（而不是微调）模式，通过积极进取的试错过程，探索我国经济增长潜在能力前沿。“微刺激＋区间调控＋定向调控”的宏观经济调控动态有效性，本质上是以充分利用经济增长潜在能力为前提的，否则难以避免我国经济发展的低水平国民收入均衡陷阱。

3. 中国宏观经济学

20 世纪 80 年代以来，我国经济从计划经济向市场经济和从封闭经济向开放经济过渡，创造持续高速经济增长奇迹。我国经济发展的新常态将继承、发扬和创新（而不是完全割裂）我国经济增长的历史奇迹。例如，新常态下的经济增长驱动力从过分依赖投资需求和出口需求向主要依赖内部需求和消费需求转变，却反复强调投资需求和出口需求的关键作用，确切体现对于我国经济发展高储蓄、高投资和高增长模式的历史合理性、未来可持续性及国际可复制性。中国宏观经济学或者宏观经济学的中国学派，能够析取我国宏观经济运行和调控的历史经验，构造中国宏观经济范例而发掘其超越时代和国家局限的前瞻性和普适性含义，以形成中国宏观经济实证分析的理论体系。

二、区域经济学 2014 年研究热点回顾与 2015 年趋势展望

2014 年以来，随着我国经济进入新常态、新一轮改革的重启、区域经济政策的密集出台和市场作用的增强，我国区域增长格局发生重大转变，区域协调性明显增强，区域经济进入重要“转折期”。与此同时，学界对区域经济的研究亮点纷呈，成果丰硕，主要集中在以下四大方面：

1. 跨区域协调研究

党的十八大奠定改革开放的主基调后，新一届中央政府逐渐形成新的区域发展思路，提出打破行政区划限制，推进跨区域协调发展，重点提出实现京津冀和长江经济带两大经济带协调、协同发展。学界的研究主要围绕各区域如何打破自家“一亩三分地”的思维定式，实现区域的协同发展上，研究的焦点主要集中在京津冀、长江经济带、新丝路经济带等地跨区域协调、协同发展，以及跨区域协

调机制建立的探讨上。但不论是京津冀协同发展还是长江经济带的发展研究,对于市场机制在其中的作用及如何发挥市场的协调作用的研究还比较少,在与外部区域的对接协调方面的研究也比较少。

今后一个时期跨区域协调研究的重点将集中在如何创新协调跨区域发展机制,实现包括统筹协调发展机制、财税体制、户籍制度、大通关体制及生态补偿机制等体制机制创新,同时,研究如何科学构建区域经济协调发展的制度环境,促进产业转移与分工合作,实现我国跨区域协调的重点产业转移与对接,实现政策对接及跨区域协调发展的战略定位等方面。

2. 区域经济转型研究

经济新常态下,我国区域经济转型加快推进,对区域经济转型的研究分宏观、中观和微观维度三个维度进入新的阶段。宏观维度侧重于区域类型的区域经济转型研究,如包括资源型区域、沿海地区、西部地区等区域的转型发展和转型升级。中观维度侧重于以产业转型为重点内容的区域经济转型研究,主要包括产业转移与升级改造、支柱产业与产业集群及产业体系、产业空间布局、产业低碳化转型等方面。微观维度侧重于以创新为重要驱动力的区域经济转型研究,包括创新主体、创新平台、创新环境的研究。

今后一个时期区域经济转型研究的重点将集中在对政府行为和政策体系的深入研究,重点是构筑以政策、人才、金融等为保障的区域经济转型研究。

3. “一带一路”战略研究

学界对于我国“一带一路”战略实施重点的研究集中在“一带一路”的顶层设计、体制机制创新、中国与“一带一路”国家的合作、国内省份的定位与对接等方面,其中中国与“一带一路”国家的合作包括交通基础设施的互联互通、产业与经贸合作、金融合作、能源合作、人文交流合作等方面。此方面的研究对“一带一路”建设的前期工作和基础性工作,形成了比较多的理论支撑。

随着“一带一路”战略的逐步实施和实践中的不断探索和创新,今后一个时期有关“一带一路”的研究将更加深入、系统,重点将在“一带一路”战略的具体规划、具体操作方面取得新的进展和突破,从而为顺利推进“一带一路”战略,扩大我国区域经济开放度提供理论指导。

4. 区域经济空间格局与联系强度研究

各种跨区域的协调机制建立、跨区域经济组织的发展,以及国家实施大交通、大物流如“四纵四横”高铁通道计划的开展，我国区域经济联系更加紧密，区域空间格局进一步优化，学界也对区域经济联系更加紧密的事实进行了多方验证，对大物流、大交通与区域经济联系的强度进行了多维度的研究。研究成果集中在区域通达性与区域网络化的促进与形成、区域经济联系强度与区域关联度的提升及区域经济空间格局的优化等领域。

随着全国高铁网络的快速建设，今后一段时期内，这方面的研究还将持续深入。学界将更加关注高铁对于区域经济联系的影响，如对区域旅游、对区域人口流动和产业发展、对区域空间格局等的影响。值得注意的是，区域经济联系强度的大小并不意味着区域经济的协调发展，如何通过加强区域经济联系来促进区域经济协调发展，是一个值得研究和探讨的问题。

三、农业经济学2014年研究热点回顾与2015年趋势展望

过去的一年，理论界对于农业与农村经济领域研究的重点问题主要集中在：

第一，粮食安全战略与农业现代化研究。包括新形势下的国家粮食安全战略构建，重点农产品的价格形成机制研究，农产品质量安全机制研究，农业“走出去”战略的研究。

第二，农业支持保护制度研究。包括“三农”投入稳定增长机制研究，农产品市场调控研究，农业可持续发展长效机制研究。

第三，体制机制创新研究。包括农村土地制度改革研究，农村金融制度创新研究，城乡发展一体化体制机制研究。

随着我国经济进入新常态，农业和农村发展的内外部环境正在发生深刻变化。2015年中央1号文件以加大改革创新力度、加快农业现代化建设为主题，提出了主动适应经济发展的新常态的要求。可以预见，如何在新常态下发展现代农业、提高农民收入、建设美丽乡村，将是理论界关注的焦点，具体地，有以下几个重点研究领域：

1. 新常态下农业发展方式转变

新常态下，我国农业既面临“价格天花板”和“成本地板”的双重挤压，又面临“资源环境红灯”和“价格补贴黄线”的双重约束，面对这些挑战，加快转变农业发展是迫在眉睫的首要任务。在农业发展方式转变中有几个亟待解决的问题：一是如何将产业链、价值链等现代产业组织方式引入农业，促进第一、二、三产业融

合发展?二是在“黄箱补贴”已经逼迫黄线的情况下,怎么利用“绿箱补贴”来加大对农业的支持保护力度?三是如何构建农业可持续发展体系,把农业发展转向可持续发展的轨道?

2. 农村土地制度改革

农村土地制度是一个非常敏感、非常复杂的体系,在理论界认识上存在很大差距。在深化农村土地制度改革中需要破解的几个难题:一是征地制度改革,关键的问题是形成农地转市地后增值收益的合理分配机制,还是允许在城镇中有两种所有制的土地,抑或兼而有之?二是对于农村建设用地,尤其是宅基地,是允许农村集体组织以外的成员在农村可以拥有宅基地和房产,还是坚持“自有自用”的原则?三是农民占有的集体经济资产股权到底能不能抵押?允许其抵押后会对农村集体经济组织会产生什么影响?

3. 新型城镇化

如何开拓新型城镇化之路,是中国当前和今后面临的新挑战。尽管理论界对于新型城镇化已有很多的讨论,对于新型城镇化的起点和目标认识上已较为一致,但对于新型城镇化进程中如何构建可持续的地方政府融资机制构建、如何实现“农民”向“市民”的转变、如何既确保粮食安全,又能有效扩大土地供给等问题还不十分清楚,迄今还没有提出一个具有可操作性的、系统的改革方案。对于这些问题还需要深入观察和研究。

四、国际贸易学2014年研究热点回顾与2015年趋势展望

2014年,在中国国际贸易研究领域,无论是理论研究还是政策研究都出现了诸多热点。在理论层面,异质性企业贸易理论仍然是主流的研究框架,但有关异质性企业贸易理论的研究逐渐走向深入,突出地表现在对不同类型(纯出口企业、多产品和多市场出口企业)出口企业的关注,以及微观层面对企业出口增加值和出口产品质量的考察上。除此之外,有关异质性企业贸易理论的研究也在逐渐与其他的研究话题相结合,汇率因素、金融要素及贸易摩擦等变量被逐渐引入到异质性企业贸易理论的研究框架。在实践层面,在北美自由贸易区成立21周年之际,伴随着中国新一轮高标准自贸区的建设及全球范围内对TPP和TTIP等新型区域合作形式的关注,有关贸易自由化、贸易便利化、国内自贸区建设、双边及区域FTA的推进,以及自贸区经济效应的研究成为2014年国际贸

易学研究的另一大热点。同时，在这一话题的关注中，除去传统的关税降低所伴随的贸易自由化，与技术进步和制度改革相关的贸易便利化，以及有关服务贸易竞争力的评估及服务贸易自由化的研究也在逐渐增多。

展望 2015 年度国际贸易学术研究，对异质性企业贸易理论的检验和完善，探讨贸易自由化的经济和政策含义，对全球价值链进行进一步度量，分析国际分工中的价值增值，以及对出口产品品质的关注仍然会是主流的研究方向。除此之外，研究话题也可能会在以下几个层面有所侧重：一是对出口动态问题的关注，考察企业在先期进入出口市场之后的动态市场扩张路径和策略特征，以及不同类型企业在出口动态上的典型差异，从而将异质性企业贸易理论的研究从静态推向动态；二是对生产网络、国际贸易网络等话题保持关注，在对生产和贸易网络的一般特征和分布进行总结和度量的同时，探讨国际贸易网络在企业盈利及进出口中的作用，以及网络外部性的理论和政策含义；三是对国际贸易中诸如出口等待、序贯进入、时间成本等新现象和新概念进行考察和解释，并据此进一步修正当前贸易理论的假设和理论逻辑；四是进一步完善引力模型的理论基础，使之更好地匹配理论逻辑和现实数据，提高参数估计的准确性和适用性。

五、金融学 2014 年研究热点回顾与 2015 年趋势展望

2014 年，在金融学研究领域出现了很多热点，主要集中在以下几个方面。

1. 利率市场化

在 2014 年对利率市场化研究热潮中，利率市场化的研究以实证分析的繁荣为主要特征。大量与利率市场化相关的实证研究不断涌现，对利率市场化进程与其他经济要素之间的关系进行探讨。具体可以划分为利率市场化水平的度量、利率市场化与宏观经济产出、利率市场化与银行风险水平、利率市场化与上市公司资本结构、利率市场化的跨国数据分析几个方面。

综观 2014 年对利率市场化的诸多研究主要在数理方法上实现了创新，缺乏坚实的理论支持和深入的机制分析。在 2015 年的研究中，如果将传统的凯恩斯理论之外的利率理论应用于利率市场化的研究，可能会从其他角度得到更具创新性的结论。

2. 存款保险制度

2014 年我国存款保险制度相关的研究仍基本集中在以下几个领域：存款保

险制度的国际经验、存款保险的定价问题、存款保险制度的概念介绍及政策建议。较之此前的研究,近两年我国存款保险方面的研究在以下三个方面有所突破。第一,从银行业市场化运行的视角审视存款保险制度的价值和定位。第二,从金融安全网整体的层面审视存款保险制度与其他金融监管者之间的关系。第三,细化研究存款保险制度对中小银行发展的作用。

随着存款保险制度建立的政策落地,存款保险制度方面的研究将发生质的改变。展望2015年对存款保险的研究,在内容上,研究可以结合我国存款保险制度建立过程中的实践经验,继续在上述三个方面进一步展开更加深入研究。在方法上,研究可以加入我国的时间序列数据展开实证分析,得出更适合我国实际情况的结论。

3. 互联网金融

互联网金融作为一个新兴概念,在2012年前鲜有研究,2013—2014年,互联网金融方面的研究经历了"由现象到本质"的变化,进入2014年后,这一领域的研究开始关注互联网金融的本质与风险。在对互联网金融本质与风险的认识上,形成了初步的互联网金融监管理论。除了规范分析以外,还出现了采用比较制度分析的互联网金融国际经验研究、分析信任形成机制的理论模型及互联网金融风险度量的实证分析。在对互联网金融本身展开研究之外,还出现了一系列研究对互联网金融的外部影响进行了分析。

展望2015年对互联网金融的研究,首先,互联网金融内部的利益机制、风险度量及与其他经济主体之间的相互作用机制都值得学者展开更加深入的研究;其次,在方法上,研究可以致力于找到一个较为完备的经济理论框架,对互联网金融的运作机制和影响机制进行解释。此外,下一步研究也可以在与互联网金融相关的理论模型构建和实证分析上找到创新点。

4. "一带一路"与人民币国际化

近两年来,随着实践中出现的问题不断增多,2014年对人民币国际化的研究开始由提出宏观建议转向解决具体实践问题。以解决具体实践问题为主要内容的研究具有很强的实时性。随着旧问题的解决和新问题的出现,解决具体某一问题的文献很快丧失其原有实用性。

不同于人民币国际化问题,"一带一路"作为2013年下半年新提出的概念,属于学术研究的最新热点,且研究数量呈现井喷的局面。2014年关于"一带一路"的研究大多为政策解读及针对特定地区的政策建议。少数研究中提到了"一带一路"战略的本质问题——区域经济合作,以及在区域经济合作中发挥主导作用的金融基础设施建设问题。

目前关于"一带一路"和人民币国际化的研究都忽视这两个课题之间的密切关联。区域经济合作是人民币国际化的核心步骤。同时,区域经济合作正是"一带一路"战略的本质。如何合理实施"一带一路"战略,使之对人民币国际化实现正向效应,将会成为2015年的一个研究方向。

2015年度管理学学术趋势展望专家笔谈

王利平　韩冀东　叶康涛　王刊良

张　皓　靳　毓　王娅君

专家简介： 王利平，中国人民大学商学院组织与人力资源系教授、博士生导师，研究领域为组织管理原理、中国式管理、企业战略管理；韩冀东，中国人民大学商学院副教授、硕士生导师，市场营销系主任，研究领域为市场营销、营销战略、组织市场营销、新产品开发；叶康涛，中国人民大学商学院副教授，博士生导师，研究领域为公司治理、税收、管理会计、管理层激励与更替；王刊良，中国人民大学商学院教授、博士生导师，管理科学与工程系主任，研究领域为信息系统、电子商务。

2014年，随着中国在全球经济发展中重要性的不断提高，中国企业的管理也逐渐从引进、学习、提高中，逐渐形成了自己的一些特色。在某些领域，中国企业已经走在了世界前列，值得全球同行关注和学习。新技术下成长起来的消费者和企业雇员、移动互联网、大数据都导致企业商业模式、管理模式和与之相伴的管理学研究产生了许多新的变化。

一、企业管理2014年研究热点回顾与2015年趋势展望

2014年，关于企业管理的学术研究，主要有以下几个热点：

1. 基于中国情境的管理学研究

情境是理论研究的基本假设和来源。中国推进的政治经济制度创新和变革是之前从未尝试过的发展过程，在这种复杂多变的情形下，出现了很多独特的现象。针对中国情境下的管理研究引起了国际主流管理学期刊的持续关注，越来越多的学者开始意识到，开展基于我国特定情境的研究，可能更有利于中国管理研究的健康发展，也有助于学科发展和管理实践的改善。探索中国情境的独特性，将中国企业管理实践问题上升至一般理论问题，并在国际比较与对话中，采

用科学研究的基本方法，以科学研究的基本范式来实现理论的创新，已经成为“实践学者”的重要研究内容。随着本土化管理理论研究的不断深入，中国传统文化对于本土管理理论研究与实践的指导意义成为管理学者和实践者广泛关注的热点问题。部分学者从中国古代的管理哲学、思想及传统文化出发并结合当代中国企业管理实践，在创建管理的中国理论方面做出了有益的探索，一些中国古典哲学思想和管理思维开始引入国际主流管理学界。如中庸思想、阴阳哲理、儒家式领导、领悟等，但还没有形成一整套的研究思路和方法。

2. 互联网思维对管理的挑战

2014年，学者们针对当前中国管理实践的新情境，结合网络科技发展引发的组织实践与理论变革，探讨了在互联网快速发展不断渗透的环境下，互联网思维的形成及对中国企业管理的挑战。随着“90后”甚至“00后”逐步走向社会主流，渗透我们的社会，以新世代为代表的消费者已经和以往完全不同，发生了彻底的改变。这是一个核心的改变，是一种观念的变革，企业要真正学会聆听消费者的声音，根据目标消费群体的特征和需求，在产品、服务、流程等方面进行更新。业务转型背后都是组织的转型，传统企业必须要向以消费者为导向的互联网模式转型，要将电子商务作为一种战略更新，从战略层面定位电子商务，才能真正适应新的变化。

3. 大数据对企业管理的影响

“大数据”正在以复杂的形式，从不同的领域朝企业奔涌而来，并成为一种强大的经济资源，催生出了新的经济形态。国家自然科学基金资助项目居于重大现实问题和学科发展之前沿，客观上反映了各学科研究的重点、热点、现状及发展方向，2014年自科基金管理学重大项目共有三个，全部都和大数据有关，这足以佐证大数据对企业管理影响的重要性。大数据是一场管理革命，随着大数据工具与理念的不断传播，许多深入人心的观点被撼动，比如经验的价值、专业性与管理实践。数据的力量将决定未来的企业管理。对于传统企业而言，运用大数据获得竞争优势的潜力巨大，企业因此可以做精准的量化和管理，从根本上创新组织形式，改善工作方法；可以做更可靠的预测和更明智的决策；可以在行动时更有目标更有效率，进而提升业绩表现，提高企业效益；基于以往的运行数据，对未来的运行模式进行预测，进而提前进行准备或者加以利用、调整，就意味着新的商业机会。当下，正处于数据大爆发的时代，如何获取这些数据并对这些数据进行有效分析就显得尤为重要。数据本身就是价值来源,没有哪一个行业能对大数据产生免疫能力,各种企业机构之间的竞争非常残酷。对很多企业机构来说这其实是一个生死存亡的问题,适应大数据才能在这场变革中继续生存下去。

4. 商业模式的研究

商业模式体现了企业战略决策,表达了企业以系统观念整合内外部的资源和活动,并为顾客、企业及企业的伙伴创造价值的逻辑。消费者需求的变化是所有商业模式变革的原点。传统商业模式运作以"生产商—经销商—零售商—消费者"的单项模式为主,消费者对企业影响较小;在互联网环境下,研发、生产、配送等各个环节均与消费者直接联系,省掉了很多中间环节,对企业的影响变大。因此,企业必须基于对互联网技术的应用,了解、挖掘和认识消费者,为消费者提供极致产品和极致服务等具有互联网思维特征的企业实践,增强企业与消费者之间的情感纽带,构建多维度的盈利模式。现阶段对商业模式的研究主要集中在三个领域:电子商务、战略问题(如获取竞争优势)和新技术如何实现商业化。

5. 管理的全面创新

从历史发展可以看出,经济发展的速度和质量越来越依赖于科学技术的应用及创新的程度,特别是在当前我国转变经济增长方式、产业结构升级的历史时期更为迫切,管理创新研究正逐渐受到人们的重视。管理创新是近年来创新研究领域不断从技术创新、产品创新向商业模式创新、服务创新等新领域拓展的结果,从对改革开放后我国宏观环境的演进与管理思想发展的分析中可见,历史时期不同、问题不同,管理思想所关注的焦点、解决的方法也各不相同,不同阶段流行的管理思想深受经济、社会等环境因素变化的影响,同时也反映了环境因素的变迁。在经历了多年"学习、引进、消化、吸收"的过程后,我国管理科学已经具备了进入自主创新发展阶段的条件。管理理论工作者也在尝试通过反思来挖掘我国企业成功中的管理因素,试图构建基于中国管理实践的管理理论。

二、会计学 2014 年研究热点回顾与 2015 年趋势展望

2014 年是我国全面深化改革的元年,我国会计改革和实践也取得了重大的突破:权责发生制的政府综合财务报告制度改革方案启动实施,政府会计准则、企业会计准则、事业单位相关会计制度的制定和完善取得明显成效,管理会计体

系建设全面铺开……在这个过程中，会计理论作为对实践的总结和超越，研究领域得到进一步的拓展，研究内容也更加丰富，在研究主题和研究方法上均实现了新的突破。在研究主题方面，会计基础理论研究更多的基于中国特有的制度背景和文化背景，拓展了我们对中国背景下会计基础理论的认识，也更有可能逐步形成中国特色的会计理论；同时，管理会计、政府会计、环境会计等新兴领域受到了越来越多的研究关注。另外，不少学者跳出就会计论会计，会计学科和其他学科的融合进一步加快。在研究方法上，网络结构研究、大数据研究等也开始被会计学者所应用。

1. 政府会计领域

党的十八届三中全会《关于全面深化改革若干重大问题的决定》(以下简称《决定》)指出，财政是国家治理的基础和重要支柱，而政府会计改革是财政改革的一个重要组成部分。《决定》明确提出要建立权责发生制的政府综合财务报告制度，编制全国和地方资产负债表等，这些要求充分体现了政府会计改革在加强公共资金管理、推进国家治理体系和治理能力现代化过程中的重要作用，也为开展政府会计改革理论研究和实践提供了很好的动力与导向。我国现行政府会计制度的缺陷包括不能如实反映政府家底、不利于加强资产负债管理、不能客观反映政府公共管理成本等。现行的政府会计制度种类繁多、条块分割、口径各异，相互之间核算的标准也不一致，缺乏规范统一的政府会计标准体系，不能提供信息完整的政府财务报告。在新的形势下，立足国情，借鉴国际经验，加快推进政府会计改革势在必行。目前，致力于政府会计研究的学者们主要在以下方面做了深入而细致的探讨：政府会计职能的界定、政府会计改革的目标、效率及结果、政府会计准则及政府会计概念框架、政府部门财务信息披露质量、权责发生制的政府综合财务报告制度的建立、国家和地方资产负债表编制、行政事业单位会计改革、政府会计改革中如何吸收国外政府会计改革经验等方面。

2. 管理会计领域

2014 年被业界誉为管理会计的元年。管理会计(规划、决策、控制、业绩评价)是“管理”与“会计”的融合，是对管理者的规划和促进组织价值创造的系统，在提升企业竞争力和价值创造方面起到至关重要的作用。随着大数据、云时代的开启，互联网金融的兴起，企业管理模式也发生了深刻的变革，这使得我国企业的运营管理面临全新的机遇与挑战。大力发展管理会计，对促进企业价值创造、转型升级非常必要。2014 年 10 月 27 日,财政部正式发布了《财政部关于全面推进管理会计体系建设的指导意见》,将管理会计提到了前所未有的高度。目前,我国的管理会计无论从理论还是实务上都远远落后于财务会计,管理会计体系的建设任重而道远。在管理会计研究主题方面,有关薪酬激励和业绩评价的研究显著增多;研究方法更加多元化,主要体现在基于数据库的实证研究和调查研究的比重显著提高;管理会计研究更加理论化,应用理论的管理会计研究数量显著增加,所应用的理论也更加丰富。但是,我国的管理会计研究与国外还存在较大的差距,这也为我国未来的管理会计研究提供了方向指引。

3. 环境会计领域

环境问题是关系到人类社会生存发展的重大课题。2012 年党的十八大报告用单独一个章节论述了“大力推进生态文明建设”问题;2013 年党的十八届三中全会通过的《关于全面深化改革若干重大问题的决定》对大力推进生态文明建设做出了具体部署,并明确提出“探索编制自然资源资产负债表,对领导干部实行自然资源资产离任审计”。国家对资源环境的重视,为资源环境会计理论创新和发展提供了契机。目前,大部分研究仍集中在环境会计要素的确认与计量、环境成本核算及环境会计信息披露方面。也有学者从生态文明制度建设的高度入手,从政府、企业、社会三个层面论证了会计作为一种制度安排对社会变革所起的重大作用。还有部分学者探讨了自然资源资产负债表的计量模式,对自然资源资产负债表各构成要素进行确认计量与列报,为形成自然资源资产负债表的理论架构与框架体系提供了有益启示。

4. 会计与管理学、社会学的融合

会计学科与其他学科的交叉与融合,丰富了会计学研究的内容,拓展了会计学研究的领域,使会计学具有了更广阔的研究视角,为会计研究提供了更加多样性的思路。越来越多的学者将经济学、管理学、心理学、社会学等理论和研究方法融入到会计理论研究当中,使会计理论研究更加丰富、具体和贴近实际。如,有学者探讨了企业战略对会计信息价值相关性的影响,填补了此方面研究的空白。“社会网络”分析方法近来开始被应用于公司治理的研究。有学者利用社会网络分析方法,实证检验了独立董事网络位置对上市公司盈余质量的影响,结论丰富了“网络和治理”的研究文献。还有学者从企业间网络关系视角考察了企业间高管联结对会计信息质量的影响,在理论上为会计信息质量研究提出了新的研究视角。

5. 大数据研究

互联网、云计算和信息行业的纵深发展开启了大数据时代，大数据已渗透到当今每一个行业和业务职能领域，成为至关重要的生产要素。大数据时代，不仅改变了传统的数据采集、处理和应用的技术与方法，还促使人们思维方式的转变，改变了人们理解和研究社会经济现象的技术和方法。在大数据时代，我们可以采集和处理事物整体的全部数据，而不再依赖抽样分析；不再热衷于追求数据的精确度，而是追求利用数据的效率；不必再寻求事物直接的因果关系，而是深入认识和利用事物的相关关系。在经济、商业及其他领域中，决策将日益基于数据与分析做出，而并非基于经验与直觉。如何快速挖掘、高效存储、精准分析与合理运用大数据时代产生的海量数据，是组织、企业和个人提高核心竞争力和科学决策水平的重要标志。将大数据应用于会计研究中，已有学者做出了尝试，如以互联网搜索引擎数据来衡量投资者关注度，作者创新性地使用上证 180 指数样本股的百度指数度量普通投资者关注度，有别于之前的研究，为已有理论研究提供了补充证据。

2015 年，中国会计学者还将继续推进基础理论研究，并更多地结合中国特色制度背景和文化背景，提炼总结中国会计理论，从而为会计学科做出独有贡献，也能够更好指导我国的会计研究和会计实践工作。另外，2015 年，中国政府会计改革和政府治理能力提升将进入快车道，从而有关政府会计改革的研究仍将成为热点，该领域研究方法也将从定性研究更多地转向定量研究。2015 年，也将是人们日益关注环保和可持续发展的一年，为此环境会计、社会责任报告等也会成为中国会计学者的研究重点，该领域研究将更加重视定量分析。管理会计作为财政部力推的一项工作，以及作为联系管理和会计的工具，预计也将得到更多的重视。该领域研究将更加重视案例研究和调查研究，甚至还将产生一些诊断式研究。

2015年度教育学学术趋势展望专家笔谈

刘复兴　郭　华　李立国　孙　琳　乐传永

专家简介：刘复兴，西北师范大学党委常委、副校长，北京师范大学教育学部教授、博士生导师，研究领域为教育学原理、教育政策；郭华，北京师范大学教育学部教授、博士生导师，研究领域为课程与教学论；李立国，中国人民大学教育学院教授、博士生导师，研究领域为高等教育理论与管理、教育思想史；孙琳，教育部职业技术教育中心研究所研究员，研究领域为职教政策、职教体制；乐传永，宁波大学成人教育研究所教授，研究领域为成人教育基本理论、成人教育管理。

2013年11月，中共中央做出《关于全面深化改革若干重大问题的决定》，其中对国家教育事业提出了具体的改革目标和行动方向，这使得接下来2014年的教育学术界在关注自身学科理论创新的同时，投入大量精力对国家教育政策进行分析和解读，提出可行性方案和路径，推动教育领域的综合改革。2014年教育学术界更加强调问题视角和跨学科、跨领域研究，对诸如综合改革、院校转型、在线教育等方面的研究，不再是局限于单一学科，而是相互借鉴研究方法和视角，拓宽研究思路，解决大家共同关心的问题。为了梳理和回顾2014年的研究热点和学术成果，展望和前瞻2015年的研究趋势和探讨方向，我们邀请并组织了学界知名的五位学者的笔谈，鉴于教育学下设二级学科门类众多且研究领域多有交叉，笔谈主要根据目前我国的教育结构划分大致的研究边界，即基础教育、高等教育、职业技术教育、成人教育及教育学宏观研究，从五大领域进行述评。五位专家都是从各自不同的研究领域出发，探讨学科发展现状和趋势，虽然部分主题会有所交叉和重叠，但是切入的角度不同，我们恰好可以看到相同研究问题在不同研究领域的研究重点和成果。

一、教育学2014年研究热点回顾与2015年趋势展望

2014年，在我国教育综合改革深入推进、依法治教深入人心的大背景下，教

育学研究的热点主要表现为以下五个大的方面：(1) 教育改革关键领域和薄弱环节研究成为重点。积极开展教育法治研究，探索如何以法治思维和方式推进教育改革；开展中国特色社会主义教育发展道路研究，探究教育治理体系和治理能力现代化的标准，推进实施综合改革。对高考改革存在问题、可能模式和路径展开了新一轮研讨。(2) 培育践行社会主义核心价值观研究受到重视。明确“立德树人”应作为教育改革发展的主要任务和教育综合改革的核心目标，不断完善学校德育体系和深入实施公民教育，建立学校德育工作的长效机制。(3) 大数据与教育模式改革研究成为热点。大数据正在成为推动教育系统创新与变革的颠覆性力量，其为现代教育治理模式的转变提供了契机，理论研究与技术应用的融合互动受到关注。(4) 研究新的社会条件下农村教育新问题。在新型城镇化的大背景下，农村地区学龄人口“过疏化”、农村学校如何发展、留守儿童问题如何妥善解决成为关注的焦点。加强农村教育基础设施建设，建立农村教师补充的长效机制，构建农村教师的成长平台，提升农村教师职业新引力是解决问题的关键。(5) 反思与重构教育研究的范式与方法。教育学发展的困境在于缺乏理论的原创性和对学校教育实践的深入研究。因此，教育学的发展必须理清教育理论与实践的独特关系，实现研究的实践转向，探索创建中国特色教育学理论及其多维发展路径。

2015 年，我国教育改革将全面深化，依法治教全面展开，重点领域改革进入攻坚新阶段。教育学研究也将呈现一些新的趋势：(1) 深入探讨如何以法治思维引领教育综合改革，推进教育治理现代化。党的十八届三中、四中全会提出全面深化综合改革、全面推进依法治国，为教育学研究提供了一种新的思维方式和研究问题领域，教育实践的不断推进也要求教育学研究必须从理论和政策上深入探讨这个问题。(2) 反思和重构教育公平与教育质量的关系。在新常态下，教育公平和质量的关系如何认识、调整，将成为研究的重点。特别是高考改革中的教育公平和城乡教育公平问题将持续受到关注。(3) 培育和践行社会主义核心价值观。在“育人为本”、“立德树人”、“牢牢把握高校意识形态主导权”等政策原则的引导下，教育学研究仍然会以社会主义核心价值体系建设、公民教育、国家民族文化认同教育及与之相关的师德建设作为研究重点。(4) 大数据与教育的深度融合研究。第三次工业革命对教育的影响将持续深入，在现有关于云技术、数字化学习、翻转课堂、慕课及微课等研究的基础上，大数据和现代信息技术如何与教育深度融合,教育如何在整体上适应信息技术变革,将成为研究的热点。(5)教育学学科建设与研究范式重构的深入探索。教育学研究将更多地从多个不同二级学科如学前教育、基本理论、教育史、比较教育等的角度持续探讨这一问题,强化对国外经验的借鉴,进一步探索具有中国特色的教育学学科体系与理论创新问题。

二、基础教育2014年研究热点回顾与2015年趋势展望

“课程”“教学”“教育管理”“教师发展”历来是基础教育研究的核心,2014年也是如此,但表现出一些具体的特征。

1. 具有鲜明时代与政策背景特征

2014年的研究主题,如“招生考试制度改革”“综合素质评价”“教育治理”“教师轮岗”“绩效工资”“学区化集团化办学”,等等,显然是由新的教育政策变革带来的,凸显着“教育管理”研究与相关政策的密切关系。而“微课”“翻转课堂”“在线学习”“在线教研”“数字化阅读”“电子书包”“云课程”等,则是伴随信息时代而来的研究主题。这些研究主题大致可分为两个方向:一是对信息时代新技术的回应,二是将教学困难及教学进展依托新技术去解决去推动。总体来看,这些由外部变化带动的研究主题有些虽然还停留于简单的介绍、泛泛的议论,但也有从理论上进行深度分析的有力度的论文出现,尤其是对数字化、翻转课堂的讨论,已经从最初的盲目乐观,走向理性分析,开始探讨可能带来的一些负面问题。

2. 核心论题的研究深入而具体

2014年评选出了“首届基础教育国家级教学成果奖”,这一奖项的颁布,汇聚出了大量围绕成果奖而来的研究成果,同时,对于课程与教学根本问题的讨论依然是研究重点。就“课程”而言,既有涉及课程改革宏观要旨的讨论,如普通高中的性质与定位,也有关于课程改革在学校层面具体实施的深入研究,例如“课程整合”“融合课程”“选课走班”等,从一个侧面反映了课程改革在具体实施层面上的深入研究。就“教学”而言,已经摆脱了简单的接受学习与探究学习之争,着力探讨“有意义的教学”“有效教学”的机制,研究呈现出深入、具体、理性的特点,力图从根本上去解决教学实践中存在的问题。“教学评价”也是当然的重点。

3. 加强对中国特色的研究

近年来,我国独有的教研制度、教研组渐成研究热点,陆续有专著及系列论

文出版。尤其是上海将PISA测试成功经验之一归功于教研组的助力，使得教研制度及教研组更受关注，而相关研究与讨论也开始从经验总结转向讨论更为根本的问题，如教研组的运行机制、活动方式，教研组在教师专业成长中所起的作用及其起作用的方式，等等。

2015年，基础教育研究的核心主题不会有大的变化，但具体关注热点可能稍有不同。可能出现主题：新高考方案的解读、应对；综合素质测试的可行性、操作性；学业水平测试；阳光体育、校园足球；传统文化经典如何进入课程及具体的教学措施；社会主义核心价值观在课程及教学中的体现；等等。与此同时，课程改革在学校层面的落实与体现依然会是重点，尤其是选课走班，会随着高考改革方案、新的高中课程方案的出台而成为研究热点，而教学的科学化、人性化、数字化也将持续受到关注。

三、高等教育2014年研究热点回顾与2015年趋势展望

回顾2014年，总体上看，围绕高等教育综合改革、大学章程建设、拔尖创新人才培养、高等教育治理、高校教师发展、地方本科高校转型、高等教育质量、高等教育国际化、慕课等主题，学界对其展开了全方位、多角度的研究，成果丰硕。重点内容如下：

1. 关于高等教育综合改革

什么是高等教育综合改革，改革的关键是什么，改革的突破口在哪里等问题，引起学界热议。主要观点认为，高等教育综合改革是对我国现阶段高等教育改革特征的概括，而非改革内容的描述；是指改革方式的综合性、系统性，而非改革内容的面面俱到。其关键就在于要依靠顶层设计来系统推进改革举措，并把建立科学的评价机制、促进资源配置方式的转变作为改革的突破口。

2. 在大学章程建设方面

大学章程应起到有效推动高校内部治理结构调整的作用，且重点在于对大学内部政治权力、行政权力、学术权力、民主权力关系的合理建构与平衡；在章程的制定过程中，各程序都应体现多元利益主体的诉求，且还要处理好诸如政府与学校、历史与现实、理念与规则、本土与国际、决策执行与监督、“母法”与“子法”这几对矛盾关系；此外，大学章程的制定还应有理论、政策和实践依据等。

3. 在拔尖创新人才培养方面

主要观点认为,可以将“志趣”作为大学拔尖创新人才培养的基础。这既是对我国长期以来将拔尖创新人才培养的研究和实践集中于专业培养的回应,也是针对现实中大学教育影响学生学习动力的三种办法,即志向教育、竞争性考试制度和兴趣至上都不理想的反思。为有力地促进学生“志趣”的养成,就需要在大学本科阶段注重通识教育,在管理评价上给“志趣”的养成留有余地。

展望2015年,结合我国当前高等教育发展的实际,已在上述2014年所出现过的,如高等教育综合改革、大学章程建设、高等教育质量、地方本科高校转型、拔尖创新人才培养、高等教育信息化与国际化等,依然会成为接下来的高等教育研究过程中无法回避的主题。此外,高等教育治理体系与治理能力的现代化、新常态下的高等教育发展、创新创业教育的开展及创新驱动发展战略下高等教育发展等,或将成为本领域研究的新兴“增长点”。其中,重点研究可能如下:

1. 关于高等教育治理体系与治理能力的现代化

在推进我国高等教育治理体系和治理能力现代化的过程中,如何以建立权力清单为抓手,规范大学与政府的关系;如何以落实党委领导下的校长负责制为核心,完善大学内部治理结构;如何以建立完善“第三方机制”为重要补充,发挥好社会资源在现代大学制度建设中的独特作用;如何以大学章程为龙头,在“一校一章程”完成之际,强调大学章程的执行力,推进治理体系和治理能力朝法治化方向发展。

2. 在高校学生创新创业教育方面

以国家创新驱动发展战略为背景,研究如何通过将创业教育与创新教育、与实业教育及与生涯教育相结合,进而切实地做到将创业教育定位于创新型人才培养;把脉大学生创业困境,并从学校、政府、市场等层次,进行相应制度创新;且适时借鉴国外经验,开展创新创业教育等,可为此主题的研究动向和突破点。

3. 在新常态下的高等教育发展方面

新常态下,高等教育的发展如何主动对接行业需求,在优化人才培养结构与职业引导上主动作为;高等教育如何通过拓展服务能力和提升贡献力,实现与经济社会的深度融合;高等教育如何转变过去的拼规模、拼数量转向到在稳定规模的基础上拼质量、拼内涵;高等教育如何通过深化体制机制的综合改革,来理顺内部关系、释放发展活力、调动各方面积极性等,可为此一研究主题的着力方向。

在地方本科高校转型方面。地方本科高校为什么要转型、如何转型、面临哪些转型难题，以及国际上有哪些可以借鉴的经验等都是亟待厘清和解决的命题。此外，在此大背景下，如何制定及制定什么样的高校分类体系和设置标准，建立高等教育分类设置、评价、指导制度，促进高校科学定位、办出特色等，也是无法回避的议题。

四、职业技术教育2014年研究热点回顾与2015年趋势展望

2014年是职业教育改革发展的重要元年，国家高度重视职业教育事业发展，习总书记对职业教育做出重要批示，国务院召开新世纪以来的第三次全国职业教育工作会议，并印发《关于加快发展现代职业教育的决定》（以下简称《决定》）。这一年里，职业教育研究主要围绕新形势下职业教育改革和发展的重大理论和现实问题而展开，主要特点呈现为政策研究集中在对全国职业教育工作会议精神及《决定》的学习与领会上，理论研究着重于基本问题探讨与改革政策紧密结合，实践研究表现为地方的改革与实践力度加大。主要研究内容包括职业教育基本理论创新、现代职业教育体系建设、职业教育校企合作、职业教育质量评价与保障、职业教育的课程与师资建设等。其中，加快构建现代职业教育体系；探索普通本科学校转型发展路径；发挥企业重要办学主体作用；激发职业教育办学活力，职业教育多种办学形式探索；发展现代学徒制成为研究的热点。

2015年职业教育研究的重点领域应是结合《决定》提出的职业教育发展目标及政策思路，进行理论构建与实践应用研究、实施策略研究，主要集中为四大方面11个问题的内容。

第一，职业教育顶层设计、制度创新的研究。如：(1) 经济新常态下的人力资源需求结构、教育结构和“十三五”职业教育发展规划研究；(2) 终身学习理念下职业教育发展问题研究，这是职业教育适应社会经济发展方式与产业结构，培养什么样的劳动者和何种技术技能人才的根本性问题；(3) 国家资格框架体系构建及其相关制度研究；(4) 推进各种学习成果等值互认、积累与转换制度研究，这是构建现代职业教育体系，突破多年来职业教育发展瓶颈的关键环节，也是国际职业教育发展趋势使然；(5) 职业教育经费投入保障机制及投入效益研究。

第二，提高职业教育可持续发展能力，加强内涵建设的标准研究。如：

(6) 适应建立现代职业教育体系需要，促进中高职课程体系衔接以及推进高职院校分类考试的研究；(7) 职业教育质量标准系列研究，主要有职业院校办学标准、专业教学标准、课程标准、师资标准等；(8) 职业教育质量保障体系研究。这几个方面共同保证着现代职业教育发展的质量与水平，这也是多年来我国职业教育改革发展的短板，需要在新的时期有大的推进。

第三，职业教育改革创新研究。如：(9) 激发职业教育办学活力，多种社会力量办学的模式与途径研究；(10) 推进依法治教，提高职业院校治理能力现代化的研究；(11) 高等职业教育与应用技术型本科发展问题研究，这是适应市场经济需要，适应国家治理体系建设与治理能力现代化发展需要，也是目前职业院校改革面临的新问题，需要创新与探索。

第四，职业教育国际比较研究。这一研究必须从建设现代职业教育体系的要求出发，重点应是职业教育国际经验如何与中国实际结合，如何本土化的问题。

五、成人教育 2014 年研究热点回顾与 2015 年趋势展望

2014 年成人教育学科围绕成人教育转型发展、开放大学建设、MOOCs 的发展对成人教育带来的影响及终身教育体系构建、学习型城市建设等主题展开了全方位、多视角的研究，取得了一些成果，形成了一些共识，推动了成人教育学科的发展。这一年来重要的学术创新和有影响的学术观点如下：

1. 关于成人教育转型发展的研究

研究的主要观点认为，成人教育“正处于一个难得的机遇期”，也处于“一个艰难的转型期”，转型要实现传统成人教育与现代远程教育的融合，走内涵发展道路，要重构人才培养体系，实施“学历＋技能”的人才培养模式，打造品牌特色，打造学习型工作团队，构建适切性规章制度，构建创新型组织体系，开展针对性院校研究。

2. 关于开放大学的研究

围绕开放大学的办学逻辑起点、教育宗旨意识、教学组织载体及学习运作机制等方面进行了辨析式的聚焦，有助于学界对中国开放大学的立足基点与思索径向形成全面认识。

3. 关于 MOOCs 的研究

学者从梳理 MOOCs 与开放教育之间的渊源出发，解析了 MOOCs 所具有

的开放教育属性，分析其成功的原因及今后需解决的几大问题，认为 MOOCs 仅以名校声誉作为质量保障的基础，缺乏有效的学习支持服务，不具备系统、完整的教学管理体系，反而更为成熟的开放教育能为 MOOCs 的发展提供丰富的经验。

展望 2015 年，成人教育学科研究将延续、深化上一年的研究热点，包括如何进一步推进成人教育转型发展、终身教育立法工作、远程教育教学管理与课程建设、反思成人教育学科发展面临的问题等，同时，研究重心将朝以下几个方面倾斜。其一是将更加重视社区教育的重要地位和作用。随着社会转型、城镇化速度的加快，社区教育如何发挥其优势，提升城乡居民，尤其是“新市民”的综合素养，这将会影响社会的融合度及学习型社会的构建。其二，深入关注高校继续教育的转型问题。高校继续教育面临社会全方位的挑战，需要从多维视角，包括文化视角、制度视角、立法视角等方面探求其变革的有效路径，从而实现高校服务社会的功能。第三，积极推进学分银行制度建设问题。建立多形式的学分银行制度是构建终身教育体系的一项重要制度保障，该项制度在国外已日趋成熟，但是，国内仍处于摸索阶段，如何借鉴国外先进经验、加快国内试点工程建设将成为今年研究工作的重中之重。第四，重视老年教育工作。随着我国老龄化社会的到来，如何解决老年人的教育问题和心理发展问题成为党和政府以及社会各界十分关注的问题。为此，围绕老年教育内容、老年教育方式、老年教育手段、老年人心理健康教育及老年教育服务体系等问题的研究将成为 2015 年成人教育学科研究新的关注点。

2015年度社会学学术趋势展望专家笔谈

风笑天　金炳镐　李迎生　陆杰华

王希恩　文　军　肖　瑛

专家简介： 风笑天，南京大学社会学系教授，博士生导师，研究领域为社会学研究方法、人口社会学、青年社会学；金炳镐，中央民族大学中国民族理论与政策研究院教授，博士生导师，研究领域为中国民族理论与政策；李迎生，中国人民大学社会与人口学院教授，博士生导师，研究领域为社会政策理论与应用、当代社会工作与社会管理；陆杰华，北京大学社会学系教授，博士生导师，研究领域为人口经济学、农村人口学、工商人口学；王希恩，中国社会科学院民族学与人类学所研究员，博士生导师，研究领域为民族理论、当代民族问题；文军，华东师范大学社会发展学院教授，博士生导师，研究领域为社会学理论、社会政策与社会工作；肖瑛，上海大学社会学系教授，研究领域为社会理论、风险社会。

2013年11月在十八届三中全会上，创新社会治理体制这一重要议题的提出，对中国社会学的研究和探索提出了新的任务，也为中国社会学的发展提供了新的机遇。这使得2014年的中国社会学研究呈现出了以关注当前中国社会现实问题为主线的议题多元、方法多样、理论与经验研究并进的学术特征。为了梳理和回顾2014年社会学的研究热点和学术成果，展望和前瞻2015年的研究趋势，我们邀请并组织了学界知名的七位学者的笔谈，依据社会学下设的二级学科，笔谈主要从社会学宏观研究、社会工作、人口学等领域进行述评，笔谈也包含了民族学学科。七位专家都是从各自不同的研究领域出发，探讨学科发展现状和趋势。

一、社会学2014年研究热点回顾与2015年趋势展望

我国社会学2014年在经典论题如社会建设、社会分层、社会网络和社会资本、社会组织、社会心态、社会抗争等方面聚集了较多精力，社会学的经典论题深

度和视角不断扩展。以社会分层和社会资本研究为例：在经典社会分层理论之外，健康、住房、教育等分层的非核心要素越来越多地纳入到研究内容中来、社会经济地位的获取与再生产中来；社会网络和社会资本理论运用的研究领域也进一步扩大，除了传统的求职和社会流动等领域，虚拟空间、健康行为等也日益受到关注。

从基础理论层面看，在历史社会学、建构主义社会学、消费社会学、空间社会学等方面均有较高水平的学术成果呈现，尤其值得注意的是，基础理论研究出现的一种趋向是回返古典，以涂尔干、韦伯等古典社会学家为论述对象，这些研究超越社会学学科领域而把视角延展到法学、哲学、政治学，并在更深层次上表达对当代中国社会的关怀，具有很高的学术价值。

研究方法层面，质性研究成果丰硕，但开始遭遇瓶颈。成果资料丰富、故事生动，但理论视角恰切、分析层次感强层层深入的研究并不多见。定量研究更加强调数据和方法的科学性和规范性，但也存在着忽视实质的现实和理论关怀的现象。值得注意的是，2014 年涌现了很多对社会学方法论、研究方式、分析框架进行专门论述及反思的学术成果，例如对民族制方法论的反思、回访与再研究、问卷调查质量研究，以及结构模型分析、空间分析、网络分析，等等。

在应用性研究议题方面，有下面几个比较突出的热点议题：首先是有关社会治理体制创新的研究。这是社会学界对党的十八届三中全会提出“社会治理”概念以来反应最为突出的一个方面。众多的研究成果从各类社会治理困境与问题的分析到公共生活与公共性的建构，再到社会治理体制创新的探讨，既有对中国社会治理的本土特质和治理方式、制度、体系的宏观论述，又有对社会治理体制创新的主体关系及能力、行动逻辑、具体案例和基层经验等方面的总结和分析。第二是关于新型城镇化的研究。随着我国新型城镇化发展的不断推进，与此相关的新社会现象和社会问题不断涌现。社会学界对新一轮城镇化发展的研究更多地集中在新型城镇化过程中人的因素、制度的因素，以及城镇化发展与整个社会发展的协调等问题上。第三是劳工研究，以有关“农民工”的研究最为突出。与以往研究不同的是，这一研究更多地从物质和技术层面转向了精神和文化层面，尤其在农民工身份认同与群体意识、利益诉求、情感等方面的研究成为新的热点，并关注其劳动过程。第四是有关“家庭”的研究。与传统家庭社会学比较关注家庭结构、婚姻关系等方面的研究不同，2014 年有关家庭方面的研究成果涉及家庭户的变动、家庭代际关系、教育模式、生育政策调整、子女赡养观念等诸多领域。

中国社会学的生命力取决于其对中国社会变革的把握和洞察能力。2015年随着经济新常态、国家大战略和“四个全面”的落实,社会学研究将愈来愈关注中国社会发展过程中不断涌现出来的新问题,同时,在日益频繁的国际学术交流与跨学科研究的推动下,以综合性、整体性研究见长的社会学理论与经验研究,其学术视野将会不断扩大,并完全可能在扎实的本土经验研究基础上逐步生长出自己的理论果实来。如下领域将可能成为研究热点:社会建设特别是法治背景下的基层社会治理包括特大城市社会治理以及与之相关的公共性与社区共同体重建、社会组织、政府行为模式;新型城镇化背景下的乡村重建;互联网生活对消费方式、集体行动模式的影响以及相应的社会结构变动、大数据与社会科学研究。同时,历史社会学以及对经典社会学理论的反思也可能成为热点,前一个论题将更加关注如何把历史维度引入具体的社会学研究,后一个论题将会专注于古典社会理论如何更有效地用于洞察我国社会变革的特点和走向,以及社会变迁下人心的重新安顿问题,这将在拓展社会学的学术视野、重建中国社会学的学术源流上产生重要的理论贡献。

二、社会工作2014年研究热点回顾与2015年趋势展望

2014年度是全面落实社会治理创新的起步之年,就中国社会工作研究而言,无论从学术成果发表的数量还是质量来说都较上一年度有了新的提高,其在具体的实务研究领域不断深化和拓展的同时,社会工作理论研究与实务反思也有了较大程度的提升。

就社会工作理论研究而言,学者们在继承社会工作职业化、专业化和本土化这一传统理论热点讨论的基础上,重点关注社会工作与社会治理的关系、社工发展的顶层设计等。同时,有关社会工作及其伦理价值的理论讨论有所深化,学者们强调在应对各种伦理价值困境的同时,要重塑社会工作理论与实务的关系。就社会政策研究而言,议题涉及福利制度的理念、项目设计、政策过程及政府购买社会组织服务探讨,等等。就社会工作实务领域的研究而言,学校、灾害、矫正、医务、民族、农村、临床等各个专业社会工作领域的研究成为热点,而且,学者们在实务研究中突破了以往停留在表层的案例描述、工作流程和实务过程的简

单介绍，对实务工作中的专业介入、服务模式选择、实务总结与评估的反思性研究有所增加，研究内容的深度和广度都有不同程度的扩展。

其中社会工作与社会治理的关系、政府购买社会工作服务、社会工作机构建设、老龄化加剧与社会工作介入等是热门议题。关于社会工作与社会治理的关系，主流的观点是：与一般参与社会治理的方式相比，社会工作参与社会治理有其显著特点，即以服务的方式参与社会问题解决和和谐社会建构，通过服务实践治理。关于政府购买社会工作服务，学界从背景、现状特别是存在的问题进行了探讨，提出了对策。关于社会工作机构建设，高校教师及专业人士领办社工机构及机构能力建设是探讨的重点。关于社会工作如何介入养老问题，对居家养老、社区养老、机构养老等都有涉及。

伴随中国经济社会发展新常态时期的到来，以及政府工作报告首次对"发展专业社会工作"的强调，社会工作发展机遇与挑战并存。2015 年，社会工作在整个社会建设和公共服务领域的各类研究将会继续增多，尽管如此，作为一个在中国起步不久的新兴学科，社会工作的本土化、专业化和理论化的探讨还将继续存在，并成为未来较长一段时期内学术研究的热点和焦点。学界将在原有议题进一步拓展、深化的基础上，在理论议题上将就社会工作如何适应新常态、引领新常态，社会政策如何促进社会工作与福利制度的整合等展开探讨。在实务议题上，社会工作如何介入"四个全面"、新型城镇化、美好乡村建设等国家重大战略部署将是讨论的热点。进城农民的社工服务，应急、矫正、为老、助残、精神卫生社工服务，农村社工建设等将是学界关注的重点。

三、人口学 2014 年研究热点回顾与 2015 年趋势展望

2014 年，人口学领域的研究成果主要集中在如下几个方面：其一，2014 年是"单独二孩"政策实施的第一年，学界以及社会各界对"单独二孩"表现出热切的关注，尤其是对"单独二孩"政策可能导致的人口学后果展开了激烈的讨论。研究的焦点在生育水平的预测，生育意愿的测量以及计划生育政策对我国人口发展产生的影响的讨论等几个方面。其二，2014 年的老龄化研究在延续了对老龄化影响因素研究的基础上，其关注的重点更多地集中在老龄群体本身及其日常生活状况上，包括健康状况、照料状况和居住状况等。其三，2014 年人口与经济专题的研究主要是围绕人口结构变化对经济发展的影响而展开，主要体现为

劳动年龄人口的减少。如何应对未来劳动力供应不足以及“人口红利”减少可能造成的经济发展减速，是学者们思考的主要议题。其四，2014 年随着新型城镇化的提出和户籍改革的进一步推动，流动人口问题再次成为大家关注的热点。具体来看，研究主要就户籍改革、人口城镇化、流动人口的迁移行为与模式、生存现状及社会融入等几个方面进行了讨论。此外，除了以上的专题研究以外，社会中的一些热点问题也引起了人口学界的关注。其中比较重要的有婚姻与家庭问题、独生子女问题、教育问题、人口与健康问题、少数民族人口问题等。

总体上看，2014 年人口学界的研究呈现三个明显的特点：其一，体现出对社会问题的敏感性。“单独二孩”政策从酝酿到实施一直备受社会的热议，学界从专业的角度出发对社会关心的相关问题进行了深入研究，并给出了政策建议。同样，对于户籍改革的相关问题也做出了细致的评估。其二，体现了对健康问题的广泛关注。与往年相比，2014 年的研究成果中有相当一部分的研究主题与健康有关，其中包括老龄健康问题和人口健康问题。身心健康直接关系着生活质量的好坏，这意味着随着社会的不断进步和发展，人们对健康的关注在日益增加。其三，体现了对研究方法越来越严谨的要求。越来越多的学者愿意在同一问题上运用不同的研究方法进行讨论，以得出更加科学的研究结果。这反映出学科建设正在向更加精确和专业的方向进步。

展望 2015 年，预计人口学界的重点研究领域包括如下几个方面：一是生育政策进一步调整与完善，将重点围绕单独二孩政策的实施效果及下一步全面放开二孩政策进行重点讨论。二是随着人口老龄化程度的不断加重，老龄问题的研究将会越来越重要，其中老年健康护理、养老模式、社会养老保障制度、退休制度改革与老年社会保障、医疗体制改革与医疗保障、人口老龄化对经济发展的影响等方面值得学者们重点关注和研究。三是人口城镇化是发展新型城镇化战略中的重要议题，也将成为未来研究的热点。

四、民族学 2014 年研究热点回顾与 2015 年趋势展望

2014 年民族学学科领域的研究主要围绕以下几个热点展开：第一，中央民族工作会议召开前的三个季度还是持续争论近十多年来争鸣的重大理论热点问题。争论的两个对立观点是：一个主张“反思”，认为新中国建立以来我国基本遵从的是前苏联的民族理论和政策模式，而这个模式随着苏联的垮台已被证明

是失败和错误的，应当抛弃，走已被证明是有效的处理民族问题“去政治化”或“文化化”的路子。另一个主张坚持和完善，认为我国民族理论政策尽管受过苏联的影响，但在具体实践中创立的解决民族问题的基本制度和政策是正确的，不容否定，只能在坚持中发展完善。由于经过十多年的积淀，也由于正值中央民族工作会议即将召开，两个阵营的学者通过论文、讲演、访谈和研讨会等更加集中而充分地表达了自己的观点，成为当年民族学领域最瞩目的热点景观。2014年9月下旬，第四次中央民族工作会议召开。会议总结和规划了当前及未来一段时间中国的民族工作，同时明确提出：新中国成立65年来，党的民族理论和方针政策是正确的，中国特色解决民族问题的道路是正确的，我国民族关系总体是和谐的，我国民族工作做得是成功的。这是中央对学界和社会十分关注的关于我国民族理论政策争论的明确表态。据此，2015年乃至相当一段时期内，学界在是否改变中国民族理论政策大方向上的公开争论已不会延续，但在一些基本理论的讨论上，在如何解读中央精神上还会有不同意见。第二，紧紧围绕中央民族工作会议精神，民族研究学界根据习近平总书记重要讲话中一系列新思想、新论断、新认识进行理论解读和阐释：包括对中国统一多民族国家的基本国情的再认识；对中国特色解决民族问题的正确道路的基本内涵的深入研究；对推动建立各民族相互嵌入式的社会结构和社区环境，加强各民族交往交流交融的研究；对建设各民族共有精神家园的深入探讨，等等。第三，根据党的十八届三中全会精神，研究探讨推进民族事务治理体系和治理能力现代化的理论框架体系。第四，根据党的十八届四中全会精神，落实全面推进依法治国的要求，研究探讨民族事务治理法治化、民族工作法治化的相关理论。第五，多民族国家中民族认同与国家认同的理论与实践、冲突与整合研究依然是热门话题。第六，基于我国基本国情和周边国家形势及反恐压力增大的国际形势下，边疆民族问题成为研究的一个重点、热点。学者分别从理论、历史和现实的角度，阐释中国统一多民族国家的发展规律与历代治理边疆的成败得失，为民族团结提供学理依据，为国家解决边疆民族问题提供智力支持。

2015年，民族学学科可能出现的研究热点、重点主要有以下几个方面：第一，围绕贯彻落实中央民族工作会议精神，坚定民族学学科创新发展的基本方向，拓展民族研究视野和领域，提升民族研究的理论高度和质量。第二，以“四个全面”战略布局为指引，应用民族学相关理论与方法，实现“四个全面”与民族理论的对接和契合,例如关于民族地区全面建成小康社会的路径研究、民族事务领域全面深化改革和全面依法治理等等。第三,结合国家"一带一路"战略构想,积极拓展国内外民族志研究视野,积极开展沿带、沿路的少数民族和民族地区发展战略和途径研究。第四,围绕 2015 年的重要纪念日,对民族学学科相关热点问题进行历史过程梳理和经验教训总结及理论观点升华,提炼其对现实的启示。例如,世界反法西斯战争胜利暨抗日战争胜利 70 周年与中日历史与现实的民族关系,西藏自治区成立 50 周年、新疆维吾尔自治区成立 60 周年与民族区域自治制度的发展与完善。当然,近年来民族学界十分重视的民族工作社会化、民族学和人类学的研究方法、国外民族问题和民族理论、民族志传统的回归、生态文明和文化的关系等内容也将在 2015 年得到进一步深化。

2015年度图书情报与档案管理学学术趋势展望专家笔谈

初景利　马海群　周晓英　毕　强　冯惠玲　安小米

专家简介： 初景利，中国科学院文献情报中心院教授、博士生导师，研究方向为学科化服务、开放获取、图书馆服务评价的研究、教学与实践；马海群，黑龙江大学信息管理学院教授、博士生导师，研究方向为信息政策与法律、知识产权与信息管理；周晓英，中国人民大学信息资源管理学院教授、博士生导师，研究方向为信息组织与信息构建、政府信息资源管理、图书情报基础与前沿、信息获取与信息分析、竞争情报；毕强，吉林大学管理学院教授、博士生导师，研究方向为信息资源规划与管理、企业信息化与知识管理、数字图书馆、信息咨询与服务；冯惠玲，中国人民大学教授，博士生导师，研究方向为档案学基础理论、电子文件管理；安小米，中国人民大学信息资源管理学院教授，博士生导师，研究方向为知识管理、信息资源管理、文件与档案管理、社会科学研究方法与学术规范。

信息时代的到来，信息技术的发展，互联网的渗透，为图书情报和档案管理学科的学术研究带来了巨大的影响，加速了学科研究领域的逐渐细化和学科间的交叉和融合，同时也为图书情报档案的工作实践领域带来了挑战与契机。为了梳理图书情报与档案管理学科在2014年的整体研究情况、学术研究热点问题，以及2015年学科趋势等问题，我们对我国图书情报与档案学界的六位知名专家进行了采访。现将采访内容整理出来，以供学界探讨与品评。

一、图书馆学2014年研究热点回顾与2015年趋势展望

目前，中国的图书馆学研究与中国的图书馆事业蓬勃发展相得益彰，呈现出生机勃勃的发展势头。根据中国知网（CNKI）对有关"图书情报与数字图书馆"的发文情况，再基于图书馆学主要专业核心期刊文献的聚类统计分析，以及从中国图书馆学会年会的关键主题分析等多种途径对2014年图书馆学研究成果进行梳理与总结发现，图书馆学界关注的焦点领域主要包括：科学数据管理、

MOOCs/信息素养教育、大数据在图书馆的应用、图书馆移动服务、图书馆阅读推广、信息行为研究、公共图书馆法人治理等。此外,对馆藏资源建设、图书馆联盟/战略规划、机构知识库/开放存取、技术驱动下的图书馆服务创新、信息技术、信息检索、文献计量分析等问题的研究在学界也有相当的热度。

在归纳成就的同时,2014 年国内图书馆学研究也存在着学科内核研究深度有限、力度不强、理论升华不到位等不足,尤其缺乏影响力较大的学术著作。

进入 2015 年,图书馆学依然会延续 2014 年的研究态势,但也随着环境的变化和自身变革的需要而有一定的演进:(1) 图书馆发展战略。2015 年是"十二五"收官之年,也是"十三五"规划之年。为此,必须加大力度研究图书馆发展趋势及战略规划的制订问题。(2) 资源发现。随着图书馆馆藏日益数字化和数据化,馆藏资源及网络资源的挖掘、分析并提供知识发现将变得更为迫切。(3) 图书馆科学数据管理。相对国外较成熟的研究与实践,国内本领域的研究相对滞后,政府、基金项目主管部门和高校等部门都未形成明确的法规和制度,对科学数据管理与共享的研究有待进一步深入。(4) 阅读推广问题。随着国家致力于全民阅读的立法进程,图书馆需要在阅读推广方面进一步加强支持和服务的力度,在全民阅读中发挥其特有的功能和影响力。(5) 嵌入式图书馆服务。无论是延伸服务,还是嵌入式服务,都是图书馆适应用户需求与行为变化的一种能动反应。用户在哪里,服务就在哪里的理念才是真正体现以用户为中心,以此提供基于网络和到用户身边的个性化、知识化服务。此外,有关大数据应用、图书馆 MOOCs 开发、图书馆移动服务、替代计量学、公共图书馆法人治理、开放存取等领域都需要学界继续深化研究。

除了对以上领域的深化和拓展研究外,未来图书馆学研究也可能出现一些热点:(1) 智库建设。随着中办国办《关于加强中国特色新型智库建设的意见》的发布,智库建设将引起各方高度重视。图书馆能否介入、从什么角度介入,很可能决定图书馆未来的核心竞争力。(2) 智慧图书馆建设。从数字图书馆到智慧图书馆是图书馆发展形态的必然过程。运用智能技术解决图书馆服务与管理中的各种问题,提高图书馆服务效率与水平,必然将随着智慧城市的推进而加快发展。(3) 图书馆微服务。以微博、微信为代表的各种微传播方式不仅给图书馆服务带来新的传播手段,也拓展了图书馆的服务能力。在今天的这个时代,如果图书馆不能实现微服务,将失去很大一块用户市场,图书馆也将失去自己的吸引力和发展空间。(4) 出版与图书馆的融合。数字出版的出现，特别是开放获取出版模式，促使图书馆融入到出版领域，图书馆与出版的界限将模糊。国外已经有很多图书馆开始介入出版领域，拓展了图书馆的传统功能。(5) 图书馆员职业能力。在这样一种快速变化与转型的时代，传统图书馆员必然失去自己的舞台，取而代之的是对以学科情报人员、学科馆员、嵌入式信息专员为代表的新型图书馆员的需求。这不仅要求图书馆员能力的快速提升和知识结构的重组，也要求专业教育部门重新审视自己的专业教育计划，面向现在和未来的新需求做出课程体系和教学体系的重大调整。图书馆员的能力将决定图书馆的未来。

二、情报学2014年研究热点回顾与2015年趋势展望

2014年情报学理论研究继续呈现与其他学科交叉融合发展的特征，结合其他学科领域或者技术领域出现的新热点和新问题开展与情报学相对应的研究。业界比较关注的问题有：大数据背景下的情报学和情报分析、MOOCs、信息行为、情报学的知识结构和认知结构、情报学方法、情报学教育和人才培养、开放获取、文本自动分类、科学计量学、用户交互、科学评价、信息搜索、关联数据等问题。除了围绕大数据的研究热点，网络环境的信息采集、组织和管理和传播，移动互联网、学科信息服务、网络舆情分析、知识组织及iSchool等问题仍然保持研究热度，替代计量学或称补充计量学研究开始增多。

2014年情报学重要的学术创新主要表现在：(1) 对于大数据的研究不再简单介绍性质，而是更多关注大数据对情报学的影响，如研究大数据分析与情报分析之间的共性和差异，大数据对情报学学科发展带来的影响、大数据时代情报学教育面临的挑战等；(2) 对信息检索的研究也有发展，除了传统的内容之外，智能检索、交互式信息检索、个性化信息检索、垂直搜索等研究也比较常见。

2015年，情报学的研究将继续2014年的研究热点与主题，展开更深入的研究：(1) 由于大数据、云计算、社会媒体、可视化、移动互联几个新技术的发展，情报学将继续研究它们对于学科发展方向、学科体系结构、学科范式转变的影响；(2) 信息交流与传播、信息服务和利用理论、信息分布理论、认知理论、信息组织与表达、信息检索和搜索等基本理论，都需要探讨其在新的信息环境中的发展与变化；(3) 情报学对于文献资源、数据资源等服务型资源及对于词库、元数据、关联数据等管理型资源更加重视；(4) 情报学的研究方法将更多借助于传统的和

新型的计量学工具、数据挖掘工具、内容分析工具、多媒体和可视化工具来开展;(5) 情报工作和情报服务在工作方式、服务模式、服务内容、服务重点等方面将随着理论、技术与方法的变革而产生相应的变化。

除此之外,情报学研究也会有一些新的发展动向:一是在计量学方面估计会有一定的研究进展。计量学已经成为图书情报学界一个相对独立的研究领域,呈现由传统的文献计量逐渐向社会计量(Social Informatics)、信息计量(Infometric)、科学计量(Scientometric)及正在兴起的替代计量(Altmetrics)方向发展的研究脉络;二是对大数据的深入研究,会拓展到大数据特别是科学数据的具体管理模式、管理标准和管理方法等方面;三是对网络数据环境的研究,比如社交媒体、Web2.0、移动服务、实时信息传播、网络信息资源配置、数字图书馆服务等研究可能得到进一步的深化。

三、档案学 2014 年研究热点回顾与 2015 年趋势展望

2014 年档案学论文发表约 12 000 篇左右,从中可以看出档案学整体研究状况为:(1) 在研究方法上,跨学科研究更为普遍化,成为档案学研究的一种常态化特征;(2) 在研究主体上,高校档案学专业依然是重要的研究队伍;(3) 在研究内容上,档案学基础理论、档案信息资源建设(开发/管理/应用)、电子文件管理、数字档案馆、档案文化等依然是研究热点。

2014 年,档案学的学术热点呈现新问题频出,重点聚焦的学术热点和学术创新主要集中在:电子文件管理、档案信息资源建设、开发与服务(其中数字档案资源建设尤为突出),档案与社会记忆、身份认同,档案与大数据,档案与知识管理、档案管理实践等方面。此外,其他一些长期关注的研究议题,如档案法规体系建设、文件与档案管理标准体系建设、档案教育与档案学科体系建设、基层/企业档案管理、档案馆功能建设等在 2014 年仍然得到持续性的关注和研究。

2015 年档案学学术研究将在继承 2014 年研究的基础上,继续深化拓展:一是电子文件管理领域。电子文件的真实安全可靠、元数据、数字取证(如电子证照、电子票据、电子病历等)会进一步得到关注;同时,电子文件管理与政府、社会组织等社会主体的互动,对于电子政务、政务信息公开、企业信息化、社会治理与服务的支撑作用等将会在理论和实践两方面同时受到关注。二是档案数字资源建设领域。以提供数字档案资源共享服务为基本目标,档案数字资源的组织整

合、开发利用、优化配置，以及档案数字资源建设的战略、模式（知识库、记忆工程）、标准、规范等一系列研究主题将会展开。三是档案参与社会建设领域。主要是从文件与档案管理角度实现公众参与的社会治理，从公民权利、身份认同等社会化视角研究档案的作用和实现机理。四是信息/数字环境下的文件与档案管理创新。如大数据、云计算、云存储、社交媒体、Web 2.0 等信息技术在文件与档案管理中的应用与规范。五是档案与多元社会主体的互动。如档案与政府、档案与社会组织、档案与边缘群体、档案与社区、档案与公众之间的相互作用等。

当然，如同 2014 年研究重点一样，一些“长线话题”将继续保持热度。

此外，未来档案学研究可能出现的研究热点或者说是理论进步可能集中在以下三个方面：第一，档案与技术的互动。信息与通信技术的影响，大数据、云计算、云存储、社交媒体、Web 2.0 等技术都向档案研究提出新挑战和新要求。第二，档案与社会的互动。社会结构、社会组织、社会文化、社会理念等社会因素的变迁也越来越多地进入档案学视线之中。第三，对档案本体的重新关注。上述技术、社会因素的冲击将促使档案学界在变化中反思在批判与坚守的平衡中重新审视档案的形态、价值和管理方式，并由此带来对文件、档案、背景、数据、来源等核心概念的重新界定和阐释。

2015年度新闻传播学学术趋势展望专家笔谈

童　兵　喻国明　蔡　雯　彭　兰
陆　地　陈昌凤　肖东发

专家简介：童兵，复旦大学新闻学院文科资深教授；喻国明，长江学者，中国人民大学新闻学院教授、中国人民大学新闻与社会发展研究中心主任；蔡雯，中国人民大学新闻学院教授、博士生导师；彭兰，清华大学新闻与传播学院教授，新媒体研究中心主任；陆地，北京大学视听传播研究中心主任、教授、博士生导师；陈昌凤，中国新闻史学会会长、清华大学新闻与传播学院教授，副院长；肖东发，北京大学新闻与传播学院教授、博士生导师。

据不完全统计，新闻传播学2014年学术研究论文达万余篇，反映出随着新闻传播事业发展和新闻传播人才培养的进步，新闻传播学作为一门"显学"的特征日益突出。继承往年的发展轨迹，新闻传播学在回应社会转型面临的重大问题的同时，不断地探索与反思新媒体技术环境下的理论创新与实践变革。为了深入全面地描摹学科的研究进展，我们以笔谈的形式向童兵、喻国明、蔡雯、彭兰、陆地、陈昌凤、肖东发七位专家发出邀约，请他们对各个相关领域进行回顾和展望，现将他们的精彩观点呈现给大家。

一、新闻传播学2014年研究热点回顾与2015年趋势展望

2014年新闻学研究主要关注于新闻理论的变化和媒介的数字化转型。具体说，新闻学研究又分为两部分，一部分是新闻学本体的研究，结合现实环境的变化深化以往的课题，如马克思主义新闻观、视觉新闻传播、新闻专业主义、社会事件报道等相关论题。另一部分是关于数字化、大数据和移动互联网对新闻业影响的研究，如数据新闻、媒体融合。围绕这两方面，学者们又细化为一些具体的议题展开论述，大致有：新闻性质的新探讨，如新闻与现代性、新闻的时空观、新闻的演化规律、新闻的价值转换，新闻学学科建设，公共新闻、图片新闻和环境

报道研究，新闻专业主义中的策略性仪式和反思性实践，记者的代际比较，新闻业改革，公民媒介素养等。总体来看，新闻学的创新表现在马克思主义新闻观方面论文多，比较注意十八大以来的新发展，结合媒介融合的成果多。

2014年陆续发表了一批关于批判与反思传播学研究路径的论文，致使“反思”构成了今年传播学研究的一大特色。面对日新月异的新媒体技术与纷繁复杂的国内外媒介环境，传播学着重研究了新媒体环境下的传播学基础理论，如控制分析、媒介分析、内容分析、受众分析、效果分析；展开了多维视野下的传播学理论研究，如政治经济学、文化研究、媒介化社会视野下的传播学研究，法兰克福学派、芝加哥学派和媒介环境学视野下的传播学理论等。同时，传播学与人文学科交叉研究也有新的拓展，如中国的政治传播、国际传播、发展传播、城市传播、乡村传播、危机传播、谣言传播、人际传播与群体传播、传播学与中国文化、符号学和话语研究等方面均有不少论文。

由于新媒体的进一步发展，2015年新闻传播学研究趋势将会围绕以下方面展开：对媒体技术与新闻改革的互动将有新的分化；由于部（宣传部）校（高校）共建新闻传播学专业的实质性推动，马克思主义新闻观的教育与研究将向深度发展；由于两个二级学科新闻学与传播学各自新的推动，研究新闻学与传播学的互动互补、差别发展的成果将会是一个新的亮点。

二、传媒研究2014年研究热点回顾与2015年趋势展望

2014年中国传媒最大的进步是开始认识到媒体业发展的主逻辑是“互联网＋”而不是“＋互联网”。互联网是一种新的社会组织与结构方式，是社会运行的操作系统。只有将自己的资源、能力和品牌在互联网的逻辑和机制下整合运用起来，嵌入到互联网的架构上，我们才能汲聚互联网弱连接所蕴含的无限资源和种种可能，将其整合和转化为形成功能、形成价值的强连接，从而拥有巨大的发展空间和潜力。

互联网对于社会性传播系统的最大改变是将传统的以机构为基本单位的社会性传播改变为以个人为基本单位的社会性传播。如何在这种社会传播格局下激活、匹配和实现生态型的资源配置和功能整合，便成为当下传媒领域的一项重大课题。就“互联网＋”的发展逻辑而言，它至少要求我们做出以下三项创新性的转型：

1. 升级内容产品构造要素,突破渠道失灵市场瓶颈

以社交媒介为代表的人际网络崛起,使人们第一次拥有了自行订制信息来源和信息传播方式的可能性,他们以自己的交往圈作为基本信息来源和信息交换的平台。在这种传播场域中,传统媒介的地位和角色便和其他个人性的传播元素置于等量齐观的位置上,昔日巨大的传播魔力被消解了。如何使传统媒体的影响力嵌入到人们的社会关系渠道中呢?最重要的是内容产品的升级换代。传统内容产品讲究内容和形式的匹配,但今天应加入关系和场景两大新要素。关系要素解决的是一个内容、一项服务与用户可感知的需求半径的匹配度问题,只有在一种情感共振、关系认同的基础上,相关的内容和服务才会富有穿透社会关系屏障的魅力。场景要素是移动互联网用户使用与传播信息的基本约束,它因特定的时空场域排除了一些内容和服务的进入,同时也为适用性的内容和服务的进入打开了方便之门。认识这种场景的限定性是传播致效、构建媒介影响力的关键。

2. 产业形态跨界混搭与匹配,实现新木桶效应下市场版图与资源合成的重构

互联网产生价值和影响力的基本方式是通过对弱连接下相关资源的激活、匹配与整合而实现的。传统媒介之所以衰退的一个重要原因就在于笃信封闭式的精英化生产模式,以一己之力想要在今天互联网的基础上展开全要素全环节的竞争、满足今天互联网用户传播消费和使用的复合型需求。因此,传统媒介一定要打破自己的一亩三分地,以开放性新木桶效应在互联网所连接的广域世界中去寻找、激活和匹配整合相关资源,将自己的所长和别人的所长组合出强强联合的资源配置新模式,以谋取互联网市场上的新版图、新机遇。

3. 从规模经济到范围经济、分享经济和集成经济的价值产出方式重构

传统媒介的基本经济模式是规模经济,但其有效性是建立在外部市场还有巨大的空白地带或可增长的领域内的。尽管中国的传播领域尚有社区(社群)性的信息服务市场及与高铁、地铁相关的新增市场,但总体上规模经济的发展空间已经不大,因此继续沿用规模经济的模式来实现媒体的经济循环已经越来越显示出收益率衰减的趋势。互联网对于个人要素的激活造就了产销合一的分享经济模式,随着互联网,尤其是人际网络的成熟和扩大,有助于在更加广域的市场上找到相关资源相互匹配的组合,形成集成经济的业态模式。因此,以往那种羊

毛出在羊身上的利益回馈模式将越来越边缘化，而羊毛出在猪身上再由猴子买单这样复杂的价值模式将成为主流，未来媒体市场将成为高智力竞争的场域。

三、应用新闻学 2014 年研究热点回顾与 2015 年趋势展望

2014 年新闻业加快变革，直接面向实践、关照现实的应用新闻学研究形成了若干值得重视的学术热点。通过汇总分析，可做如下概述：

（1）媒体融合的研究成果数量更多，视野更加开阔，角度更加多样。（2）传统媒体转型研究进一步深入和细化，关注点包括传统媒体的角色转型、中国报业组织结构的创新路径等诸多层面。上海报业集团推出的“澎湃”、“界面”也成为研究者关注度较高的个案。（3）大数据与可视化传播是 2014 年新闻业界与学界高度关注的热点。中国人民大学新闻学院举办了“大数据与新闻传播创新”研讨会，集中探讨了大数据在新闻传播实践中的多个基本问题。这一领域的研究还涉及到大数据与个人隐私权保护等问题。（4）新闻内容生产及知识产权保护。内容生产模式的变革与采编业务改革受到重视，学界与业界联合举办了“深度报道研讨会”。而《今日头条》的侵权风波，引发了学界对于网络空间内容产权保护的探讨。（5）新闻职业道德与新闻伦理。21 世纪网因涉嫌新闻敲诈被吊销资质的事件引起社会广泛关注，新闻职业道德再成研究热点。新媒体时代新闻伦理失范问题也是研究者讨论较多的议题。（6）突发事件与社会热点传播。马航 MH370 失联事件发生后中国媒体的表现引起广泛讨论，突发事件报道背后的诸多难题再度引发热烈讨论；雾霾不仅得到了国家高层的关注，也成为媒体环境报道的重点，有关社会热点的报道成为新闻业务研究的重要关注领域。（7）新闻从业者转型及新闻教育改革。2014 年中国网络新闻从业者生存状况调查等多项研究说明了新闻人在媒介转型期的职业困境和身份尴尬。各地宣传部门与多所高校共建新闻传播学院的新举措也促进了对新闻教育改革的关注和论文发表。

上述研究热点在 2015 年还会继续，其中媒体组织、新闻院校、新闻从业者都将因技术发展及因此不断变化的媒介形态、传播生态，面对新挑战、新机遇和新问题的讨论将尤为得到关注。应用新闻学研究必将保持对新闻实践的紧密关注与理论回应，而最终将阐释的核心议题是新闻业的价值、使命、规范和行动路径。

四、未来新媒体2014年研究热点回顾与2015年趋势展望

2014年新媒体研究如火如荼,研究领域不断延伸,但是作为新热门的大数据研究及作为老热门的媒介融合研究,都面临着如何突破的问题。

1. 大数据与数据新闻研究:如何通过“数据”工具实现突破?

“大数据”研究的视角主要侧重于数据新闻和其他业务模式的发展;大数据对新闻业发展走势的影响,对受众分析、舆情研究的影响等方面。

数据新闻是2014年业界和学界探索的重心之一,研究的侧重点包括对数据新闻的概念、发展脉络、与大数据的关系等的梳理,以及对数据新闻相关案例的分析。数据对传媒业的影响逐渐受到重视,但是,目前还是经验性、描述性的研究为主,即使涉及大量的案例,也多是主观的分析。如何在研究中更多地引入数据挖掘与分析的方法,使研究成果更好地成为实践的引领而不仅是总结,这是需要寻求的一个突破,而新闻传播学者的知识结构会成为其中的障碍,只有更多地借助其他学科的研究力量,才有可能实现实质性突破。

2. 媒介融合:如何超越单一认识框架实现突破?

2014年媒介融合被提到国家战略的高度,相关研究也达到高峰。今天业界和学界都已经认识到,媒介融合不仅是传统媒体之间的融合过程,更是传统媒体被新媒体融合的过程,融合是推动变革的手段,无论融合的主体和平台是什么,融合都是必然要发生的。

同样受到关注的还有“全媒体”这一概念。事实上“全媒体”战略更多地意味着在全媒体化的市场中重新定位媒体特色,而非简单的产品全媒体化扩张。

无论如何,始于媒介融合的很多研究,最终必须要超越媒介融合这个框架。用变革而非改良的思维,去重新认识媒介融合,特别是移动媒体、社会化媒体、大数据、物联网等技术共同作用下传统媒体的变革过程,是未来更重要的研究方向。

五、电视媒体的研究方向

当前,电视媒体的生存环境和生存方式都在发生巨大变化。回顾现实展望未来,我们不能忽视以下几个明显的事实:

人均收视时长小幅稳步下降;电视媒体观众“老化”现象严重,中青年观众持

续减少；央视风光不再，省级电视占据全国电视收视市场的半壁江山；省级卫视两极分化明显；中国电视节目的“三驾马车”继续领跑。电视剧、新闻时事和娱乐仍然是比例最大的三类节目；中国年度制作经费上亿元和年度广告超过十亿元的电视娱乐栏目已近10个，但是这些节目多是“洋基因”，创新仍然是中国电视心中持续的“痛”；网络视听节目日渐丰富，线性播出逐渐让位于网状播出，商业视频网站已成为网络视听的主力军，市场规则超越政治规则。

电视媒体最大的威胁来自三个方面：信心的丧失、人才的流失、管理的双重标准。信心丧失则无斗志，人才流失则釜底抽薪，对新旧媒体管理的宽严不同造成不公平竞争。

但是，不管形势多么严峻，竞争多么激烈，电视媒体都不可能被网络视频或手机视频完全取代。这是由媒介终端的多样性和观众需求的多样性决定的。电视媒体的社会功能将逐渐显现以下新的特征：

（1）仪式性媒介。电视媒体将在重大新闻事件、体育比赛以及其他大型活动中成为强势媒体，如国庆典礼、奥运会、世界杯、阅兵式等。在日常生活中，电视媒体将逐渐被边缘化。（2）导视性媒介。电视媒体播放的影视剧和其他热播节目将成为观众或网民使用网络媒介和手机媒介的线索或者由头。（3）转载性媒介。电视媒体播放的内容转自其他媒体或者成为其他媒体转播的信源。（4）公益性媒介。大部分电视媒体的商业功能逐渐下降，逐渐演变为公众或弱势群体服务的公共媒介。（5）认证性媒介。电视媒体以其权威性和公信力成为网络媒体和手机媒体上流传的各种小道消息或者虚假信息的最后仲裁者，电视媒介将成为公民记者上稿的最高平台和荣誉象征。一言以蔽之，让电视媒体成为视频媒介中的“贵族”。

目前在转型和融合两股大潮中，电视媒体前景难测。但不管未来媒体格局怎么变化，可以肯定的是电视媒体可以转型，但不能转行；可以借鉴新媒体，但不能成为新媒体。

六、新闻传播史2014年研究热点回顾与2015年趋势展望

回顾2014年，新闻传播史研究角度多元发展，民国新闻史研究异军突起，口述历史成为研究新路径，有学术影响力的创新观点精彩纷呈。

展望2015年新闻传播史研究将在以下方面取得创新成果：（1）深化中国新

闻传播的近代化过程研究;(2) 民国新闻史研究将出现系列化成果;(3) 抗战新闻史将涌现大量学术成果;(4) 随着 2014 年国家社科基金重大项目“中国新闻传播技术史”的研究活动开展,也将出现大量相关的研究成果。

七、编辑出版 2014 年研究热点回顾与 2015 年趋势展望

2014 年编辑出版学研究适应了出版新科技的发展要求,把握了全媒体时代特别是数字媒体的特点,同时开始运用一些新方法、新角度,将编辑出版学引向更加科学、成熟的道路。

2015 年初周国清列出了 2014 年编辑学研究的十大观点,总结细致深入。我以此为基础并吸纳其他学者成果,总结为四个方面:第一,关注媒介融合与大数据背景下的大编辑、大出版,其中自媒体、免费电子书、融合营销、微店、电商出版、社会化阅读、众筹出版成为分析重点。第二,弥补以往的编辑出版学研究较为注重实务探索,轻视基础理论研究的不足,深入探索编辑出版学基础理论研究。第三,重视编辑主体的研究,探讨编辑在数字化时代中的坚守与转型。第四,集中探讨编辑出版专业教育,如针对编辑出版学科建设的研究、对编辑出版从业者继续教育的研究等。

2014 年,编辑出版研究在方法上有所突破,表现为定量分析增多,同时,注重吸收其他学科的理论架构,譬如移植管理学理论。再者,作为信息社会的需求拉动下形成的新兴分支学科,栏目学是一个值得关注的新方向。值得注意的是,2014 年有两部集大成著作的问世。10 月出版的《中国编辑思想史》和第二次印刷的《中国出版业发展报告——新千年来的中国出版业》,打开了一个观察出版业的不一样的角度。

展望 2015,以下三点将是重要的研究趋势:第一,数字出版、按需印刷、大数据、媒体融合等将是一个持续性的热点话题,2015 年会继续深入;第二,研究方法进一步丰富。学者可能会继续吸纳经济学、管理学、社会学等其他成熟学科的研究方法,推进编辑出版学的成熟化、科学化进程;第三,作为热点研究对象,众筹出版将会在理论上进一步深入和完善。